ENCYCLOPÉDIE
DES
TRAVAUX PUBLICS

Fondée par **M.-C. LECHALAS**, Insp' gén' des Ponts et Chaussées

Médaille d'Or à l'Exposition universelle de 1889

RECUEIL DE TYPES
DE
PONTS POUR ROUTES
EN CIMENT ARMÉ

CALCULÉS CONFORMÉMENT A LA CIRCULAIRE MINISTÉRIELLE

DU 20 OCTOBRE 1906

PAR

N. DE TÉDESCO

INGÉNIEUR DES ARTS ET MANUFACTURES

Avec la collaboration de

VICTOR FORESTIER

INGÉNIEUR DES ARTS ET MÉTIERS

TEXTE

INSTRUCTIONS MINISTÉRIELLES
CONDITIONS D'APPLICATION DES INSTRUCTIONS
MÉTHODES DE CALCUL DES SOLIDES FLÉCHIS EN CIMENT ARMÉ
DÉFORMATION D'UNE POUTRE EN CIMENT ARMÉ
PONT DE 4 MÈTRES A UNE VOIE. — PONT DE 6 MÈTRES A DEUX VOIES
PONT DE 8 MÈTRES A DEUX VOIES. — PONT DE 10 MÈTRES A UNE VOIE
PONT DE 15 MÈTRES A DEUX VOIES
PONT DE 20 MÈTRES A UNE VOIE — PONT DE 25 MÈTRES A DEUX VOIES
PONT DE 30 MÈTRES A UNE VOIE

PARIS

LIBRAIRIE POLYTECHNIQUE CH. BÉRANGER, ÉDITEUR

Successeur de BAUDRY & C'

15, RUE DES SAINTS-PÈRES

MÊME MAISON A LIÉGE, 21, RUE DE LA RÉGENCE

(Voir la suite ci-après)

RECUEIL DE TYPES

DE

PONTS POUR ROUTES

EN CIMENT ARMÉ

ENCYCLOPÉDIE
DES
TRAVAUX PUBLICS

Fondée par **M.-C. LECHALAS**, Insp' gén' des Ponts et Chaussées

Médaille d'or à l'Exposition universelle de 1889

RECUEIL DE TYPES
DE
PONTS POUR ROUTES
EN CIMENT ARMÉ

CALCULÉS CONFORMÉMENT A LA CIRCULAIRE MINISTÉRIELLE
DU 20 OCTOBRE 1906

PAR

N. DE TÉDESCO
INGÉNIEUR DES ARTS ET MANUFACTURES

Avec la collaboration de

VICTOR FORESTIER
INGÉNIEUR DES ARTS ET MÉTIERS

TEXTE

INSTRUCTIONS MINISTÉRIELLES
CONDITIONS D'APPLICATION DES INSTRUCTIONS
MÉTHODES DE CALCUL DES SOLIDES FLÉCHIS EN CIMENT ARMÉ
DÉFORMATION D'UNE POUTRE EN CIMENT ARMÉ
PONT DE 4 MÈTRES A UNE VOIE. — PONT DE 6 MÈTRES A DEUX VOIES
PONT DE 8 MÈTRES A DEUX VOIES. — PONT DE 10 MÈTRES A UNE VOIE
PONT DE 15 MÈTRES A DEUX VOIES
PONT DE 20 MÈTRES A UNE VOIE. — PONT DE 25 MÈTRES A DEUX VOIES
PONT DE 30 MÈTRES A UNE VOIE

PARIS
LIBRAIRIE POLYTECHNIQUE CH. BÉRANGER, ÉDITEUR
Successeur de BAUDRY & C'⁵

15, RUE DES SAINTS-PÈRES

MÊME MAISON A LIÉGE, 21, RUE DE LA RÉGENCE

1907

PRÉFACE

Le présent ouvrage a pour but de réunir sous un petit volume les documents et enseignements nécessaires à l'étude d'un projet de pont-route en ciment armé, en conformité avec la Circulaire ministérielle du 20 octobre 1906.

On remarquera que le caractère général de ces Instructions, que l'on a cru devoir reproduire en tête de l'ouvrage, laisse une certaine latitude à l'interprétation que les ingénieurs croiront devoir en faire et qu'elles ne donnent aucune indication sur la marche à suivre pour la détermination des dimensions les plus convenables, ni pour celle des déformations qui peuvent en résulter.

En ce qui concerne l'interprétation, nous nous sommes inspiré des travaux de la Commission ministérielle du ciment armé et de notre propre expérience. 

Quant aux méthodes de calcul, nous en avons adopté qui nous ont paru satisfaire complètement à l'esprit de la circulaire et qui permettent de réaliser le maximum d'économie sans exiger des calculs trop longs.

On verra que les équations fondamentales de stabilité des poutres, soumises à la flexion, sont indéterminées. Il y a donc lieu de s'imposer une condition arbitrairement choisie. Or la condition qui se présente naturellement à l'esprit, c'est de faire choix d'une hauteur telle que les taux de travail des armatures en tension et du béton comprimé soient au plus égales, ou mieux soient presque égales aux taux permis par les Instructions. Toutefois ce résultat ne peut pas toujours être obtenu à la fois pour la membrure de tension et celle de compression. Pour y parvenir, il faut recourir à des hauteurs assez faibles pour nécessiter la prévision d'armatures à la compression, si peu importante que soit leur section. Dans ce cas, on connaît à l'avance la position de la fibre neutre, et l'on peut dès lors préparer des tableaux des distances séparant les points d'application des résultantes de compression et de tension, des taux de travail moyens du béton comprimé et même de celui des armatures de compression, suivant le rapport de l'épaisseur du hourdis à la hauteur de la poutre. Le calcul des armatures de tension et de compression se trouve alors fort simplifié ; mais cette méthode présente certains inconvénients : elle exige autant de tableaux des trois valeurs sus-mentionnées qu'il y a de dosages à considérer ; d'autre part, la hauteur étant arbitrairement choisie, il arrive souvent que le taux de travail demandé au béton est très faible, ce qui porte à penser que l'on n'a pas réalisé toute l'économie possible.

Cette méthode est sans doute cependant la plus pratique pour la détermination des armatures d'un plancher usuel, et c'est pourquoi elle a été indiquée pour mémoire. Mais, pour des ouvrages de l'importance de ceux qui sont traités dans le présent ouvrage, il y a lieu de se livrer aux tâtonnements nécessaires pour trouver la hauteur correspondant aux conditions sus-mentionnées et au maximum d'économie ; la méthode que nous avons exposée et appliquée réduit ces tâtonnements à leur plus simple expression.

Bien entendu, toute indétermination disparaît quand il s'agit simplement de calculer les taux de travail correspondant à des dimensions proposées ; la méthode simple et rapide à employer dans ce cas est également indiquée.

Nous devons mentionner un point sur lequel nous n'avons pas littéralement satisfait aux Instructions ministérielles L'article 1er de ces instructions porte que les ponts en ciment armé seront établis de manière à pouvoir supporter les surcharges verticales imposées aux ponts métalliques par le règlement du 29 août 1891. On sait que, aux termes de l'article 17 de ce règlement, les calculs de résistance doivent être faits en adoptant comme surcharge des tombereaux à un essieu pesant 6 tonnes, mais que ce même article prescrit de vérifier que le travail ne dépasse pas de plus de 1 kilogramme les limites normales de travail dans le cas où l'on substituerait un tombereau de 11 tonnes à l'un des tombereaux de 6 tonnes et dans le cas où ces véhicules seraient remplacés par des chariots à deux essieux pesant 16 tonnes. Le laconisme des Instructions relatives au ciment armé oblige à interpréter ces prescriptions pour les étendre à ce mode de construction, et l'on devrait sans doute admettre que le travail du béton peut, dans ces circonstances, dépasser sa limite normale dans le même rapport que celui de l'acier, c'est à-dire dans le rapport de 9,5 à 8,5.

En fait, dans un but de simplification, nous avons fait tous nos calculs avec des chariots de 16 tonnes, en nous limitant aux maxima normaux de travail, ce qui, en tout cas, donne des garanties supérieures à celles que présente le calcul avec des tombereaux de 6 tonnes, puisque le poids par essieu est plus élevé, sans que le travail maximum soit majoré en conséquence. Il est vrai que, pour les pièces de faible portée, le travail sous un tombereau de 11 tonnes pourra dépasser les chiffres prévus, mais ce ne sera jamais que dans une faible mesure.

La recherche du moment de flexion le plus défavorable dû au passage des véhicules a été faite directement d'après les théorèmes connus. Ce procédé nous a paru devoir recevoir un meilleur accueil que celui qui consiste à renvoyer le lecteur à des tables publiées dans d'autres ouvrages et qui ne s'appliquent peut être pas rigoureusement aux conditions prévues.

Il arrivera rarement que le type de pont paraissant convenir le mieux au cas étudié ait été traité exactement dans les mêmes conditions dans le présent ouvrage ; il n'en est pas moins vrai que l'ingénieur trouvera des indications précieuses pour l'étude rapide de son projet, pour sa rédaction et pour l'estimation du prix de revient, facilitée par les métrés détaillés donnés pour les divers types.

Le calcul si complexe de la flèche d'une poutre en ciment armé a été complétement développé de deux façons : 1° en tenant compte du béton tendu, conformément aux Instructions; 2° en négligeant ce dernier, ce qui a paru logique, dans les cas particuliers où le béton tendu est relativement peu abondant. D'ailleurs la comparaison entre les résultats donnés par les deux hypothèses ne manque pas d'intérêt.

Enfin il est presque superflu d'insister sur la valeur de l'album de planches, dessinées avec le plus grand soin et la plus grande clarté possible, et avec tous les détails nécessaires à l'exécution.

ERRATA

Page 18, ligne 20, *au lieu de* : $\dfrac{pl^2}{18}$, *lire* :

$$\dfrac{pl^2}{8} \; .$$

Page 72, ligne 7, *au lieu de* : $L + \dfrac{E}{3}$, *lire* :

$$E + \dfrac{L}{3} \; .$$

Page 163, ligne 17, *au lieu de* : **SECTION VIII**, *lire* :

SECTION VII

PREMIÈRE PARTIE

MÉTHODES GÉNÉRALES DE CALCUL

CHAPITRE PREMIER

AVANT-PROPOS

ET

INSTRUCTIONS MINISTÉRIELLES

La circulaire ministérielle du **20 octobre 1906**, reproduite ci-après *in extenso*, paraît extrêmement libérale. Elle laisse en effet la porte ouverte à tous les progrès et donne toute latitude aux ingénieurs des ponts et chaussées pour prendre en considération, si elles le méritent, les initiatives individuelles, tant dans le domaine de la théorie pure que dans le développement des méthodes de calcul proposées.

Toutefois, malgré la modestie voulue du titre « Instructions » remplaçant celui de « Règlement » prévu tout d'abord, il ne faudrait pas perdre de vue que cette œuvre, portant si bien l'empreinte du génie scientifique français, est basée sur les recherches expérimentales de la Commission ministérielle du ciment armé, laquelle comptait dans son sein les représentants les plus autorisés des connaissances acquises en la matière dans la première décade de l'application rationnelle du ciment armé.

Il convient donc, semble-t-il, de suivre scrupuleusement dans le présent ouvrage les voies magistralement tracées par la circulaire, à l'exclusion de toutes autres, qui n'auraient d'ailleurs pas pour elles la consécration de nombreuses années de pratique, et l'on se bornera à exposer des méthodes de calcul basées sur les hypothèses admises par la circulaire et à leur appliquer les limites de travail qu'elle permet.

CIRCULAIRE

DU

MINISTRE DES TRAVAUX PUBLICS

DES

POSTES ET DES TÉLÉGRAPHES

EN DATE DU 20 OCTOBRE 1906

En présence du développement que prennent les applications du béton armé aux travaux publics, il est nécessaire de faire connaître aux ingénieurs les conditions générales, moyennant lesquelles les constructions faites avec cette matière nouvelle présentent les mêmes caractères de stabilité et offrent au public les mêmes garanties de sécurité que celles qui sont édifiées avec les matériaux anciennement éprouvés.

La question a fait l'objet de longues études et de recherches expérimentales, qui se sont poursuivies durant trois années, pour aboutir au dépôt d'un rapport dont le Conseil général des ponts et chaussées a été saisi et qu'il a renvoyé à une commission spéciale composée d'inspecteurs généraux.

Sur le rapport de cette commission, en date du 20 juillet 1906, dont une copie est annexée à la présente circulaire, et après une discussion approfondie, le Conseil général des ponts et chaussées a adopté un projet d'instructions applicables à l'emploi du béton armé dans les ouvrages dépendant du ministère des Travaux publics.

Conformément aux décisions du Conseil, j'ai approuvé ces instructions dont vous trouverez plus loin le texte.

Elles sont conformes à l'état actuel de nos connaissances en la matière, mais seront sans doute à reprendre, lorsque l'expérience des chantiers et des laboratoires, et une plus longue carrière du béton armé, auront fourni, en ce qui le concerne, des données plus certaines que celles que l'on possède aujourd'hui.

Les explications qui suivent ont pour objet de préciser, en tant que de besoin, le sens et la portée de ces instructions.

I. — DONNÉES A ADMETTRE DANS LA PRÉPARATION DES PROJETS

A. *Surcharges*

Articles 1, 2, 3. — De ces trois articles, les deux premiers se justifient d'eux-mêmes.

Le troisième, qui prescrit que les ouvrages qu'il vise seront calculés en vue des plus grandes surcharges qu'ils auront à supporter en service, semble inutile, puisque tout ouvrage doit être établi et, par conséquent, calculé en vue de sa destination. C'est bien ce qui a lieu pour les ouvrages métalliques ou autres qui ont précédé le ciment armé. On les calcule en vue des charges effectives les plus grandes auxquelles on prévoit qu'ils pourront être soumis avec un coefficient de sécurité convenable, c'est-à-dire de façon telle que, sous l'effet de ces charges, les forces élastiques n'atteignent qu'une fraction déterminée de celles qui seraient capables de produire la rupture.

Pour les constructions en béton armé, certains spécialistes préconisent une autre marche. Elle consisterait non pas à chercher les forces élastiques déterminées par les surcharges effectives, mais à chercher dans quelle proportion il faudrait amplifier fictivement ces surcharges pour provoquer la rupture, et c'est le coefficient d'amplification qui serait, en ce cas, le coefficient de sécurité.

Cette procédure, qui peut avoir son intérêt, semble pourtant ne pas devoir offrir de suffisantes garanties parce que jamais un ouvrage ne périt par amplification proportionnelle des charges qu'il a à supporter. La chute d'un ouvrage arrive soit par une cause accidentelle, soit par quelque mal interne dont le développement finit par être fatal.

Dans ces conditions, il semble convenable de calculer les ouvrages en béton armé comme les autres pour les charges effectives les plus défavorables qu'ils pourront avoir à supporter et avec des coefficients de sécurité suffisants pour que ces charges ne puissent, à aucun degré, les mettre en danger.

Ces calculs sont obligatoires. Mais si les ingénieurs trouvent utile d'y joindre des calculs établis dans l'hypothèse de majorations des charges réelles afin de se rendre compte des charges virtuelles qui provoqueraient la rupture, ils sont libres de le faire et d'exposer les conséquences qu'ils croiront pouvoir en tirer.

B. *Limites de travail et de fatigue*

Art. 4. — La limite de fatigue à la compression fixée aux $\frac{28}{100}$ de la résistance à l'écrasement du béton non armé, après 90 jours de prise, est notablement plus élevée que celle généralement admise par les règlements étrangers. Les chiffres résultant de ces derniers règlements conduiraient plutôt à admettre, comme limite de fatigue à la compression d'un béton armé, le quart de la résistance à l'écrasement du béton similaire non armé après 28 jours de prise.

Or, si on compare les deux règles pour les trois sortes de bétons armés, expérimentés par la Commission des ciments armés, on arrive aux résultats ci-après :

La Commission a expérimenté des bétons formés de 400 litres de sable, 800 litres de gravier, avec ciment de Portland, aux dosages variant de 250 à 600 kilogrammes.

Elle a reconnu qu'on peut compter sur les résistances suivantes en kilogrammes, par centimètre carré respectivement pour les dosages de 300, 350 et 400 kilogrammes.

Au bout de 28 jours :

(*a*)   107 kilogr.,   120 kilogr.,   133 kilogr. ;

Au bout de 90 jours :

(*b*)   160 kilogr.,   180 kilogr.,   200 kilogr.

Si donc on admettait comme limites de fatigue le 1/4 des résistances (*a*), on trouverait respectivement :

27 kilogr.,   30 kilogr.,   33 kilogr.

Si, au contraire, suivant l'article 4 de l'instruction, on adopte les $\frac{28}{100}$ des résistances (*b*), on trouve :

44 kilog. 8,   50 kilogr. 4,   56 kilogr.

chiffres notablement supérieurs aux précédents. On voit donc qu'à ce point de vue l'article 4 est beaucoup plus hardi que les règlements étrangers. Mais ces règlements sont plus ou moins anciens et il est vraisemblable que s'ils viennent à être refaits, en tenant compte des constructions existantes et des qualités qu'y montre le béton armé, on en modifiera les prescriptions dans le sens où elles se trouvent modifiées par l'article 4 lui-même.

L'industrie privée qui, en France plus qu'ailleurs, se règle sur les préceptes administratifs, même pour les constructions privées, a à gagner à la hardiesse des prescriptions de l'article 4, qu'elle appliquera d'ailleurs sous sa responsabilité.

Les ingénieurs de l'État ne sont pas tenus d'aller jusqu'à l'extrême limite de ce que permet le règlement. Ils peuvent se tenir au-dessous. Ils doivent d'ailleurs se rappeler que la sécurité d'un ouvrage en béton armé n'est assurée, quelles que soient les limites de fatigue adoptées dans les calculs, que par la perfection des matériaux employés, leur dosage mathématique et le soin apporté dans leur emploi. Leur surveillance doit donc être plus stricte encore pour les ouvrages en béton armé que pour ceux qu'ils construisent habituellement.

Art. 5. — Il convient d'encourager l'emploi judicieux du métal, non seulement comme armature longitudinale, mais aussi dans le sens transversal ou oblique, de façon à empêcher le gonflement du béton sous l'influence des compressions longitudinales auxquelles il peut être soumis. Sa résistance à l'écrasement augmente ainsi dans des proportions considérables et qui atteignent, lorsque l'armature transversale va jusqu'à un frettage suffisamment serré, des proportions qu'on n'eût pas pu prévoir avant que l'expérience les ait fait connaître. Il est donc naturel d'augmenter aussi la limite de fatigue à admettre suivant le volume et la disposition des armatures transversales ou obliques Il serait difficile de donner à cet égard une indication absolue. Quelques expériences de laboratoire ou de chantier faites comparativement sur des bétons sans armature transversale et les mêmes avec de telles armatures, en indiquant l'augmentation de résistance à l'écrasement obtenue par ces dernières, permettront de déterminer l'augmentation correspondante qu'on pourrait, sans danger, adopter pour la limite de fatigue. Toutefois, les expériences faites par la Commission du ciment permettent, faute de mieux, d'admettre que les armatures transversales et les frettages multiplient la résistance à l'écrasement d'un prisme de béton par un coefficient :

$$1 + m' \frac{V'}{V} \cdot$$

V' étant le volume des armatures transversales ou obliques et V le volume du béton pour une même longueur du prisme, m' est un coefficient variable avec le degré d'efficacité des liaisons établies entre les barres longitudinales. Lorsque ces liaisons consistent en ligatures transversales, formant des rectangles en projection sur une section transversale du prisme, le coefficient m' peut varier de 8 à 15, le minimum se rapportant au cas où l'espacement des armatures transversales atteint la plus faible dimension transversale de la pièce considérée, et le maximum lorsque ledit espacement descend au tiers au plus de cette dimension.

Lorsque les armatures transversales consistent en un frettage formé par des spires plus ou moins serrées, le coefficient m' peut varier de 15 à 32. Le minimum serait à appliquer lorsque l'écartement des frettes atteindrait les $\frac{2}{5}$ de la plus petite dimension transversale de la pièce considérée et le maximum lorsque cet écartement atteindrait :

$\frac{1}{5}$ de ladite dimension pour une compression longitudinale de 50 kilogrammes par centimètre carré ;

$\frac{1}{8}$ de ladite dimension pour une compression de 100 kilogrammes par centimètre carré.

Les indications qui précèdent sont soumises à la réserve essentielle, formulée à l'article 5, qu'en aucun cas, quel que soit le pourcentage du métal et quelle que soit la valeur du coefficient $1 + m\dfrac{x'}{x}$, la limite de fatigue à admettre ne pourra dépasser les 0,60 de la résistance du béton non armé telle qu'elle est définie à l'article 4. Cette disposition a pour effet de se tenir, dans tous les cas, à une limite de fatigue qui ne dépasse pas la moitié de la pression qui commence à provoquer la fissuration superficielle du béton armé et qui, d'après les expériences de la Commission du ciment armé, dépasse, suivant les cas, de 25 à 60 p. 100, celle qui produit l'écrasement du béton non armé.

II.   CALCULS DE RÉSISTANCE

Art. 9. — Se justifie de lui-même.

Art. 10. — Cet article a pour objet d'écarter les procédés de calcul purement empiriques. Les principes de la résistance des matériaux fournissent ici, comme pour les constructions ordinaires, des solutions plus sûres. L'expérience, dans les limites où elle s'est révélée jusqu'ici conduit à admettre que le principe de Navier relatif à la déformation plane des sections transversales peut encore être appliqué ici.

Combiné avec le principe de la proportionnalité des efforts aux déformations, il suffit dans le cas des pièces soumises à des compressions. Il suffit de remplacer chaque section hétérogène par une section fictive ayant même masse que la section hétérogène réelle, en attribuant aux parties de la section formées par le béton une densité 1 et aux parties formées par les armatures longitudinales une certaine densité m (1).

Théoriquement, cette densité m serait le rapport :

$$(1) \qquad m = \frac{E_a}{E_b}$$

du module d'élasticité E_a du métal de l'armature au module d'élasticité E_b du béton. Ce rapport, dans les limites de charges admises par l'article 4, est d'environ 10. Il s'accroît avec les charges du béton et peut doubler ou tripler au moment de la rupture si elle a lieu par écrasement du béton ; il diminuera, au contraire, si la rupture avait lieu par excès de charge de l'armature.

Ce fait suffirait à montrer combien incertains seraient les calculs de résistance basés sur la majoration fictive, jusqu'à rupture, des charges réelles, dont il a été parlé plus haut (art. 3).

En tout cas, les expériences sur le module E_b portent sur du béton non armé. Dans quelle mesure le rapport m, qu'on en déduit, reste-t-il applicable au béton armé ? Cela peut dépendre du degré de facilité que l'on a pour le damer dans toutes ses parties, pour l'enrober autour du métal, etc.

Il est donc préférable de regarder le coefficient m comme résultant de l'expérience et pouvant, dans une pièce à armatures complexes (longitudinales et transversales), ne pas représenter exactement le rapport des modules d'élasticité du métal et du béton expérimentés séparément.

On pourra admettre que ce coefficient peut varier de 8 à 15. Le minimum s'appliquera lorsque les barres longitudinales auront un diamètre égal au dixième $\left(\frac{1}{10}\right)$ de la plus petite dimension de la pièce, des ligatures ou entretoises transversales espacées de cette dernière dimension et des

<hr>

(1) Les armatures transversales n'ont pas à intervenir ici. Leur rôle essentiel se trouve déjà pris en considération par la majoration (art. 5) qu'elles permettent d'attribuer à la limite de fatigue du béton. C'est en effet dans l'augmentation de la résistance à l'écrasement, due à ce qu'elles s'opposent au gonflement transversal, que réside leur principale efficacité.

abouts peu éloignés des surfaces libres du béton Le maximum s'appliquera lorsque le diamètre des barres longitudinales ne sera que le vingtième $\left(\frac{1}{20}\right)$ de la plus petite dimension de la pièce : et l'espacement des ligatures ou armatures transversales, le tiers de cette même dimension.

La plupart des auteurs admettent pour m une valeur fixe et qui souvent est prise égale à 15. On attribue sans doute ainsi, dans beaucoup de cas, au métal, une part de résistance supérieure et au béton une part inférieure à celles qui se produisent réellement. Il s'ensuit qu'on peut avoir des déboires en ce que la compression du béton est, en fait, supérieure à celle qu'on a admise et que le coefficient de sécurité, en ce qui le concerne, est inférieur à celui qu'on voulait admettre.

En faisant varier m entre un maximum de 15 et un minimum de 8, suivant les dispositions des armatures, tant longitudinales que transversales, on serre de plus près la réalité et on compense ainsi en partie le coefficient de fatigue un peu élevé autorisé par l'article 1.

Une fois le coefficient m choisi, les formules à appliquer peuvent aisément se mettre sous la forme classique qui convient à un solide homogène.

a. *Compression simple.* — On considère la section homogène fictive Ω donnée par la relation :

$$(2) \qquad \Omega = \Omega_b + m\,\Omega_a,$$

Ω_b étant l'aire de la section en béton, et Ω_a l'aire totale des sections faites dans les armatures métalliques longitudinales. Comme cette dernière est faible par rapport à la première, on confond souvent Ω_b avec la section totale $\Omega_b + \Omega_a$ de la pièce.

Si N est la compression totale qui agit normalement à la section, on aura pour la pression, par unité de surface R_b, que supporte le béton et celle R_a que supportent les armatures :

$$(3) \qquad R_b = \frac{N}{\Omega}, \qquad R_a = m\,\frac{N}{\Omega}.$$

Si R_b est donné, on en conclut Ω et, par suite à l'aide de (2) d'après la forme réelle de la pièce, la section totale Ω_a des armatures ou le pourcentage :

$$\frac{\Omega_a}{\Omega_b}.$$

b. *Compression avec flexion.* — Si la compression totale N n'est pas uniformément répartie, il convient de faire intervenir, outre l'aire Ω de la section fictive, son centre de gravité et son moment d'inertie relatif à l'axe transversal à la flexion passant par son centre de gravité, par les formules suivantes :

$$(4) \qquad \Omega Y = \Omega_b \, Y_b + m\Omega_a \, Y_a \; ;$$

$$(5) \qquad I = I_b + mI_a.$$

La figure 1 représente un schéma de la section considérée supposée symétrique par rapport à un axe Y' Y. Le centre de gravité cherché de la section fictive Ω est G ; celui des armatures métalliques connu est G_a, celui du béton également connu est G_b. On en déduit les positions de ces points par leurs ordonnées respectives :

$$Y = GK, \qquad Y_b \quad G_b K, \qquad Y_a = G_a K,$$

comptées à partir d'un axe $x'x$ choisi à volonté, ces ordonnées étant, s'il y a lieu, comptées positivement d'un côté convenu de $x'x$ et négativement du côté opposé.

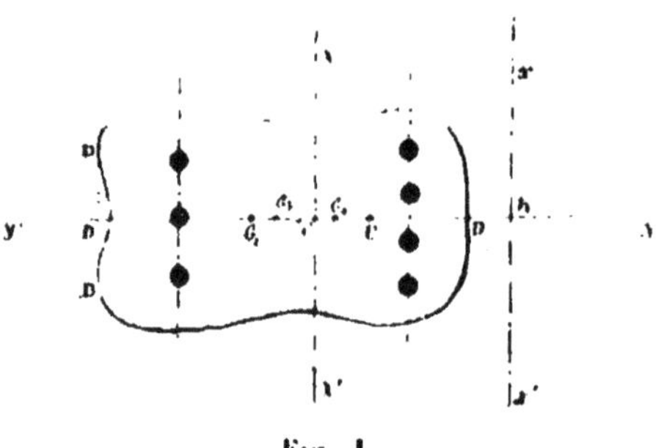

Fig. 1

La formule (2) donne Ω ; puis la formule (4) donne l'ordonnée Y du centre de gravité G de Ω. Enfin, l'axe XGX' étant ainsi connu, on connaît les moments d'inertie I_b et I_a des sections géométriques du béton et des armatures longitudinales par rapport à cet axe et, par suite, la formule (5) donne le moment d'inertie I de la section fictive Ω par rapport à ce même axe.

Nous avons dit plus haut qu'on confond souvent la section Ω_b du béton avec la section totale $\Omega_t = \Omega_b + \Omega_a$ de la pièce. Si on ne veut pas le faire, les formules (2), (4), (5) peuvent s'écrire d'une façon plus commode dans la pratique en y introduisant, au lieu de la section Ω_b du béton, la section totale :

$$\Omega_t = \Omega_b + \Omega_a.$$

et, par suite, au lieu du centre de gravité G_b du béton, celui de G_t de cette section totale et, enfin, au lieu du moment d'inertie I_b de la section du béton relativement à l'axe $X'X$, le moment d'inertie I_t de la section totale, relativement à un axe parallèle à $X'X$ passant par le centre de gravité G_t.

Les formules deviennent alors :

$$(2) \qquad \Omega = \Omega_t + (m - 1)\,\Omega_a ;$$

$$(3) \qquad \Omega Y = \Omega_t Y_t + (m - 1)\,\Omega_a Y_a ;$$

$$(4) \qquad I = I_t + \Omega_t (Y - Y_t)^2 + (m - 1)\,I_a .$$

A présent si N est la pression totale et M le moment de flexion, c'est-à-dire la somme des moments des forces extérieures agissant sur la section considérée relativement au centre de gravité G de la section fictive, on aura pour la pression par unité de surface n_b agissant sur le béton à une distance quelconque r de l'axe $X'X$:

$$(5) \qquad n_b = \frac{N}{\Omega} + \frac{M}{I}\, r.$$

et si au point considéré se trouvait une armature, la pression qu'elle supporterait serait :

$$(6) \qquad n_a = m n_b .$$

Dans ces formules, la distance r est comptée positivement du côté où le moment de flexion produit une compression et négativement du côté opposé. Si le moment de flexion autour de l'axe $X'X$ est compté positivement de gauche à droite pour un observateur placé suivant $X'X$. la tête en X', les pieds en X, alors les distances r doivent être comptées positivement pour les points de la section situés à droite de $X'X$ et négativement pour ceux de gauche.

Si on appelle r_b la distance à $X'X$ de la fibre extrême de droite et par $r_{b'}$ la *valeur absolue* de la même distance pour la fibre extrême de gauche, la plus grande compression du béton R_b par unité de surface sera :

$$(7) \qquad R_b = \frac{N}{\Omega} + \frac{M}{I} r_b.$$

Sa compression la plus faible $R_{b'}$ sera :

$$(7_1) \qquad R_{b'} = \frac{N}{\Omega} - \frac{M}{I} r_{b'}.$$

En remplaçant l'indice b par a pour les armatures, les valeurs extrêmes de la compression pour les armatures seront :

$$(8) \qquad R_a = m \left[\frac{N}{\Omega} + \frac{M}{I} r_a \right];$$

$$(8_1) \qquad R_{a'} = m \left[\frac{N}{\Omega} + \frac{M}{I} r_{a'} \right].$$

Ces formules supposent essentiellement qu'il y a compression partout, c'est-à-dire que la valeur $R_{b'}$ et, par suite, celle $R_{a'}$ sont positives. Si $R_{b'}$ était négatif, on n'aurait plus le droit de les appliquer parce que les lois de la traction du béton diffèrent essentiellement de celles qui régissent sa compression. Il faudrait alors procéder comme il sera indiqué plus loin.

Si on connaît la pression totale N, non seulement en grandeur mais en position. c'est-à-dire si on connaît la position de son point d'application (centre de pression) définie par sa coordonnée r_0 par rapport à l'axe $X'X$, on en déduirait. par définition :

$$(9) \qquad M = Nr_0.$$

et si on posait :

$$(10) \qquad I = \Omega r^2,$$

r étant ainsi le rayon de giration de la section fictive Ω relativement à l'axe $X'X$, on aurait :

$$(11) \qquad n_b = \frac{N}{\Omega}\left(1 + \frac{r_0 v}{r^2}\right).$$

L'axe neutre serait obtenu en annulant la valeur de n_b, c'est-à-dire par la formule :

$$(12) \qquad 1 + \frac{r_0 v'}{r^2} = 0,$$

en appelant v' la valeur de v qui définit la position de cet axe.

La formule (7₁) devient avec ces nouvelles notations :

$$(13) \qquad R_{1b} = \frac{N}{\Omega}\left(1 - \frac{r_0 r_{1b}}{r^2}\right).$$

La comparaison des deux dernières formules indique, comme cela doit être, qu'il n'y a compression partout que si l'axe neutre tombe hors de la section, soit :

$$- r' > r_{1b}.$$

Ce qui précède suppose que l'on connaît pour chaque section les valeurs de N et de M. Ce sera le cas pour une colonne portant une charge centrée (c'est-à-dire appliquée au centre de gravité G de la section fictive, d'où M = 0), ou excentrée (M = Nr₀). Ce sera encore le cas d'un barrage où la courbe des pressions donne précisément N et r_0 pour chaque section.

Lorsque la statique ne fournit pas directement ces valeurs, comme dans un arc de pont, on procédera comme il va être indiqué dans le cas de beaucoup le plus général où les pièces travaillent à la fois à la compression et à l'extension, celui qui justifie vraiment l'emploi des armatures, et ceci nous amène tout naturellement à ce cas général visé par les articles 11 et 12 de l'instruction.

Art. 11. — Cet article dit que, dans les calculs de déformation, on mettra en compte la résistance à l'extension du béton.

On peut avoir à calculer la déformation en elle-même, notamment pour prévoir la flèche que prendra un ouvrage. Mais, en tous cas, on aura à faire usage des formules de déformation pour connaître, dans chaque section, la compression N de la *fibre moyenne* (lieu des centres de gravité G des sections fictives Ω), le moment de flexion M et l'effort tranchant T, lorsque la statique ne les fournit pas.

Par définition N et T sont les composantes normale et tangentielle des forces extérieures y compris la réaction de l'appui qui agissent d'un côté convenu de la section et M est la somme des moments de ces mêmes forces extérieures par rapport au point G.

Si l'une des extrémités de la pièce à étudier est libre (colonnes) ou si la statique fournit la réaction d'un appui (poutres à deux appuis sans encastrement), les forces N et T et le couple M sont connus, *en toute rigueur* ; on pourra se passer de toute formule de déformations et, par conséquent, de toute hypothèse pour les déterminer. L'article 11 n'intervient pas pour cet objet.

Mais dans le cas des poutres encastrées ou des poutres à plusieurs travées ou d'arcs travaillant à l'extension, ce qui est le cas général des arcs en béton armé, on devra appliquer l'article 11, et, par conséquent, l'interpréter.

L'administration acceptera l'interprétation faite selon l'usage courant jusqu'ici, bien qu'il soit peu correct, et qui consiste à attribuer au béton, travaillant à l'extension, le même coefficient d'élasticité que quand il travaille à la compression.

Une fois cette hypothèse admise, les formules établies plus haut, sous la restriction essentielle qu'il n'y a travail qu'à la compression, deviennent générales.

Or, on voit aisément que ces formules, grâce à l'intervention des éléments de la section fictive Ω, ramènent le problème de la résistance d'une pièce en béton armé, c'est-à-dire d'une pièce hétérogène, à celui de la résistance d'une pièce homogène fictive. Dès lors, tous les résultats généraux et classiques obtenus dans ce dernier cas s'étendent au premier, et, par conséquent, pour avoir les valeurs de N, M, T dans le cas d'un arc, celles de M, T dans le cas d'une poutre chargée transversalement où $N = 0$, ainsi que les réactions des appuis, il suffira, dans chaque cas, d'adopter les valeurs bien connues qui se rapportent aux pièces homogènes.

Ainsi, si on a une poutre en béton armé de portée l encastrée à ses deux extrémités et portant une charge uniforme de p kilogrammes par mètre courant, on admettra que, comme pour une poutre homogène, le plus grand moment de flexion se produira à l'encastrement et aura pour valeur :

$$\frac{pl^2}{12}$$

et que le moment de flexion au milieu, de signe contraire au précédent, sera, en valeur absolue :

$$\frac{pl^2}{24}.$$

Si l'encastrement est partiel, on adoptera, au lieu de la valeur ci-dessus, une valeur intermédiaire entre elle et celle $\frac{pl^2}{8}$, qui se rapporte à la poutre à appuis simples, par exemple $\frac{pl^2}{10}$.

De même, si on a une poutre à plusieurs travées qui seront généralement égales, il suffira de prendre dans les traités ou manuels de résistance des matériaux, les valeurs tout calculées des moments de flexion, efforts tranchants et réactions des appuis se rapportant à des pièces homogènes ou, si on se trouve dans des cas spéciaux, de calculer ces valeurs comme s'il s'agissait de pièces homogènes.

De même, enfin, s'il s'agit d'un arc, on se servira des tables de Bresse relatives aux arcs homogènes pour avoir la poussée s'il s'agit d'un arc à deux rotules, de celles que M. l'ingénieur Pigeaud a récemment publiées dans les *Annales des Ponts et Chaussées* s'il s'agit d'un arc encastré et on choisira une valeur intermédiaire entre celles fournies par ces deux tables, si on juge qu'on a un encastrement partiel.

Dans les cas spéciaux, on calculera directement la poussée selon la formule classique se rapportant aux pièces homogènes.

Une fois la poussée connue, comme les réactions verticales se déduisent de la statique pure, on aura toutes les données nécessaires pour déterminer M, N et T graphiquement ou par le calcul pour chacune des sections qu'on voudra étudier.

Interprétation plus correcte. — On peut mettre en compte la résistance à l'extension du béton d'une façon plus satisfaisante, en admettant comme résultant de diverses expériences, le principe ci-après : le coefficient d'élasticité du béton armé à l'extension ne conserve une valeur sensiblement constante que jusqu'à la limite de la résistance à l'extension du béton similaire non armé ; à partir de là, il devient en quelque sorte plastique, c'est-à-dire qu'il s'allonge par suite de sa connexion avec l'armature, mais sans que sa tension limite se modifie. Il n'y a pas de difficulté théorique à constituer une résistance des matériaux complète édifiée sur cette hypothèse jointe à celle de Navier relative à la déformation plane des sections transversales. Mais les calculs deviennent beaucoup plus complexes.

Il sera naturellement loisible aux ingénieurs d'utiliser cette manière de faire s'ils la jugent plus satisfaisante.

De quelque manière que l'on ait déterminé les valeurs du moment de flexion M, de l'effort tranchant T et de la compression de la fibre moyenne N (laquelle est nulle dans les pièces droites chargées transversalement), on devra ensuite en tirer, au moins dans les sections les plus fatiguées, la fatigue locale. Dans cette recherche, l'article 11 prescrit de faire abstraction de toute résistance à l'extension du béton. Cette prescription n'a rien de contradictoire avec celle qui prescrit d'en tenir compte dans les calculs de déformation. En fait, le béton se fendille plus ou moins du côté de l'armature tendue, mais sans qu'il résulte de ces fissures microscopiques ou peu profondes, une modification très notable dans la déformation générale des ouvrages, même si, en un point, une fissure plus marquée se produisait. Mais, en ce point, la fatigue locale s'en trouverait naturellement très accrue. Il convient donc, dans le calcul des fatigues locales, de se placer dans cette hypothèse défavorable, tandis qu'il serait excessif de s'y placer dans la recherche des déformations générales et, par suite, de celle des valeurs M, T, F, qui s'y rattachent.

Application à un hourdis et à une pièce d'une section rectangulaire. — On va appliquer la méthode indiquée plus haut à un hourdis (fig. 2) assimilé à un simple T, dont la hauteur est h, la largeur d'aile b, la largeur de la nervure b',

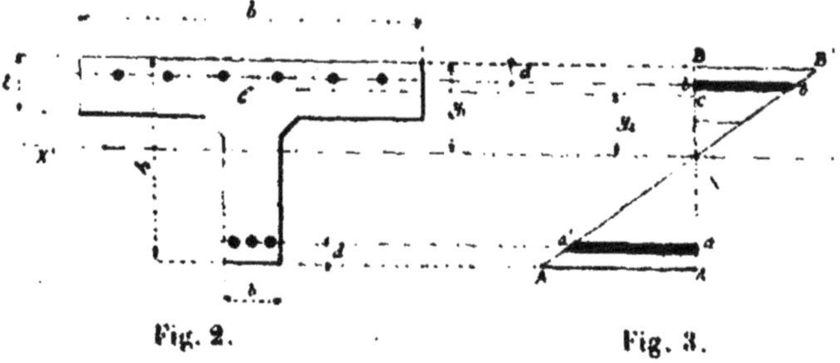

Fig. 2.   Fig. 3.

l'épaisseur d'aile e et dont l'armature du côté de la compression a une section totale ω, sa distance moyenne au parement comprimé étant d, du côté de l'extension, la section ω', à une distance moyenne d' du parement tendu. Si la première n'existait pas, on ferait $\omega = 0$.

Soit y_1 la distance inconnue de l'axe neutre $X'X$ au parement comprimé B. Sur la figure 3, la section du hourdis est projetée suivant la droite AB. Les ordonnées de la droite XB' représentent les compressions du béton et, au facteur m près l'ordonnée bb' représente la compression de l'armature comprimée et aa' représente la tension de l'armature tendue. Soit K le coefficient angulaire de la droite B'XA' ou la tangente trigonométrique de l'angle B'XB.

a. *Flexion simple.* — S'il s'agit de la flexion simple $N = 0$, en écrivant que les forces élastiques se réduisent au couple de flexion M, c'est-à-dire que leur somme est nulle et que la somme de leurs moments relativement à n'importe quel point, par exemple au point B est égale à M, on obtient pour déterminer la distance $XB = y_1$ de l'axe neutre à la face comprimée, l'équation du second degré :

$$(16) \quad 0 = \frac{b'y_1^2}{2} + (b - b') \, \varepsilon \left(y_1 - \frac{\varepsilon}{2} \right) + m\omega \, (y_1 - d) - m\omega' \, (h - d' - y_1)$$

puis, pour déterminer le coefficient angulaire K :

$$(17) \quad \frac{M}{K} = \frac{b'y_1^3}{6} + (b - b') \, \varepsilon^2 \left(\frac{y_1}{2} - \frac{\varepsilon}{3} \right) + m\omega \, (y_1 - d) \, d - m\omega' \, (h - d' - y_1) \, (h - d'),$$

où le second nombre est connu, ainsi que M.

Ces formules supposent implicitement que l'axe neutre tombe dans la nervure. S'il tombe dans le hourdis, il suffit dans les formules précédentes de faire $b' = b$, ce qui donne :

$$(18) \quad 0 = \frac{by_1^2}{2} + m\omega \, (y_1 - d) - m\omega' (h - d' - y_1) \, ;$$

$$(19) \quad \frac{M}{K} = \frac{by_1^3}{6} + m\omega \, (y_1 - d) \, d - m\omega' \, (h - d' - y_1)(h - d').$$

Pour savoir où tombera la fibre neutre et, par conséquent, si c'est la formule (16) ou celle (18) qui déterminera la position de la fibre neutre, il suffit dans le second membre de (16) de remplacer y_1 par ε, ce qui donne :

$$\frac{b\varepsilon^2}{2} + m\omega \, (\varepsilon - d - m\omega') \, (h - d' - \varepsilon).$$

Si la valeur numérique de cette expression est positive, l'axe neutre tombe dans le hourdis et se détermine par la formule (18). C'est l'inverse si cette valeur numérique est négative.

Les formules (18) et (19) s'appliquent aussi à une section rectangulaire de base b et de hauteur h.

Quand on a déterminé les deux inconnues y_1 et K, on aura pour la compression maximum R_b du béton :

$$(20) \quad R_b = K y_1 \, ;$$

pour la compression R_a et l'extension R'_a des armatures :

$$(21) \quad \begin{cases} R_a = mK(y_1 - d) ; \\ R'_a = mK(h - d' - y_1). \end{cases}$$

b. *Flexion composée*. — On connaît dans ce cas la compression N et la position du centre de pression C, point d'application de la résultante des forces extérieures. Désignons par c la distance de ce point à la face comprimée, cette distance étant comptée positivement si C tombe dans la section, négativement dans le cas contraire. Il paraît plus commode ici, pour la raison qui sera donnée dans un instant, de déterminer la position de la fibre neutre par sa distance $XC = y_2$ (fig. 3, page 20) au centre de pression C que par sa distance Y_1 au parement comprimé. On écrira que la résultante des forces élastiques coïncide avec N. Donc, la somme des moments des forces élastiques par rapport au point C est nulle, ce qui donne une équation du troisième degré servant à déterminer y_2, c'est-à-dire la position de l'axe neutre X'XC. Cette équation, dans le cas où cet axe tombe dans la nervure, est la suivante :

$$(22) \quad \frac{b'y_2^3}{6} - b\left[\frac{c^2}{2}y_2 + \frac{c^3}{3}\right] + (b - b')\left[\frac{(-c+\varepsilon)^2}{2}y_2 - \frac{(-c+\varepsilon)^3}{3}\right]$$
$$+ m\omega(y_2 + c - d)(-c + d) - m\omega'(h - d' - c - y_2)(h - d' - c) = 0.$$

On voit que cette équation est de la forme .

$$(23) \quad y_2^3 + py_2 + q = 0,$$

les coefficients numériquement connus p et q ayant les expressions suivantes :

$$(24) \quad \begin{cases} p = -\dfrac{3b}{b'}c^2 + 3\left(\dfrac{b}{b'} - 1\right)(c - \varepsilon)^2 - \dfrac{6m\omega}{b'}(c - d) \\ \qquad + \dfrac{6m\omega'}{b'}(h - d' - c) ; \\[2ex] q = -\dfrac{2b}{b'}c^3 + 2\left(\dfrac{b}{b'} - 1\right)(c - \varepsilon)^3 - \dfrac{6m\omega}{b'}(c - d)^2 \\ \qquad - \dfrac{6m\omega'}{b'}(h - d' - c)^2. \end{cases}$$

Le terme en y_2^2 manque, ce qui facilite la résolution de l'équation et justifie l'emploi fait de l'inconnue y_2.

Quand y_2 a été trouvée, on obtient l'inconnue auxiliaire K immédiatement par l'équation :

$$(25) \quad \frac{N}{K} = \frac{b'y_2^2}{2} + bc\left(y_2 + \frac{c}{2}\right) + (h - b')\left[(-c + \varepsilon)y_2 - \frac{(-c + \varepsilon)^2}{2}\right] + m\omega\,[y_2 + c - d] - m\omega'\,[h - d' - c - y_2],$$

où le second membre est connu, ainsi que N.

Ces formules supposent que l'axe neutre tombe dans la nervure. S'il tombe dans le hourdis, comme aussi dans le cas d'une section rectangulaire de base b et de hauteur h, il suffit d'y faire $b' = b$, ce qui donne :

$$(26) \quad p = -3c^2 - \frac{6m\omega}{b}(c - d) + \frac{6m\omega'}{b}(h - d' - c) ;$$

$$(27) \quad q = -2c^3 - \frac{6m\omega}{b}(c - d)^2 - \frac{6m\omega'}{b}(h - d' - c)^2.$$

Enfin, dans le cas d'un hourdis, pour savoir si l'axe neutre tombe dans la nervure ou dans le hourdis, il suffira de vérifier si le premier membre de l'équation (23) a, ou non, des signes contraires, aux deux extrémités de la nervure.

Quand les inconnues y_2 et K sont déterminées, on tirera de la première :

$$(28) \qquad y_1 = y_2 + c,$$

pour la distance de l'axe neutre au parement comprimé, et alors la compression R_b du béton, la compression R_a et la tension R'_a des armatures par unité de surface, se déterminent par les formules (20) et (21).

Remarques au sujet du calcul des hourdis. — Quand on a un plancher formé d'un hourdis avec nervures (fig. 4), on détache une nervure aux deux parties adjacentes, de manière à ne considérer que la partie $xx'33'$ de largeur $x3 = b$, sans tenir compte du secours que cette portion du plancher peut recevoir de son adhérence avec les parties voisines.

Cette largeur b doit être en rapport avec l'épaisseur c du hourdis, l'écartement L des nervures et leur portée *l*. Il convient de ne jamais dépasser pour la largeur *b* le tiers de la

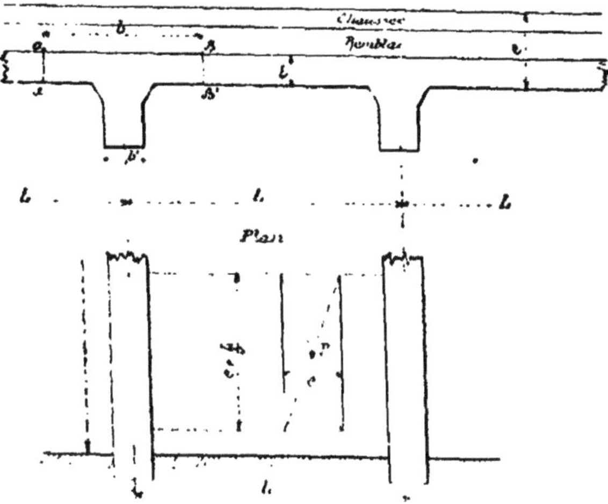

Fig. 4. — Coupe transversale.

portée *l* des nervures, ni les trois quarts de leur écartement L.

En ce qui touche le plancher lui-même, s'il a à supporter des charges concentrées entre deux nervures, il doit être pourvu de deux séries de barres horizontales dans des directions orthogonales. On donne généralement aux armatures les plus faibles une section totale par mètre de largeur du hourdis au moins égale à la moitié de la section des plus fortes par mètre de longueur du hourdis.

Et alors, pour calculer l'épaisseur ε du plancher, on admet que la charge isolée peut être remplacée (fig. 4, plan) par une charge uniformément répartie sur un rectangle ayant cette charge pour centre, ses côtés parallèles aux nervures ayant un écartement e égal à la somme des épaisseurs : 1° du hourdis lui-même, soit ε ; 2° s'il y a lieu, du remblai et de la chaussée qu'il porte ; ses côtés perpendiculaires aux nervures ayant pour écartement $e + \dfrac{L}{3}$. L étant l'écartement des nervures.

La charge ainsi répartie, on suppose qu'elle est portée par une bande du hourdis, de la largeur $e + \dfrac{L}{3}$ sans concours des parties adjacentes, par conséquent, par une poutre de section rectangulaire $\left(e + \dfrac{L}{3}\right)e$ et de portée L, s'appuyant sur deux nervures consécutives.

S'il s'agit d'un hourdis porté par deux cours de nervures orthogonales, d'écartements respectifs L et L', pour calculer le moment de flexion dans le sens de la portée L, on pourra, faute de mieux, le calculer comme si les nervures de portée L existaient seules, en multipliant le chiffre obtenu par le coefficient de réduction :

$$\frac{1}{1 + 2\,\dfrac{L^4}{L'^4}}.$$

On fera de même en permutant les lettres L et L' pour obtenir le moment de flexion dans le sens de la portée L'.

Adhérence. — Pour s'assurer de l'adhérence entre le béton et l'armature, tendue par exemple, on observera que si, dans deux sections voisines AB, A'B' d'une pièce (fig. 5), espacées d'une longueur Δ_s, on a trouvé pour la tension de l'armature les valeurs R'_a et R''_a par unité de surface, les tractions totales de ces deux sections seront :

$$\omega'R'_a \quad \text{et} \quad \omega'R''_a.$$

Supposons, pour fixer les idées, $R''_a > R'_a$, c'est la différence $\omega'(R''_a - R'_a)$ qui tendra à faire glisser la portion d'armature de longueur Δ_s dans sa gaine de béton. Si donc le périmètre total des armatures tendues est χ', l'adhérence par unité de surface sera :

$$\frac{\omega'(R''_a - R'_a)}{\chi'\Delta_s}.$$

C'est ce rapport qui ne doit pas être supérieur à la limite imposée pour l'adhérence par l'article 6 du règlement.

Si des étriers ou autres pièces transversales sont *suffisamment* solidarisés avec une armature longitudinale pour contribuer à empêcher celle-ci de glisser dans sa gaine de béton, alors la force F de cisaillement de celles de ces pièces trans-

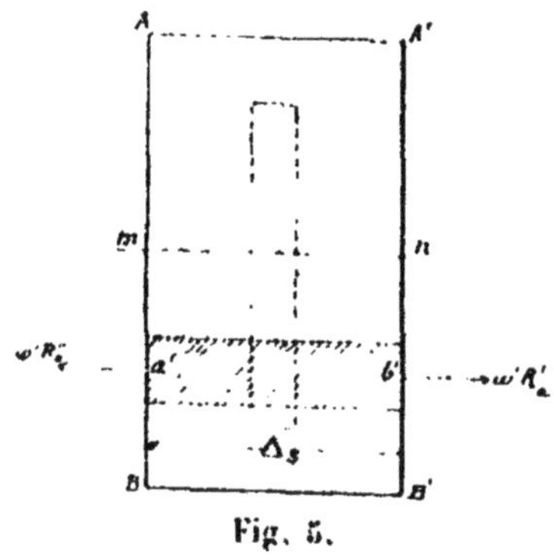

Fig. 5.

versales qui se trouvent sur la longueur Δ_s considérée ou le produit de la section cisaillée par le travail de cisaillement admis pour le métal, doit être retranchée de l'effort

$$\omega'(R''_a - R'_a).$$

et il suffit que le rapport :

$$\frac{\omega'(R''_a - R'_a) - F}{\chi'\Delta_s}$$

ne dépasse pas la limite admise pour l'adhérence.

Mais de simples ligatures entre les armatures transversales et longitudinales ne suffisent pas pour produire l'effet de la force F. Ces ligatures doivent être faites. Mais il convient de ne pas en tenir compte comme renfort prêté à l'adhérence.

Glissement longitudinal du béton sur lui-même et effort tranchant. — Concevons toujours une portion de pièce comprise entre deux sections transversales AB et A'B' distantes de Δ_s et portant l'armature longitudinale $a'b'$ du côté de l'extension. Faisons dans la partie tendue du béton, c'est-à-dire entre l'armature $a'b'$ et le plan des fibres neutres, une section mn parallèle à ce plan. Soit ω_b l'aire de cette section.

Comme on ne tient pas compte des tensions du béton normalement à mB et nB', la portion $mnBB'$ de la pièce est en équilibre sous l'influence des tensions $\omega'R''_a$ et $\omega'R'_a$ des armatures et de l'effort longitudinal ou de cisaillement suivant mn. Donc, cet effort, par unité de surface :

$$\frac{\omega'(R''_a - R'_a)}{\omega_b} \quad (a),$$

ne doit pas dépasser la fatigue admise par le cisaillement.

Si des armatures transversales résistent *efficacement* au glissement longitudinal, on peut en tenir compte comme il est dit ci-dessus pour l'adhérence.

Cet effort (a) reste constant jusqu'à la fibre neutre. Au delà, il diminue par l'effet des compressions, de sorte que celui mis en compte ici en représente le maximum.

L'effort tranchant en chaque point est d'ailleurs, comme on le sait, le même en grandeur que l'effort de glissement longitudinal dont il vient d'être parlé.

Art. 12. — *Flambement.* — Pour s'assurer contre le flambement des pièces comprimées, on peut faire usage de la règle de Rankine, qui se traduit par l'inégalité suivante :

$$(29) \qquad \frac{N}{\Omega} \left(1 + \frac{kl^2}{10.000r^2} \right) < R_b.$$

N est l'effort de compression : s'il varie notablement d'une extrémité à l'autre de la pièce, on prendra la valeur relative à la section médiane, située à égale distance des extrémités ; l est la longueur de la pièce ; r le rayon de gyration minimum de la section transversale qui, dans le cas fréquent d'une pièce symétrique, a, soit la direction de l'axe de symétrie, soit la direction perpendiculaire.

R_b est la limite de fatigue admissible pour le béton armé (art. 4, p. 7).

Enfin k est un coefficient numérique dépendant des conditions auxquelles la pièce est soumise à ses extrémités, et qui a les valeurs ci-après :

Conditions relatives aux extrémités	k	Observations
Pièces encastrée à un bout, libre à l'autre.	4	
Pièce articulée aux deux bouts. .	1	
Pièce encastrée à un bout, articulée à l'autre	1/2	Si l'encastrement est imparfait, on prendra une valeur moyenne entre 1/2 et 1.
Pièce encastrée au deux bouts . .	1/4	Si l'un des encastrements est imparfait, on prendra une valeur moyenne entre 1/4 et 1/2. Si les deux sont imparfaits, une valeur moyenne entre 1/4 et 1.

Quand la pièce comprimée est de grande longueur, il arrive que l'unité est négligeable devant le nombre $\dfrac{kl^2}{10.000\,r^2}$. L'inégalité qui exprime la condition de stabilité peut alors être mise sous la forme simplifiée :

$$\frac{N}{\Omega}\ \frac{kl^2}{10.000\,r^2} < R_b$$

ou :

$$(30)\qquad N < \frac{10.000}{k}\ \frac{\Omega r^2}{l^2}\ R_b.$$

La valeur moyenne de R_b est d'environ 50×10^4 (50 kilogrammes par centimètre carré). Le coefficient d'élasticité longitudinale du béton est, en moyenne, le dixième de celui de l'acier, soit :

$$E_b = 2 \times 10^9.$$

D'où il résulte que le produit : $10.000\,R_b$ est sensiblement égal à :

$$\frac{\pi^2 E_b}{4},$$

ce qui permet d'écrire la condition (30) sous la forme :

$$(31)\qquad N < \frac{1}{4k}\ \frac{\pi^2 \Omega r^2}{l^2}\ E_b.$$

C'est la formule d'Euler, avec un coefficient de sécurité égal à 4.

On voit donc que les indications fournies par cette formule concordent avec celles de la règle de Rankine pour les pièces de grande longueur.

Si la pièce soumise à un effort de compression N est en même temps sollicitée par un moment de flexion dont l'effet ne peut être considéré comme négligeable (cas d'une charge désaxée, poussée du vent, etc.), il convient de compléter la condition de stabilité exprimée par l'inégalité (29) en y introduisant la valeur du travail maximum de compression déterminé, dans la section médiane, par le moment fléchissant M.

Ce travail a pour expression :

$$\frac{Mr}{I}\ \text{(formule 5)} ;\qquad \text{ou}\qquad \frac{N v_0 v}{\Omega r^2}\ \text{(formule 11).}$$

La règle de Rankine se traduit alors par l'une ou l'autre des inégalités suivantes :

$$(32) \qquad \frac{N}{\Omega}\left(1 + \frac{kl^2}{10.000r^2}\right) + \frac{Mv}{I} < R_b \; ;$$

$$(33) \qquad \frac{N}{\Omega}\left(1 + \frac{kl^2}{10.000r^2} + \frac{v_0 v}{r^2}\right) < R_b.$$

III. — CHAPITRE IV

Les instructions relatives à l'exécution des travaux et aux épreuves se justifient d'elles-mêmes et n'ont pas besoin de commentaire. On se bornera à rappeler *que le béton armé ne vaut que par la perfection de son exécution*. Les accidents survenus sont en général dus à la médiocre qualité des matériaux ou à leur mauvais emploi. Il convient donc d'exercer *une surveillance toute spéciale* sur la provenance, la pureté des matériaux, leur dosage, celui de l'eau employée à la confection du béton, son damage, son bourrage le long des armatures, le solide arrimage de celles-ci, etc.

Quant aux épreuves, elles peuvent, dans certaines circonstances, être simplifiées, moyennant justification. Mais il convient encore ici de ne pas chercher des économies ou des facilités qui puissent faire courir un risque quelconque à la sécurité publique.

INSTRUCTIONS

RELATIVES A L'EMPLOI DU BÉTON ARMÉ

I. — DONNÉES A ADMETTRE DANS LA PRÉPARATION DES PROJETS

A. — *Surcharges*

Article premier — Les ponts en béton armé seront établis de manière à pouvoir supporter les surcharges verticales et les actions du vent imposées aux ponts métalliques de mêmes destinations par le règlement du 29 août 1891.

Art. 2. — Les combles en béton armé seront, sauf exception justifiée, soumis, au point de vue des surcharges, au règlement du 17 février 1903, relatif aux halles métalliques des chemins de fer.

Art. 3. — Les planchers et autres parties des bâtiments, les murs de soutènement, les murs de réservoirs, les conduites sous pression et tous autres ouvrages intéressant la sécurité publique seront calculés en vue des plus grandes surcharges qu'ils auront à supporter en service.

B. — *Limites de travail ou de fatigue*

Art. 4. — La limite de fatigue à la compression du béton armé à admettre dans les calculs de résistance des ouvrages ne devra pas dépasser les vingt-huit centièmes (0,28) de la résistance à l'écrasement acquise par le béton non armé de même composition, après quatre-vingt-dix jours de prise.

La valeur de cette résistance mesurée sur des cubes de vingt centimètres de côté sera spécifiée au devis de chaque projet.

Art. 5. — Lorsque le béton sera fretté ou lorsque les armatures transversales ou obliques qu'il portera seront disposées de manière à s'opposer plus ou moins efficacement à son gonflement sous l'influence de la compression longitudinale qu'il supporte, la limite de fatigue à la compression prévue à l'article précédent pourra être majorée dans une mesure plus ou moins large suivant le volume et le degré d'efficacité des armatures transversales, sans que la nouvelle limite puisse, quel que soit le pourcentage du métal employé, dépasser les soixante centièmes (0,60) de la résistance à l'écrasement du béton non armé telle qu'elle est définie à l'article 4.

Art. 6. — La limite de fatigue au cisaillement, au glissement longitudinal du béton sur lui-même et à son adhérence sur le métal des armatures sera prévue égale à dix centièmes (0,10) de celle spécifiée à l'article 4 pour la limite de fatigue à la compression.

Art. 7. — La limite de fatigue tant à l'extension qu'à la compression qui ne pourra pas être dépassée pour le métal employé aux armatures est la moitié de sa limite apparente d'élasticité telle qu'elle sera définie au devis de chaque projet. Toutefois pour les pièces supportant des chocs ou soumises à des efforts de sens alternés telles que les hourdis, cette limite sera réduite aux quarante centièmes (0,40) au lieu de moitié de la limite apparente d'élasticité.

Art. 8. — Pour les pièces soumises à des efforts très variables, les limites de travail ci-dessus définies seront abaissées d'autant plus que les variations seront plus grandes, sans que la diminution exigée puisse être de plus de 25 p. 100.

Les limites de travail seront également abaissées pour les pièces soumises à des causes de fatigue ou d'affaiblissement dont les calculs de résistance n'ont pas tenu compte, notamment à des actions dynamiques, comme celles que supportent les pièces placées directement sous les rails des voies ferrées.

II. — CALCULS DE RÉSISTANCE

Art. 9. — Dans les calculs de résistance des ouvrages en béton armé, il sera tenu compte non seulement des plus grandes forces extérieures, y compris les actions du vent et de la neige, que ces ouvrages pourront avoir à supporter, mais aussi des effets thermiques et de ceux du retrait du béton, toutes les fois qu'il ne s'agira pas d'ouvrages librement dilatables dans le sens théorique du mot ou de ceux que l'expérience permet de regarder approximativement comme tels.

Art. 10. — Les calculs de résistance seront faits selon des méthodes scientifiques appuyées sur les données expérimentales et non par des procédés empiriques. Ils seront déduits soit des principes de la résistance des matériaux, soit de principes offrant au moins les mêmes garanties d'exactitude.

Art. 11. — La résistance du béton à l'extension sera mise en compte dans le calcul des déformations. Mais pour déterminer la fatigue locale dans une section quelconque, cette résistance sera regardée comme nulle dans la section.

Art. 12. — Pour les pièces comprimées on s'assurera qu'elles ne sont pas exposées à flamber. Toutefois, on pourra s'en dispenser pour les pièces dont l'élancement (rapport de la hauteur à la plus faible dimension transversale) est inférieur à **20** et dont la fatigue à la compression ne dépasse pas la limite définie par l'article 1.

Art. 13. — Le devis devra indiquer les qualités et dosage des matières entrant dans la composition du béton ; quant à la proportion d'eau à employer pour le gâchage, elle devra être surveillée avec soin et strictement suffisante pour donner au béton la plasticité nécessaire pour le bon enrobage des armatures et le remplissage de tous les vides.

III. — EXÉCUTION DES TRAVAUX

Art. 14. — Les coffrages ainsi que l'arrimage des armatures présenteront une rigidité suffisante pour résister sans déformation sensible aux charges et aux chocs qu'ils seront exposés à subir pendant l'exécution du travail et jusqu'au décoffrage et aux décintrements inclusivement.

Art. 15. — Sauf dans le cas exceptionnel où le ciment serait coulé, il sera toujours à prise lente et damé avec le plus grand soin par couches dont l'épaisseur sera en rapport avec les dimensions des matériaux employés et les intervalles des armatures et ne dépassera pas 0 m. 05 après damage, à moins qu'on n'emploie des cailloux.

Art. 16. — Les distances des armatures entre elles et aux parois des coffrages seront telles qu'elles permettent le parfait damage du béton et son serrage contre les armatures. Ces dernières distances, même quand on n'emploie que du mortier sans gravier, ni cailloux, devront toujours être d'au moins 15 à 20 millimètres, de façon à mettre les armatures à l'abri des intempéries.

Art. 17. — Lorsqu'on emploiera, pour les armatures, des fers profilés et non des barres rondes, on prendra des dispositions spéciales pour que leur enrobage se fasse parfaitement sur tout leur périmètre et notamment dans les angles rentrants.

Art. 18. — Lorsque l'exécution d'une pièce aura été interrompue, ce qu'on évitera autant que possible, on nettoiera à vif et on mouillera l'ancien béton assez longtemps pour qu'il soit bien imbibé avant d'être mis en contact avec du béton frais.

Art. 19. — En temps de gelée le travail sera interrompu si l'on ne dispose pas de moyens efficaces pour en prévenir les effets nuisibles.

A la reprise du travail on opérera la démolition de tout ce qui aura subi les atteintes de la gelée, puis on procédera comme il est dit à l'article précédent.

Art. 20. — Pendant quinze jours au moins après son exécution, l'on entretiendra dans le béton l'humidité nécessaire pour en assurer la prise dans de bonnes conditions.

Le décoffrage et le décintrement seront faits sans chocs, par des efforts purement statiques et seulement après que le béton aura acquis la résistance nécessaire pour supporter sans dommage les efforts auxquels il est soumis.

IV. — ÉPREUVE DES OUVRAGES

Art. 21. — Les ouvrages en béton armé qui intéressent la sécurité publique seront éprouvés avant d'être mis en service. Les conditions des épreuves ainsi que les délais de mises en service seront insérées au cahier des charges. Les flèches maximum que les ouvrages ne devront pas dépasser seront aussi, du moins autant qu'on le pourra, insérées au cahier des charges.

L'âge que le béton devra avoir au moment des épreuves sera de même fixé par le cahier des charges. Il sera d'au moins 90 jours pour les grands ouvrages, de 45 jours pour les ouvrages de moyenne importance et de 30 jours pour les planchers.

Art. 22. — Les ingénieurs profiteront des épreuves pour faire non seulement toutes les mesures de déformation ou de vérification des conditions du cahier des charges, mais aussi autant que possible celles qui peuvent intéresser la science de l'ingénieur.

Pour les ouvrages de quelque importance on emploiera des appareils enregistreurs

Art. 23. — Les ponts en béton armé seront éprouvés de la manière prescrite pour les ponts métalliques par le règlement du 29 août 1891.

S'il paraissait convenable d'apporter certaines dérogations aux prescriptions de ce règlement, elles devront être justifiées et insérées au cahier des charges.

Art. 24. — Les combles seront éprouvés de la manière prescrite par le règlement du 17 février 1903 sauf dérogations à justifier.

Art. 25. — Les planchers seront soumis à une épreuve consistant à appliquer les charges et surcharges prévues soit à la totalité du plancher, soit au moins à une travée entière.

Les surcharges devront rester en place pendant 24 heures au moins. Les flèches ne devront plus augmenter au bout de 15 heures.

Le Ministre des Travaux publics,
des Postes et des Télégraphes,
Louis **BARTHOU.**

ANNEXE A LA CIRCULAIRE

DU 20 OCTOBRE 1906

RAPPORT DE LA COMMISSION

NOMMÉE PAR LE CONSEIL GÉNÉRAL DES PONTS ET CHAUSSÉES

DANS SA SÉANCE DU 15 MARS 1906 (1)

Nous pensons, dans ce rapport, pouvoir être très bref : parce que la Commission a fait son possible pour que les projets d'instructions et de circulaire qu'elle a préparés forment un tout qui puisse suffire aux ingénieurs et, par conséquent, au Conseil.

Nous devons seulement indiquer dans quel ordre d'idées on a cru devoir remanier les projets de règlement et de circulaire préparés par la Commission du ciment armé, et nous nous empressons de dire que les différences portent plutôt sur la forme que sur le fond, tout en n'étant pas sans importance.

En tout cas, nous n'avons cru devoir rien faire sans avoir pris l'avis des deux principaux représentants actuels de la Commission du ciment armé : son rapporteur M. l'inspecteur

---

(1) Commission composée de : MM. Maurice Lévy, inspecteur général de 1re classe, *président et rapporteur* ; de Préaudeau, Vétillart, inspecteurs généraux de 2e classe.

général Considère et son président depuis la retraite de M. le président Lorieux : M. l'ingénieur en chef Résal.

Cette Commission, en effet, a accompli une œuvre considérable à laquelle elle a consacré quatre années et dont les pièces mises entre les mains des membres du Conseil, à savoir : les projets de règlement et de circulaire préparés par elle et le magistral rapport du plus qualifié en la matière, M. l'inspecteur général Considère, ne donnent malgré leur importance, qu'une idée imparfaite. Il faut en outre avoir examiné les procès-verbaux des expériences de longue haleine auxquelles la Commission s'est livrée avec le concours de M. l'ingénieur Mesnager et du laboratoire de l'école des ponts et chaussées pour pouvoir apprécier toute l'étendue et la portée de son œuvre. Aussi convenait-il de n'y toucher qu'avec la plus grande réserve et en ayant son avis. C'est dans cette pensée que nous avons cherché à remplir la mission que le Conseil nous a fait l'honneur de nous confier, mission fort délicate ; car si le béton armé est de plus en plus apprécié dans ses effets, il est encore bien imparfaitement connu dans ses causes. Plus on y réfléchit, plus on sent qu'il y a là nombre de phénomènes qui demeurent obscurs. Dans ces conditions, il n'est pas aisé d'arriver à la précision désirable dans les instructions à donner aux ingénieurs, tout en ne les entravant pas dans la voie du progrès qui reste ouverte. C'est sans doute le sentiment de ces difficultés qui a arrêté la Commission du ciment pendant plusieurs années. C'est lui aussi qui doit nous servir d'excuse pour les quelques semaines de réflexion que nous avons prises.

Nous avons cherché à aller vite. Peu de jours après sa désignation, la Commission s'est réunie. Elle a tenu deux séances auxquelles ont été convoqués MM. Considère et Résal. Là, on a discuté contradictoirement tous les articles du projet de règlement de la Commission du ciment armé, ainsi que le projet de circulaire et le rapport de M. Considère qui l'accompagne.

Puis la Commission s'est ajournée en chargeant le soussigné de préparer ses propositions.

Dans l'intervalle, le soussigné a reçu, au nom de la minorité de la Commission du ciment armé, un projet de règlement signé par M. l'ingénieur en chef Rabut et M. l'ingénieur Mesnager, deux membres très qualifiés, eux aussi, de ladite Commission.

Leurs observations portaient sur deux points ; l'un relatif à la valeur du coefficient d'élasticité du béton, l'autre tendant à ce que les prescriptions contenues dans le projet de règlement relativement aux calculs de résistance des matériaux soient de beaucoup abrégées et réduites à quelques indications générales, de façon à éviter tout ce qui pourrait tendre à restreindre, en cette matière, la liberté scientifique des ingénieurs, sauf à reporter dans la circulaire les explications ou les conseils que l'on pourrait juger utile de leur donner.

Sur ce dernier point, tout le monde a fini par tomber d'accord et c'a aussi été le sentiment du Conseil général des ponts et chaussées dans la séance où l'affaire est venue en discussion, et a été, après un échange d'observations, renvoyée à la Commission que nous avons l'honneur de présider.

A l'appui de leurs observations sur le coefficient d'élasticité, MM. Rabut et Mesnager ont joint les résultats d'une série d'expériences faites par M. Mesnager, expériences que nous avons naturellement versées au dossier ainsi que diverses autres pièces, notamment un projet de règlement préparé par ces Messieurs.

Des expériences dont il s'agit, il ressort que jusqu'à un effort de 60 kilogrammes par centimètre carré le béton expérimenté par eux et composé de 300 kilogrammes de ciment de Portland pour 400 litres de sable et 800 litres de gravier, est environ égal à 1/10 du coefficient d'élasticité de l'acier. C'est aussi ce qui ressort à peu près des expériences de M. le professeur Bach de Stuttgart, et de celles qui avaient été entreprises en France, dès le début du ciment armé, à la demande du regretté directeur des phares, Bourdelles.

C'est ainsi muni d'une part des explications échangées pendant nos deux premières séances avec les deux représentants de la majorité de la Commission du ciment armé, MM. Considère et Résal, des explications fournies au nom de ceux de la minorité de la Commission, que le soussigné s'est mis à l'œuvre pour préparer, non sans de fréquents scrupules, les projets d'instructions et de circulaire que la Commission actuelle a l'honneur de soumettre à l'examen du Conseil.

A ce mot « Règlement » employé par la Commission du ciment armé, nous avons substitué le mot « Instructions » qui, tout en ayant le même caractère obligatoire pour les ingénieurs, s'annonce comme moins permanent. Il convient, en effet, de prévoir que l'expérience des chantiers, comme celles des laboratoires et comme la théorie, pourront modifier les vues qu'on a actuellement sur le ciment armé et, par suite, amener à faire des retouches aux prescriptions actuelles.

En principe, nous avons cherché à condenser ces instructions en un petit nombre d'articles, brefs et précis.

Elles sont divisées en quatre parties :

I. Données à admettre dans les projets relatifs au béton armé ;

II. Calculs de résistance (à appuyer sur ces données) ;

III. Exécution des travaux ;

IV. Épreuves des ouvrages.

I. *Données à admettre*. — Ces données comprennent deux parties distinctes : les surcharges et les coefficients de travail.

Il n'y a rien à dire relativement aux surcharges. Elles sont les mêmes pour les ouvrages en ciment armé que pour leurs similaires en d'autres matières.

La fatigue à la compression du ciment armé a été admise égale aux 28/100 de la résistance à l'écrasement du béton non armé de même composition après 90 jours de confection, cette résistance étant mesurée sur un cube de 0 m. 20 de côté.

La Commission du ciment armé, dans son projet de règlement, n'avait indiqué la fatigue maxima à admettre que pour trois espèces de ciments qui sont formés de 800 litres de gravier, 400 litres de sable avec respectivement les trois dosages :

300, 350 et 400 kilogrammes de Portland.

Elle a trouvé pour ces bétons respectivement les résistances suivantes en kilogrammes par cm² :

Au bout de 28 jours :

107, 120, 133 kilogrammes.

Au bout de 90 jours :

160, 180 et 200 kilogrammes.

Elle admet dans son règlement les limites de fatigue ci-après :

46, 52, 58 kilogrammes.

La règle que nous proposons donne :

44,8, 50,4, 56 kilogrammes,

c'est-à-dire sensiblement les mêmes chiffres. Nous sommes donc d'accord avec elle et notre formule a l'avantage de s'étendre à d'autres ciments de compositions très variables qui peuvent être employés dans la pratique.

Mais ce n'est pas sans hésitation que nous avons suivi la Commission sur ce point. Ce taux de fatigue des 28/100 de la résistance après 90 jours est élevé et beaucoup plus élevé que les chiffres similaires admis dans d'autres règlements, notamment dans les règlements allemands ou suisses. Là où nous admettons une fatigue de 51 kilogrammes, on n'admettrait guère que 30 à 35 kilogrammes.

MM. Résal et Considère, au nom de la Commission du ciment armé ont insisté pour le maintien des chiffres proposés par cette Commission après une longue discussion en présence des représentants de l'Industrie qui ont fait partie de la Commission. Ils ont fait valoir que les chiffres admis sont ceux couramment usités dans la pratique et l'industrie ne pourrait pas se contenter de chiffres notablement moindres. M. Considère nous a fait connaître depuis que les règlements étrangers sont déjà anciens eu égard aux rapides progrès accomplis par le béton armé, qu'ils donnent lieu, au point de vue spécial dont il s'agit, à des réclamations de la part des constructeurs et que vraisemblablement soit par tolérance, soit par une modification aux prescriptions existantes, on sera amené à élever notablement le taux de fatigue admis à une époque où on n'avait pas encore, en matière de béton armé, l'expérience acquise depuis.

Nous verrons d'ailleurs que les données adoptées pour les calculs de résistance sont de nature à rassurer sur les valeurs élevées adoptées pour les taux de fatigue aux articles 4 et 5.

Ce dernier article permet de majorer le taux normal de fatigue admis à l'article 4.

Il constitue une innovation relativement aux instructions étrangères qu'il nous a été donné de consulter, en ce qu'il encouragera les constructeurs à porter leur attention non seulement sur les armatures longitudinales, mais aussi sur les armatures transversales qui ont une influence considérable sur la solidité de ce genre de constructions. Il mérite d'être conservé. Il est formulé sous forme générale dans les instructions. Le commentaire qu'y donne la circulaire avec le coefficient de majoration $\left(1 + m'\,\dfrac{V'}{V}\right)$ guidera les ingénieurs dans l'adoption du taux de la majoration suivant le cas. Par une sorte d'interprétation rapide, on peut avec une suffisante approximation, passer des cas spécifiés dans la circulaire à des cas différents pour le choix du coefficient m' qui seul reste à l'appréciation des ingénieurs.

II. *Calculs de résistance.* — On voit que nos instructions se bornent à quelques prescriptions générales qui laissent aux ingénieurs la plus absolue liberté dans les méthodes de calcul qu'ils croiront devoir employer, sous la seule réserve de ne pas substituer les méthodes empiriques des spécialités aux méthodes plus sûres tirées de la résistance des matériaux ou de la théorie de l'élasticité. Mais comme, d'autre part, il est à notre connaissance que beaucoup d'ingénieurs seraient très heureux d'avoir quelques indications qui puissent leur servir de guides dans ces calculs nouveaux pour beaucoup d'entre eux, nous avons, dans la circulaire, cherché à donner à ce désir la satisfaction la plus large possible, tout en y faisant remarquer que les formules et même les méthodes indiquées n'ont aucun caractère obligatoire et que toutes autres méthodes, pourvu qu'elles soient rationnelles, seront admises par l'Administration.

Nous devons insister, non sur les formules contenues dans la circulaire et qui sont déduites des principes de la résistance des matériaux relatifs aux pièces à sections hétérogènes, mais sur l'une des données qui y est indiquée ou conseillée et qui, comme celle signalée plus haut à l'occasion de l'article 5, innove relativement à ce qui existe et est de nature, comme nous l'avons fait pressentir plus haut, à atténuer sensiblement ce que le taux élevé de fatigue à la compression du béton admis aux articles 4 et 5 peut avoir de hardi. Il s'agit d'un nombre que l'on admet dans les calculs de résistance pour exprimer l'équivalence, à section égale, entre le béton et l'armature. Dans les formules de la plupart des auteurs français et étrangers, on admet que dans la compression d'un prisme armé, chaque centimètre carré de l'armature longitudinale supporte une part de charge m fois plus grande que ne le ferait un centimètre carré de béton occupant la même place.

Théoriquement, le nombre m serait le rapport entre les modules d'élasticité du métal et celui du béton. MM. Rabut et Mesnager demanderaient que ce nombre fût pris égal à 10. En Suisse et en Allemagne, comme aussi d'après les auteurs français et belges, on adopte de préférence la valeur 15.

Il est vraisemblable qu'avec ce dernier chiffre on attribue souvent au métal une influence plus grande que la réalité, et au béton une influence trop faible, de sorte que celui-ci supportera en réalité une fatigue plus grande que celle que supposent les calculs.

L'innovation de la circulaire consiste à proposer pour ce nombre m, non pas une valeur immuable, telle que 10 ou 15, mais une valeur dépendant à la fois des dispositions de l'armature longitudinale et de celles des armatures transversales ou obliques qui les solidarisent. On admet que le nombre m peut ainsi varier, suivant que les dispositions des armatures sont plus ou moins bien combinées entre un minimum de 8 et un maximum de 15.

Cette manière de faire semble très rationnelle théoriquement, outre qu'elle s'ajoute aux prescriptions de l'article 5 des instructions, pour inciter les praticiens à bien étudier les dispositions combinées des armatures longitudinales et transversales.

Nous nous sommes assuré d'ailleurs qu'on arrive ainsi à un coefficient de sécurité bien plus constant qu'avec les ouvrages calculés dans l'hypothèse de la constance de m, ce qui diminue sensiblement le danger pouvant résulter du coefficient de fatigue élevé qu'on a adopté aux articles 4 et 5 des instructions.

Pour bien comprendre le genre de vérification que nous avons poursuivi, il convient de préciser le sens qu'on attache à l'expression : *coefficient de sécurité*.

Supposons une colonne en béton armé où, d'après les *calculs de résistance*, le béton travaille à raison de 50 kilogrammes par cm², tandis qu'un cube du même béton non armé se romprait après 90 jours sous une charge de 200 kilogrammes par cm².

On dira que le coefficient de sécurité est 4. Mais (et cette observation s'applique aux ouvrages autres que ceux en béton armé, ce n'est là qu'un coefficient conventionnel, le seul en général qu'on puisse fixer et dont il faut, par suite, se contenter dans la pratique. Le vrai coefficient de sécurité ne pourrait s'obtenir qu'en rompant non plus un cube de béton non armé, mais en rompant la colonne elle même. Or, il est probable que, même abstraction faite du flambage que nous supposons combattu, la colonne se romprait sous une charge autre que le cube de béton. Si elle n'était pas armée elle se romprait sous une charge un peu plus faible en raison des points faibles que comporte un ouvrage de plus grandes dimensions et moins bien soigné, dans ses moindres détails, qu'un échantillon cubique de 0 m. 20 de côté. Grâce à l'armature, et c'est là son but ou du moins l'un d'eux, il se peut que la colonne supporte, avant rupture, une charge égale ou supérieure à celle qu'a pu supporter l'échantillon cubique.

Dans le premier cas, le coefficient de sécurité conventionnellement rapporté à cet échantillon serait trompeur et illusoire. Dans le second, au contraire, il serait très sûr puisqu'il ne pourrait qu'être égal ou inférieur au coefficient de sécurité réel.

En tous cas ce dernier ne peut s'obtenir que par destruction directe de l'ouvrage considéré. Ce coefficient réel nous l'avons déterminé sur un prisme déterminé, sur un prisme de béton armé à base carrée de 0 m. 25 de côté et de 1 mètre de hauteur portant diverses armatures, à l'aide d'expériences de rupture très précises de M. le professeur Bach. Aux charges de rupture expérimentalement déterminées, nous comparons les fatigues qui résulteraient :

1° De l'emploi des formules de résistance avec un coefficient m constant et égal à 15 :

2° De l'emploi des formules avec un coefficient m variable entre 8 et 15 selon les règles indiquées dans la circulaire et en faisant d'après ces règles des interpolations à vue et avec les majorations de la fatigue admises par l'article 5 des instructions pour l'emploi des coefficients de majoration :

$$1 + m' \frac{V'}{V},$$

le coefficient m' étant également obtenu dans chaque cas d'après les règles indiquées dans la circulaire.

Voici les données expérimentales et les résultats obtenus :

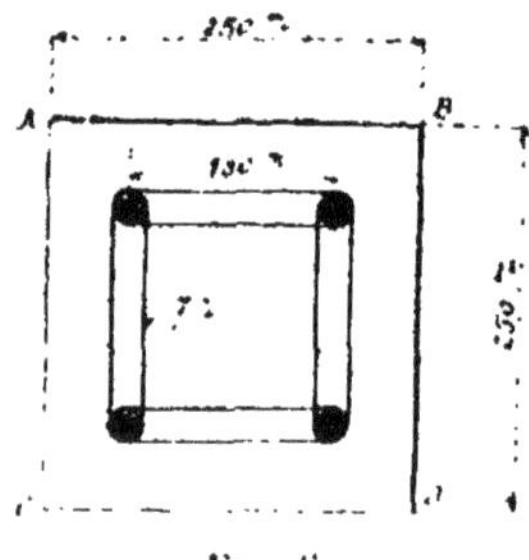

Fig. 6.

Section du prisme :

$$\Omega = 25 \times 25 = 625 \text{ cm}^2.$$

Volume V' des ligatures :

$$V' = 62 \text{ cm}^3 645.$$

Les prismes essayés (fig. ci-contre) ont une section carrée ABCD de 250 mm. de côté. Ils sont armés de quatre tiges éloignées d'axe en axe de 180 mm. et ayant des diamètres d variables de 15 à 30 mm.

Ces tiges longitudinales sont réunies deux à deux par des tiges formant ligatures transversales doubles suivant les quatre côtés d'un carré.

Toutes ces tiges ont 7 mm. de diamètre.

L'écartement de ces armatures transversales dans le sens de l'axe du prisme varie de 0 m. 25 à 0 m. 0625.

Voici le résumé des cinq séries d'expériences :

TABLEAU I

N° de l'expérience	Diamètre d des armatures longitudinales — mm.	Écartement des armatures transversales — cm.	Valeur moyenne de la charge de rupture — Kgs par cm²	Sections des armatures longitudinales — $\omega = 4\dfrac{\pi d^2}{400}$ cm²
1	2	3	4	5
1	15 mm.	25 cm. 00	168	7,1 cm²
2	15	12 50	177	7,1
3	15	6 25	205	7,1
4	20	25 00	170	12,6
5	30	25 00	190	28,3

Ajoutons que la charge de rupture du prisme non armé a été trouvée de . . . .   141 k. 95
et celle d'un mètre cube de ce béton de   . .   175 k. 95

En supposant $m = 15$ et appelant R_b la fatigue admise pour le béton, la charge totale N que pourrait supporter le béton serait :

$$N = R_b\,(625 + 15\,\omega)\quad \text{[A]}$$

En prenant $R_b = 35$ kilogrammes, ce qui serait conforme aux instructions allemandes, on trouve :

$$N = 35\,(625 + 15\,\omega)\quad \text{[A']}$$

TABLEAU II

N° de l'expérience	$\dfrac{15\,\omega}{\text{cm}²}$	$625 + 15\,\omega$	N Kgs.	$\dfrac{N}{625}$	Charges de rupture	Coefficient de sécurité effectif
1	2	3	4	5	6	7
1	106	731	25,585	40.9	168	4.1
2	106	731	25,585	40.9	177	4.3
3	106	731	25,585	40.9	205	5.0
4	189	814	28,490	48.6	170	3.7
5	424	1,049	36,715	58.7	190	3.2

La colonne 5 donne la charge théorique par cm² que supporte le béton de la colonne. La colonne 6, reproduction de celle 3 du tableau I, donne les charges de rupture effectives correspondantes. En divisant les chiffres de la colonne 6 par ceux correspondants de la colonne 5 on aura dans chaque cas le coefficient de sécurité effectif. On voit qu'il a des variations très considérables. Il varie entre 5 et 3,2, ce qui indique que la formule $_{(}A_{)}$, c'est-à-dire l'hypothèse de la constance de m, peut conduire à de sérieux mécomptes.

Faisons à présent les mêmes calculs en supposant m variable. En suivant les règles indiquées dans la circulaire, on est amené par des interpolations à donner à m les valeurs du tableau ci-après.

D'autre part, nous admettons en nombre rond, d'après l'article 1 des instructions, pour le béton une fatigue de 50 kilogrammes au lieu de celle de 35 admise ci-dessus, et en vertu de l'article 5 nous majorons cette fatigue d'après les coefficients de majoration :

$$1 + m' \frac{V'}{V}$$

ce qui porte à :

$$R_b = 50 \left(1 + m' \frac{V'}{V} \right). \qquad (B)$$

D'après les règles indiquées dans la circulaire nous sommes amené à prendre pour m les valeurs du tableau ci-dessous. Les charges N à faire supporter à la colonne seront données par la formule :

$$N = R_b (625 + m \,\omega). \qquad (B')$$

On a ainsi :

N°	m	$\frac{\omega}{cm^2}$	$625 + m\omega$	Écartement des armatures transversales	m'	$\frac{V'}{V}$	$R_b = 50$ $\left(1 + m'\frac{V'}{V}\right)$	N kg.	$\frac{N}{625}$	Coefficient de sécurité effectif
1	2	3	4	5	6	7	8	9	10	11
1	10	71	696	0 m. 25	8	0,00401	54,6	35,913	57,4	2,9
2	12	85	710	0 125	12	0,00802	54,8	38,908	62,3	2,8
3	15	106	731	0 0625	15	0,01604	62,0	55,322	72,5	2,8
4	9	113	738	0 25	8	0,00401	54,6	48,080	60,9	2,8
5	8	226	854	0 25	8	0,00400	54,6	43,911	70,2	2,7

Les chiffres de la colonne 9 sont obtenus par la formule [B']. Ceux de la colonne 11 en divisant la valeur des charges de rupture (tableau I, colonne 3) par les chiffres de la colonne 10. Et ici on voit que les coefficients de sécurité effectifs ont une constance remarquable, ce qui permet d'être plus hardi sur la fatigue théorique maximum à admettre.

III et IV, — *Exécution des travaux et épreuves des ouvrages.* — Les instructions sur ces deux matières se justifient d'elles-mêmes et nous n'avons pas à nous y arrêter ici.

En résumé la Commission a fait son possible pour donner aux ingénieurs des instructions aussi précises que le comporte le sujet, à éclaircir ces instructions en tant que de besoin par la circulaire à y joindre, et à faciliter les calculs de résistance à ceux des ingénieurs qui le désirent, le tout sans empiéter en rien sur leur libre arbitre, lequel doit rester ici plus absolu que partout ailleurs puisqu'il s'agit d'une province nouvelle dans l'art de bâtir qui s'offre à leurs études et à leur activité, et dans laquelle d'ailleurs plusieurs d'entre eux ont été parmi les premiers pionniers qui ont préparé les voies actuellement suivies.

L'Inspecteur général,
Président et rapporteur de la Commission,

Maurice LÉVY.

CHAPITRE II

CONDITIONS D'APPLICATION DES INSTRUCTIONS DANS LE PRÉSENT OUVRAGE

Considérations générales. — 1 Le *ciment armé* peut être calculé d'après les méthodes universellement admises dans la théorie de la résistance des matériaux homogènes, à condition de remplacer les armatures métalliques, tendues ou comprimées, par une section de béton équivalente au point de vue mécanique, c'est-à-dire amplifiée m fois, m étant le rapport entre les modules d'élasticité du métal et du béton.

Par contre, on ne tiendra aucun compte des sections de béton tendues ; elles seront considérées comme n'existant pas dans la détermination de la fibre neutre, ainsi que dans celle des moments d'inertie et des taux de travail des diverses fibres.

Toutefois on doit tenir compte du béton tendu dans le calcul de la déformation des pièces, et ici une remarque s'impose. Commentant l'article 11 des *Instructions*, la circulaire ministérielle du 20 octobre 1906, on l'a vu, fait remarquer que, si l'on doit regarder comme nulle la résistance du béton à l'extension dans une section où l'on veut déterminer la fatigue locale, cette résistance intervient dans le calcul des efforts toutes les fois où la statique ne fournit pas la compression de la fibre moyenne (lieu des centres de gravité), le moment de flexion et l'effort tranchant. La circulaire cite à ce sujet, comme exemples, le cas des poutres encastrées et celui des poutres à travées solidaires. Dans le présent ouvrage, on n'étudiera pas de poutres à plusieurs travées et, d'autre part, toutes les poutres principales y seront traitées comme reposant librement sur deux appuis ; mais, comme pour les poutres secondaires on admettra des demi-encastrements, on pourrait se demander s'il n'y aurait pas lieu de faire intervenir les déformations. Il ne semble pas que telle ait été l'intention des rédacteurs de la circulaire, qui n'ont certainement pas visé les encastrements plus ou moins complets qui peuvent se produire aux nœuds d'assemblage. On ne tiendra donc aucun compte de la résistance du béton à l'extension dans le calcul des sections à donner aux pièces.

Le béton joue d'autres rôles mécaniques en dehors de ceux qui viennent d'être mentionnés : c'est ainsi qu'il s'oppose dans une certaine mesure au glissement des armatures en raison de son adhérence au métal ; il y aura donc lieu de vérifier si cette adhérence est suffisante ; il concourt en outre avec les armatures transversales à la résistance au cisaillement ; ce concours sera négligé cependant dans le calcul des armatures transversales, mesure dont la prudence semble indiquée dans le projet d'ouvrages intéressant à un si haut point la sécurité publique.

Valeurs de m. — 2) Théoriquement, comme il vient d'être dit, le coefficient d'amplification des sections métal en sections béton serait le rapport $\frac{E_a}{E_b} = m$, E_a étant le coefficient d'élasticité du métal et E_b, celui du béton. Ce rapport serait généralement égal à 10 d'après les conclusions des travaux de la Commission du ciment armé, pour des compressions unitaires de béton ne dépassant pas 60 kg. par centimètre carré.

Les membres de cette Commission ont cependant reconnu l'influence sur la résistance spécifique du ciment armé des sections des armatures par rapport aux sections de béton qui les enrobent, ainsi que celle de la fréquence relative des armatures transversales. Il y aurait donc lieu de considérer le coefficient m comme un coefficient pratique variant entre 8 et 15 suivant les dispositions constructives prévues dans un projet d'ouvrage en ciment armé.

Pour éviter de paraître préconiser de préférence un système quelconque d'armature, on prévoira l'emploi de barres rondes en acier, barres le plus généralement employées en France, et des diamètres relativement faibles pour les armatures longitudinales ou transversales de manière à justifier le coefficient 12 comme valeur de *m*. Cette valeur moyenne est d'autant plus admissible dans les applications traitées dans cet ouvrage que celles-ci ne comportent que des pièces fléchies, dans lesquelles la fréquence des armatures transversales ne joue pas un rôle de même importance que dans les pièces soumises à une compression directe. D'ailleurs, pour d'autres applications, il sera facile de donner à *m* une valeur plus grande que 12, si l'on veut prévoir des armatures justifiant cette valeur en raison de leurs dispositions spéciales.

Taux de travail limite du béton comprimé. — 3) On remarquera que les limites du taux de travail du béton et du métal ne sont définies dans les *Instructions* que relativement à la résistance à la rupture des natures de béton et de métal que le constructeur se propose de mettre en œuvre. On supposera le plus souvent qu'il sera fait usage d'un béton au dosage le plus généralement employé de 300 kg. de ciment Portland pour 0 m³ 400 de sable et 0 m³ 800 de gravillon, pouvant donner à l'écrasement au moins 160 kg. par centimètre carré au bout de 90 jours, sans le concours d'aucune armature.

La limite de fatigue à la compression de ce béton sera de 0,28 × 160 = 44 kg. 8.

Toutefois il se présentera des cas pour lesquels le béton d'une poutre à T sera tellement insuffisant que l'on serait conduit à prévoir des sections de barres comprimées beaucoup plus fortes que celles des armatures tendues, en raison de ce que l'acier tendu peut atteindre 1.200 kg. alors que le métal comprimé ne pourrait travailler qu'à 12 × 44.8 = 537 kg. 6. On évitera autant que possible une éventualité aussi désavantageuse, d'une part en augmentant convenablement la hauteur de la poutre, d'autre part, quand on sera limité dans l'accroissement de cette hauteur, en recourant à un béton d'un dosage plus riche comportant, par exemple, 400 kg. de ciment Portland au lieu de 300 kg., béton capable de présenter une résistance de 200 kg. à l'écrasement. Dans ce cas, la

limite de fatigue à la compression du béton sera admise de
$0,28 \times 200 = 56$ kg.

Taux de travail limite des armatures tendues. —
4) Pour les armatures on prévoira uniquement un acier doux,
dont la limite apparente d'élasticité atteindra au moins
2.400 kg. par centimètre carré ; le taux limite de travail à
l'extension des armatures sera donc de $\dfrac{2.400}{2} = 1.200$ kg.

Réduction des taux de travail limites précédents.
— 5) Toutefois ces taux limites de 1.200 kg. pour l'acier
tendu et de 44 kg. 8 ou 56 kg., suivant le dosage, pour le
béton comprimé, doivent être réduits dans une certaine mesure,
conformément aux observations des articles 7 et 8 des *Instructions.*

L'article 7 sus-mentionné prévoit pour des armatures en
acier, exposées à des chocs ou soumises à des efforts de sens
alternés, un taux limite ramené aux quarante centièmes de
la limite apparente d'élasticité, soit, dans notre cas, à
$0,40 \times 2.400 = 960$ kg.

D'autre part, l'article 8 prévoit un abaissement considérable pour des pièces soumises à des efforts très variables, mais
égal au maximum à 25 0/0 des taux limites précédents. Dans
les différents cas étudiés qui sont relatifs à des ponts-routes,
on n'aura pas à tenir compte de l'influence d'actions dynamiques de l'ordre de celles que sont exposées à supporter les
pièces placées directement sous les rails des ponts de chemins
de fer. D'ailleurs ces actions dynamiques seraient considé-
rablement amorties par la forte épaisseur prévue pour la
chaussée.

En outre, la charge permanente considérable qui résulte
de cette chaussée épaisse réduit également beaucoup la varia-
tion des efforts. (On remarquera à ce sujet que, dans les ponts
de moyenne importance et pour les poutres de rive, le moment
fléchissant dû au poids propre est souvent supérieur à celui
qui est dû à la charge mobile). On considérera donc comme
amplement suffisante une réduction de 10 0/0 environ au lieu
de 20 et 25 0/0 au maximum.

En conséquence les taux de travail limites sus-mentionnés seront définitivement arrêtés pour les différentes portées étudiées à :

Acier à l'extension : $R = 0.9 \times 1.200 = 1.100$ kg. en chiffres ronds.

Béton comprimé au dosage de 300 kg. de ciment Portland : $r = 0.9 \times 44.8 = 40$ kg. en chiffres ronds.

Béton comprimé au dosage de 400 kg. de ciment Portland : $r = 0.9 \times 56$ kg. $= 50$ kg. en chiffres ronds.

Autres prescriptions. — 6) Les autres prescriptions à relever dans les *Instructions* et applicables aux cas traités trouveront mieux leur place dans le chapitre suivant.

Choix des unités. — 7) La pratique des calculs de résistance appliqués au ciment armé apprend que l'usage du centimètre comme unité, auquel on est fatalement conduit en raison de ce que la résistance du béton est donnée par centimètre carré, entraîne à des changements d'unités dans le cours des opérations : il y a là une source de difficultés et de causes d'erreur que l'on évitera en convenant que le *centimètre* sera pris comme unité dans les calculs de résistance, aussi bien pour les longueurs que pour les efforts, réservant l'usage du *mètre* pour les métrés des quantités.

C'est ainsi que les épaisseurs de hourdis ε, leur largeur b, la hauteur des poutres h, la largeur des nervures a, seront exprimées en centimètres ; les sections seront exprimées en centimètres carrés, les taux de travail en kilogrammes centimètres carrés ; les moments de résistance $\mathfrak{M}$ seront exprimés en kilogrammes-centimètres, mais, comme nous n'avons pas l'habitude de cette unité en France, on affectera le chiffre en kilogrammètres du facteur 100 qui restera en évidence, sans effectuer le produit ; cette convention permettra d'exprimer les portées en mètres dans le calcul des moments.

Les déformations résultant des calculs se trouveront exprimées en centimètres, les coefficients d'élasticité du béton et du métal étant pris respectivement par centimètre carré :

$$E_b = 2 \times 10^5 \; ; \; E_a = 2 \times 10^6.$$

CHAPITRE III

MÉTHODE DE CALCUL DES SOLIDES FLÉCHIS EN CIMENT ARMÉ

Généralités. — 8) Nombreuses sont les méthodes de calcul permettant d'établir les équations fondamentales qui lient entre elles les dimensions principales d'une poutre en ciment armé, les taux de travail maximum du béton comprimé et des armatures tendues, le moment des forces extérieures. Celle indiquée en principe par *MM. Ed. Coignet et N. de Tédesco* dans leur communication de mars 1894 à la Société des Ingénieurs civils de France et ayant pour titre : *Du calcul des ouvrages en ciment avec ossature métallique* est la plus ancienne ; en outre, tout en satisfaisant complétement aux desiderata exprimés par la *Circulaire*, elle fait ressortir le moment d'inertie de la pièce fléchie, et c'est surtout en raison de cet avantage qu'il lui sera donné la préférence.

Pour établir ces équations fondamentales, il suffit de suivre pas à pas les prescriptions de la *Circulaire*.

Soit par exemple une poutre à T (fig. 7) ABCD, EGMN armée à l'extension d'une section S d'acier et que l'on supposera d'abord non armée à la compression, ce qui est le cas le plus général.

Soit b la largeur du hourdis qui travaille avec la nervure, largeur plus petite que l'écartement L des nervures ; e l'épaisseur du hourdis ; h la distance du centre de gravité de l'armature tendue à la fibre AB la plus comprimée.

Soit FN la position de la fibre neutre et y sa distance à la fibre AB ; on rappellera que l'on a désigné par m le rapport $\dfrac{E_a}{E_b}$; soit R le taux de travail moyen de l'armature ; r le taux de travail à la compression de la fibre AB (ces valeurs sont

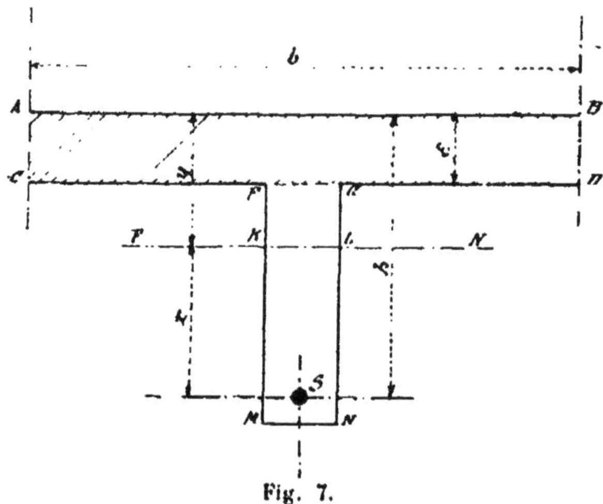

Fig. 7.

désignées par R_a et R_b dans les Instructions ; on a pensé que R et r seraient plus commodes, parce que les lettres affectées d'indices rendent les équations beaucoup moins lisibles).

Partie comprimée de la nervure. — 9) On supprimera par la pensée la partie KLMN du béton située au delà de la fibre neutre et travaillant à l'extension ; on supprimera même, pour simplifier plus encore les calculs de stabilité, la partie EGKL, qui est comprimée, mais dont l'influence est très faible, en raison de sa section généralement très petite et de la courte distance de son centre de gravité à la fibre neutre. On tiendra compte cependant de la partie comprimée de la nervure dans les calculs relatifs à la détermination de la déformation, ce qui permettra de se rendre compte que cette partie est négligeable par rapport aux autres.

Barres comprimées prévues pour des raisons constructives. — 10) Il sera toujours prévu des barres comprimées de faible diamètre pour servir de points d'attache aux étriers verticaux, même si le hourdis est suffisant, ce qui est le cas général, pour résister par lui-même à la compression. Ces barres comprimées, réduites à leur plus simple expression, seront négligées également en vue d'une simplification dans les calculs de stabilité, mais on en tiendra compte dans les calculs de déformation, ce qui donnera l'occasion de constater que l'influence de la section de métal négligée est relativement très faible, tant sur la position de la fibre neutre que sur la valeur du moment de résistance.

A quoi se réduit théoriquement une poutre à T en ciment armé. — 11) Si l'on néglige, comme on l'a dit, les armatures longitudinales prévues uniquement dans un but constructif, ainsi que la partie comprimée de la nervure, la poutre à T en ciment armé se réduit à une section rectangulaire ABCD b de béton comprimé et à une section d'acier S, supposée concentrée en son centre de gravité à une distance h de AB.

Équations fondamentales. — **Relation résultant de la conservation des sections planes.** — 12) L'hypothèse de la conservation des sections planes lors de la flexion donne la première équation.

Cette hypothèse revient à admettre que *les déformations des diverses fibres sont proportionnelles à la distance de ces fibres à la fibre neutre.*

Autrement dit, si l'on considère le diagramme des déformations (fig. 8), dans lequel la section plane AB s'est inclinée par flexion en BA' en restant plane, on a :

$$\frac{BB'}{AA'} = \frac{BD}{OA}$$

Or BB', raccourcissement maximum du béton, a pour valeur, r étant le taux de travail au droit de la fibre extrême :

$$\frac{r}{E}$$

et comme $E_b = \dfrac{E_a}{m}$ on a :

$$BB' = \frac{mr}{E_a} .$$

On sait d'autre part que l'allongement du béton a pour valeur $AA' = \dfrac{R}{E_a}$, R étant le taux de travail moyen de l'acier.

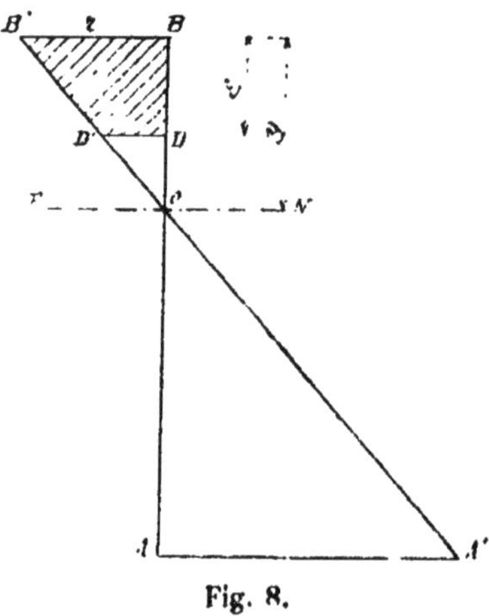

Fig. 8.

Rappelant enfin que BO a été désigné par y ; que OA est égal à AB — BO ou $h — y$, on aura :

$$\frac{mr}{R} = \frac{y}{h - y}. \tag{1}$$

Détermination de la fibre neutre. — 13. La *Circulaire* dit que l'on obtiendra la position de la fibre neutre en écrivant que la *somme des résistances à la compression est égale à la somme des résistances à l'extension.*

Ici la seule résistance à la compression est fournie par le hourdis de section rectangulaire bz, développant un effort de résistance moyen r qu'il est facile de déterminer. On remarquera en effet (fig. 8) que cet effort moyen est la moyenne entre l'effort maximum $r = BB' \times \dfrac{E_a}{m}$ et l'effort minimum $DD' \times \dfrac{E_a}{m}$, ou :

$$\frac{BB' + DD'}{2} \times \frac{E_a}{m}.$$

Or on a :

$$\frac{DD'}{OD} = \frac{BB'}{OB},$$

d'où :

$$DD' = BB' \times \frac{OD}{OB}$$

ou :

$$DD' \times \frac{E_a}{m} = r \times \frac{y - \imath}{y}$$

et par suite :

$$r' = \frac{1}{2}\left(r + r\,\frac{y - \imath}{y}\right).$$

La résistance totale à la compression a donc pour valeur :

$$b\varepsilon \times \frac{2y - \imath}{2y} \times r.$$

D'autre part, l'unique résistance à l'extension est fournie par la section S d'acier, développant un effort moyen R ; la résistance totale à l'extension a donc pour valeur SR ou, en remplaçant R par sa valeur tirée de (1) :

$$S \times mr \times \frac{h - y}{y}.$$

On écrira donc :

$$b\varepsilon \times \frac{2y - \imath}{2y} \times r = S \times \frac{m(h - y)}{y} \times r,$$

soit en divisant les deux membres par $\dfrac{r}{y}$:

$$\frac{b\varepsilon}{2}\,(2y - \imath) = mS\,(h - y). \tag{2}$$

Remarque I. — Sous cette forme on voit que l'on aurait pu obtenir directement cette relation en exprimant que la fibre neutre passe par le centre de gravité des surfaces cumulées du béton et de l'armature amplifiée m fois. Mais on verra qu'il n'en est plus de même quand on tient compte du béton tendu, dont la déformation cesse très vite d'être proportionnelle à l'effort.

Remarque II. — Il arrive parfois qu'une nervure est pourvue d'un côté d'un hourdis à une certaine hauteur, et de l'autre d'un hourdis à une hauteur différente, de largeur b' et d'épaisseur ε' (voir fig. 9). Soit y' la distance de la fibre neutre à la face A'B'. D'après l'observation précédente (Remarque I), la

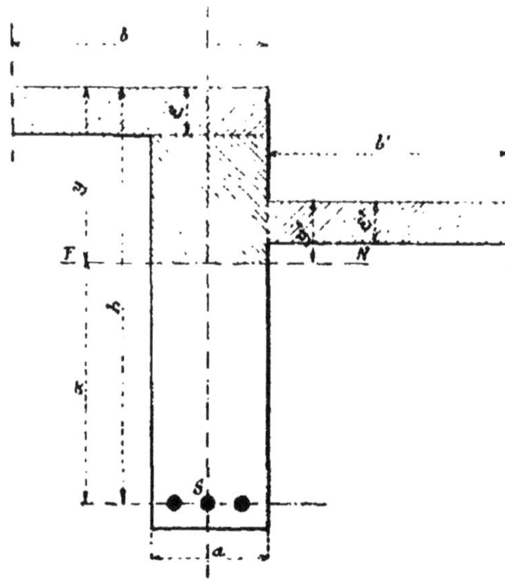

Fig. 9.

position de la fibre neutre sera déterminée par la relation :

$$\frac{b\varepsilon}{2}(2y - \varepsilon) + \frac{b'\varepsilon'}{2}(2y' - \varepsilon') + \frac{a(y - \varepsilon)^2}{2} = mS(h - y). \quad (2\,bis)$$

Détermination du moment de résistance. — 14) On obtiendra le moment de résistance par la formule générale $\mathfrak{M} = \dfrac{RI}{r}$ que la circulaire invite à appliquer si l'on a soin d'homogénéiser le solide béton-acier en remplaçant la section S d'acier par une section mS de béton.

Le moment d'inertie I *de ce solide homogénéisé a pour valeur la somme des moments d'inertie de ses diverses parties, pris par rapport à son axe neutre.* On aura donc :

$$I = b\frac{y^3 - (y - \varepsilon)^3}{3} + mS(h - y)^2.$$

Le moment de résistance à la compression sera donc

égal à $\dfrac{RI}{v}$, expression dans laquelle on remplacera R par r, r par y et I par la valeur ci-dessus, soit :

$$\mathfrak{M} = \frac{r}{y}\left[\frac{b\,[y^3 - (y - \varepsilon)^3]}{3} + mS\,(h - y)^2\right] \qquad (3)$$

ou :

$$\mathfrak{M} = \frac{r}{y}\left[\frac{b\varepsilon\,(3y^2 - 3\varepsilon y + \varepsilon^2)}{3} + mS\,(h - y)^2\right]\cdot \qquad (3\ bis)$$

Cette seconde forme s'obtient par le développement de la différence des deux cubes y^3 et $(y - \varepsilon)^3$. On emploiera tantôt la première, tantôt la seconde forme.

Le moment de résistance à l'extension s'obtiendra en remplaçant R par $\dfrac{R}{m}$, r par $h - y$ et I toujours par la valeur ci-dessus, soit :

$$\mathfrak{M} = \frac{R}{m(h - y)}\left[\frac{b\,[y^3 - (y - \varepsilon)^3]}{3} + mS\,(h - y)^2\right]\cdot$$

Remarque. — Dans le cas de la (fig. 9), le moment d'inertie deviendra :

$$I = b\,\frac{y^3 - (y - \varepsilon)^3}{3} + b'\,\frac{y^3 - (y - \varepsilon)^3}{3}$$
$$+ \frac{a}{3}\,(y - \varepsilon)^3 + mS\,(h - y)^2.$$

Telles sont les trois équations fondamentales dont on dispose pour déterminer trois quelconques des quantités :

$$\mathfrak{M}\ ;\ S\ ;\ h\ ;\ \varepsilon\ ;\ r\ ;\ R\ ;\ b\ ;\ m\ \text{et}\ y.$$

Vérification d'un projet. — 15) S'il s'agit de déterminer les conditions de stabilité d'un projet ou d'une construction existante, on connaîtra h ; ε ; b ; m ; $\mathfrak{M}$; S ; on pourra donc calculer y par l'équation (2), r à l'aide de l'équation (3), dans laquelle on connaîtra y, et R par l'équation (1), dans laquelle on connaîtra y et r.

Étude d'un projet. — 16) S'il s'agit de dresser un projet, après avoir choisi une valeur convenable pour m, on se donnera généralement ε, b, et h ; M résultera des charges et de la portée ; on s'imposera pour R la limite permise et l'on déterminera y, S et r.

On procédera cependant ici un peu différemment ; on supposera connus m, ε, b, $\mathfrak{M} =$ M, moment maximum dû aux charges, et on se donnera comme condition R $= 1.100$; $r = 40$ sans le secours de barres comprimées, condition qui semble économique ; on pourra alors déterminer y, h et S.

Si la valeur de h ainsi trouvée est pratiquement trop grande, on se donnera une valeur de h plus petite : mais, comme alors r dépasserait la limite permise, on sera conduit à prévoir des armatures comprimées, de section telle que le taux maximum de travail à la compression du béton soit ramené exactement à 40 kg. On remarquera que, dans ce cas, l'équation (1) donne immédiatement la valeur de y, car on en déduit :

$$y = \frac{mr}{\mathrm{R} + m} \times h \qquad (1\,bis)$$

ou :

$$y = \frac{12 \times 40}{1.100 + 12 \times 40} = 0,3038\,h \text{ pour le dosage à 300 kg.}$$

et :

$$y = \frac{12 \times 50}{1.100 + 12 \times 50} = 0,353\,h \text{ pour le dosage à 400 kg.}$$

Si la valeur de h trouvée est au contraire trop petite, on se donnera une valeur de h plus grande, ce qui conduira à une valeur de r plus ou moins inférieure à la limite, et on déterminera y, r et S.

Détermination de la hauteur h de la poutre. — 17) On peut transformer comme suit l'équation (3 *bis*) en remplaçant $mS\,(h - y)^2$ par sa valeur tirée de l'équation (2), qui donne :

$$mS\,(h - y)^2 = \frac{b\varepsilon}{2}\,(2y - \varepsilon)\,(h - y).$$

Mettant $b\varepsilon$ en facteur commun et effectuant la division par y :

$$\mathfrak{M} = b\varepsilon r \left[y - \varepsilon + \frac{\varepsilon^2}{3y} + \left(y - \frac{\varepsilon}{2} \right) \left(\frac{h - y}{y} \right) \right].$$

Remplaçant $\dfrac{h-y}{y}$ par sa valeur $\dfrac{R}{mr}$ tirée de (1) :

$$\mathcal{M} = M = b\varepsilon r\left[y\left(1 - \frac{R}{mr}\right) - \frac{\varepsilon}{2}\left(2 - \frac{R}{mr}\right) + \frac{\varepsilon^2}{3y}\right].$$

Remplaçant encore y par sa valeur tirée de (1 bis) :

$$y = \frac{mr}{R+mr}\times h$$

ou $\dfrac{1}{y}$ par :

$$\frac{R+mr}{mr}\times\frac{1}{h} = \left(1 : \frac{R}{mr}\right)\frac{1}{h},$$

$$M = b\varepsilon r\left[h - \frac{\varepsilon}{2}\left(2 + \frac{R}{mr}\right) + \frac{\varepsilon^2}{3}\left(1 + \frac{R}{mr}\right)\times\frac{1}{h}\right] (1).$$

L'équation n'ayant plus qu'une inconnue permet de déterminer h par une équation du second degré et même très approximativement par une équation du premier degré, en négligeant le terme en $\dfrac{1}{h}$. Elle peut s'écrire en effet :

$$h - \frac{\varepsilon}{2}\left(2 + \frac{R}{mr}\right) - \frac{M}{b\varepsilon r} \cdot \frac{\varepsilon^2}{3}\left(1 + \frac{R}{mr}\right)\times\frac{1}{h} = 0.$$

Cette équation est de la forme

$$h - n + \frac{q}{h} = 0,$$

d'où :

$$h = +\frac{n}{2} \pm \sqrt{\frac{n^2}{4} - q}\ (1).$$

<hr>

1. On ne retiendra que la valeur :

$$h = +\frac{n}{2} + \sqrt{\frac{n^2}{4} - q}$$

parce que, q étant très petit par rapport à $\dfrac{n^2}{4}$, la valeur :

$$h = +\frac{n}{2} - \sqrt{\frac{n^2}{4} - q}$$

serait trop petite pour être utilisable.

Mais, si l'on néglige le terme en $\frac{1}{h}$, on a $h - n = o$; d'où $h = n$, valeur sensiblement plus grande que :

$$h = + \frac{n}{2} - \sqrt{\frac{n^2}{4} - q}$$

et qui par suite n'offre aucun inconvénient, si les conditions locales s'y prêtent, attendu qu'en général une poutre est d'autant plus économique que sa hauteur est plus grande, même si le taux de travail r du béton n'a pas atteint la limite permise ; on évitera donc une équation du second degré en prenant approximativement :

$$h = \frac{M}{b\varepsilon r} + \frac{\varepsilon}{2}\left(2 + \frac{R}{mr}\right). \tag{5}$$

On remarquera d'ailleurs que la valeur de h ainsi trouvée n'est donnée qu'à titre de simple indication ; en l'appliquant on sait qu'on obtiendra pour r une valeur inférieure à la limite permise. On peut par suite prendre pour h une valeur purement arbitraire, inférieure ou supérieure à celle trouvée par la formule (5) et déterminer ensuite S et r de la façon qui va être indiquée plus loin.

Détermination de r. — 18) Comme on l'a fait remarquer, la valeur de h donnée par (5) étant approchée par excès (l'erreur s'élevant environ à 10 0 0 en moyenne), on pourra tenter avec succès d'adopter une valeur un peu plus petite ; il suffira de vérifier, en dégageant r de l'équation (4), que cette valeur ne dépasse pas 40 kg.

A cet effet, on fera passer tous les termes en r dans le premier membre, ce qui donnera :

$$\frac{M}{b\varepsilon r} + \frac{\varepsilon}{2} \times \frac{R}{mr} - \frac{\varepsilon R}{3mhr} = h - \varepsilon + \frac{\varepsilon^2}{3h}$$

d'où :

$$r = \frac{\dfrac{M}{b} + \dfrac{\varepsilon R}{2m} - \dfrac{\varepsilon^2 R}{3mh}}{\varepsilon h + \dfrac{\varepsilon^3}{3h} - \varepsilon^2}. \tag{6}$$

Détermination de y et de S. — 19) Cette vérification faite, si r ne dépasse pas la limite que l'on s'est imposée, on déterminera S à l'aide de l'équation (2), dans laquelle on remplacera y par sa valeur $y = \dfrac{mr}{R + mr} \times h$ de l'équation (1 *bis*), en y faisant $m = 12$; $R = 1.100$ et en attribuant à r la valeur résultant de l'équation (6).

Comment vérifier que la fibre neutre tombe bien en dehors du hourdis? — 20) Les équations (1), (2) et (3) sont tout à fait générales ; elles s'appliquent également bien, que y soit plus petit ou plus grand que ε ; mais il ne faut pas oublier que si y est plus petit que ε, c'est-à-dire si la fibre neutre tombe à l'intérieur du hourdis, toute l'épaisseur ε du hourdis n'est pas utilisée à la compression, mais seulement une fraction de celle-ci, égale précisément à y.

Par suite, le premier soin, après avoir vérifié à l'aide de l'équation (6) que r se trouve dans les limites voulues, est de déterminer y par l'équation (1 *bis*) ; si y est plus petit que ε, la formule (6) n'est plus applicable puisqu'elle devient :

$$ r = \frac{\dfrac{M}{h} + \dfrac{y^2 R}{2m} - \dfrac{y^3 R}{3mh}}{yh + \dfrac{y^2}{3h} - y^2} . \qquad (6\ bis) $$

On voit que, pour tirer y de cette formule, on est conduit à une équation du 3ᵉ degré qu'on résoudra par approximations successives. La valeur qui convient à y doit vérifier l'équation (1 *bis*) :

$$ y = \frac{mr}{R + mr} \times h, $$

en attribuant à r la valeur donnée par (6 *bis*). On verra d'ailleurs dans les applications que ces tâtonnements ne peuvent être bien longs et que les limites extrêmes pour y diffèrent de quelques centimètres seulement.

Détermination de la section S′ des barres comprimées. — 21) Si la valeur de h qui répond à la limite $r = 40$ kg. ne pouvait être pratiquement adoptée parce qu'elle serait trop grande, la prévision de barres à la compression conduirait à modifier comme suit les équations fondamentales (1), (2) et (3) :

1° Il y a lieu, dans la détermination de la fibre neutre faite d'après la remarque du § 11, d'introduire dans l'équation (2) le moment de la surface de béton équivalente à la

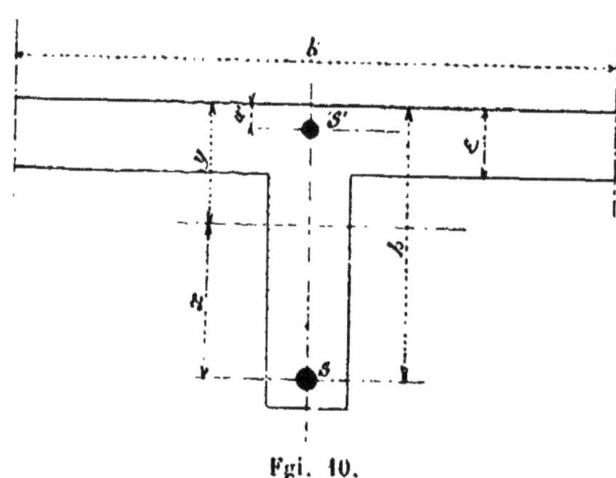

Fgi. 10.

section S' des barres comprimées, supposée concentrée à une distance u' de la fibre comprimée extrême et par suite à une distance $(y - u')$ de la fibre neutre. L'équation (2) devient par suite (fig. 10) :

$$\frac{b_1\,(2y - \varepsilon)}{2} + m\,(y - u')\,S' = mS\,(h - y), \qquad (7)$$

De même, dans l'équation (3) il y a lieu d'ajouter le moment d'inertie de la section supplémentaire en S', lequel est $m\,S'\,(y - u')^2$; l'équation (3) devient donc :

$$M = \frac{r}{y}\left[\frac{b}{3}\,y^3 - (y - \varepsilon)^3\right] + mS\,(h - y)^2 + {} \\ {} + mS'\,(y - u')^2\right]\cdot \qquad (8)$$

D'après une observation du § 16, la valeur de y se trouve déterminée dans ce cas ; elle est donnée par l'équation (1 *bis*) :

$$y = \frac{mr}{R + mr} \times h.$$

Comme on s'est donné h, b, ε, m, u', M, on dispose des deux équations (7) et (8) pour déterminer les deux inconnues S et S'.

L'équation (7) peut se mettre sous la forme :

$$B + DS' = CS \qquad (7 \ bis)$$

en posant :

$$\begin{cases} \dfrac{b\varepsilon\,(2y - \varepsilon)}{2} = b\varepsilon \left(y - \dfrac{\varepsilon}{2}\right) = B \\ m\,(y - u') = D \\ m\,(h - y) = mx = C. \end{cases}$$

L'équation (8) peut être mise sous la forme :

$$\frac{My}{r} - \frac{b}{3}\,[y^3 - (y - \varepsilon)^3] = m\,(h - y)^2\, S - m\,(y - u')^2\, S'$$

ou :

$$F = HS + KS' \qquad (8 \ bis)$$

en posant :

$$\begin{cases} F = \dfrac{My}{r} - \dfrac{b}{3}\,[y^3 - (y - \varepsilon)^3] \\ H = m\,(h - y)^2 = mx^2 \\ K = m\,(y - u')^2 \end{cases}$$

Ces équations permettent de dégager immédiatement les valeurs de S et de S' si l'on a calculé à l'avance les quantités B, C, D, F, H et K. On a en effet :

$$S = \frac{FD + BK}{CK + DH} \qquad (9)$$

$$S' = \frac{FC - BH}{CK + DH}. \qquad (10)$$

Remarque I. — Par suite de l'adoption du centimètre comme unité, les six quantités B, C... contiendront un très grand nombre de chiffres, et *a fortiori* leurs produits deux à deux.

Il sera donc plus pratique de diviser toutes ces six quantités par 1.000 avant de les introduire dans les rapports (9) et (10).

Remarque II. — Si la valeur de S' résultant de l'équation (10) paraît ne pas convenir parce que trop grande, on pourra, soit modifier le dosage en prévoyant le dosage de 400 kg. de ciment, soit donner au hourdis une épaisseur plus forte. Dans le premier cas, se référant au § 5, on prendra comme limite du taux de travail du béton $r = 50$. C'est l'unique modification à apporter aux calculs précédents. Dans le second cas, on reprendra les mêmes calculs avec la nouvelle valeur choisie pour ε et l'on aura à examiner quelle est la solution la plus avantageuse entre l'augmentation de la hauteur de la poutre, l'accroissement d'épaisseur du hourdis, ou de section des barres comprimées.

Remarque III. — On tiendra aisément compte des modifications apportées aux équations (2) et (3) par la présence du hourdis ε', d'après les remarques des §§ (13) et (14), en faisant :

$$B = b\varepsilon \left(y - \frac{\varepsilon}{2} \right) + b'\varepsilon' \left(y' - \frac{\varepsilon'}{2} \right) + \frac{(a\,y - \varepsilon)^2}{2}$$

et

$$F = \frac{My}{r} - \frac{b}{3} \left[y^3 - (y - \varepsilon)^3 \right] - \frac{b'}{3} \left[y'^3 - (y' - \varepsilon')^3 \right] - \frac{a\,(y - \varepsilon)^3}{3}.$$

Calcul du hourdis. — **22)** Les équations (1), (2), (3), (4) sont tout à fait générales ; elles s'appliquent donc aux hourdis à condition de faire $y = \varepsilon$ et $b = 100$, car en général le moment dans les hourdis est pris sur une longueur de 1 mètre.

L'équation (3 *bis*) devient alors :

$$M = 100\,yr \left(\frac{y}{3} + \frac{h - y}{2} \right)$$

ou :

$$M = \frac{100\,yr}{6} (3\,h - y). \tag{11}$$

Dosage de 300 kg. — Faisons $y = 0{,}3038\,h$ (voir paragraphe 13) ; $r = 40$:

$$M = \frac{100 \times 0.3038\,h \times 40}{6}(3\,h - 0,3038\,h)$$

$$= 5,46\,h^2 \times 100. \qquad (12)$$

Dosage de 400 kg. — Pour ce dosage, le paragraphe 5 donne $r = 50$; d'où :

$$y = \frac{mr}{R + mr} \times h = \frac{12 \times 50}{1100 + 12 \times 50}\,h = 0,353\,h \qquad (13)$$

$$M = \frac{100 \times 0,353\,h \times 50}{6}(3\,h - 0,353\,h)$$

$$= 7,78\,h^2 \times 100. \qquad (14)$$

Pour déterminer S, on remarquera que l'équation (2) devient en y remplaçant ε par y et b par 100 :

$$\frac{100\,y^2}{2} = m\,S\,(h - y),$$

d'où :

$$S = \frac{100\,y^2}{2m\,(h - y)}. \qquad (15)$$

Dosage de 300 kg. :

$$S = \frac{100 \times \overline{0,3038}^2\,h^2}{24\,(h - 0,3038\,h)} = 0,552\,h. \qquad (16)$$

Dosage de 400 kg. :

$$S = \frac{100 \times \overline{0,353}^2\,h^2}{24\,(h - 0,353\,h)} = 0,802\,h. \qquad (17)$$

Section des armatures d'un hourdis à épaisseur arbitraire. — **23)** On a trouvé que l'épaisseur h d'un hourdis devait être, pour le dosage de 300 kg., $h = \sqrt{\dfrac{M \times 100}{546}}$ et la section d'acier $S = 0,552\,h$, pour obtenir les limites permises $r = 40$ et $R = 1.100$.

Mais il peut arriver que l'on soit conduit à donner à h une valeur plus grande, ce qui permettrait alors de diminuer la valeur de S. Quelle est, dans ce cas, cette valeur de S?

Appliquant les équations (2) et (3) à ce cas particulier, on a :

$$\frac{100\,y^2}{2} = mS\,(h - y) \qquad\qquad (a)$$

$$\mathfrak{M} = \frac{r}{y}\left[\frac{100\,y^3}{3} + mS\,(h - y)^2\right] \qquad\qquad (b)$$

Remplaçant dans l'équation (b) $mS\,(h - y)^2$ par sa valeur $\frac{100\,y^2}{2}\,(h - y)$ tirée de l'équation (a), on a, toutes réductions faites :

$$r = \frac{6\mathfrak{M}}{100\,y\,(3h - y)}.$$

Mais l'équation (1) donne d'autre part :

$$r = \frac{Ry}{m\,(h - y)},$$

d'où :

$$\frac{6\mathfrak{M}}{100\,y\,(3h - y)} = \frac{Ry}{m\,(h - y)}.$$

La valeur de y est donc donnée par une équation du 3° degré ; une fois déterminée, elle permettrait de tirer S au moyen de l'équation (a).

On arrivera à un résultat approché en faisant simplement $S = \frac{M}{990\,h}$ (on dira plus loin pourquoi) et on vérifiera ensuite si cette valeur de S est suffisante. A cet effet, on tire de la première équation :

$$y = -\frac{mS}{100} + \sqrt{\left(\frac{mS}{100}\right)^2 + \frac{2mSh}{100}}$$

ou :

$$y = -\frac{Mm}{990\,h \times 100} + \sqrt{\left(\frac{Mm}{990\,h \times 100}\right)^2 + \frac{2Mm}{990 \times 100}}.$$

Avec cette valeur de y on calcule $r = \frac{Ry}{m\,(h - y)}$ et, connaissant S, y, r, l'équation (b) donne $\mathfrak{M}$ qui doit être sensiblement égal au moment M des forces extérieures. Si $\mathfrak{M}$ était cependant $< $ M, on prendrait une valeur de S plus forte.

Supposons, par exemple, que l'on ait trouvé comme moment des forces extérieures M = 1.000 kgm. et que l'on

se donne $h = 20$ pour hauteur théorique du hourdis. On aura
d'après ce qui précède :

$$S = \frac{1.000 \times 100}{990 \times 20} = 5,05 \text{ cmq.}$$

$$y = - \frac{1.000 \times 100 \times 12}{990 \times 100 \times 20}$$
$$+ \sqrt{\left(\frac{1.000 \times 100 \times 12}{990 \times 100 \times 20}\right)^2 + \frac{2 \times 1.000 \times 100}{990 \times 100} \cdot 12}$$

$$y = - 0,606 + \sqrt{0,606^2 + 21,210} = 4,36$$

$$r = \frac{1.100 \times 4,36}{12(20 - 4,36)} = 25,3$$

$$M = \frac{25,3}{4,36} \left(\frac{100}{3} \times 4,36^2 + 12 \times 5,05 \times 15,64\right)$$

$$M = \frac{17.586 \times 25,3}{4,36} = 1.028 \text{ kg.} \times 100.$$

Or $M = 1.000$ kgm. 100. On voit donc que l'approximation
est suffisante.

Remarque I. — La formule $S = \frac{M}{990\,h} = \frac{M}{1.100 \times 0,9\,h}$ suppose que le point d'application de la résultante de compres-
sion d'un hourdis se trouve approximativement aux 9/10 de
la hauteur de ce dernier, quelle que soit cette hauteur h. On
a trouvé en effet (§ 22), pour ce dosage et pour la hauteur
normale, c'est-à-dire pour la hauteur qui correspond à
$r = 10 : y = 0,3038\,h$; le point d'application de la résultante
des compressions se trouvant au tiers supérieur du hourdis,
sa distance à l'axe des armatures tendues est de :

$$h - \frac{0,3038\,h}{3} = 0,8987\,h.$$

Or ce bras de levier, égal à h moins une fraction assez
petite variant dans de faibles limites, peut être considéré,
sans erreur grave, comme proportionnel à h.

On aurait de même pour un dosage de 400 kg. (§ 22)
$y = 0,353\,h$; d'où un bras de levier de :

$$h - \frac{0,353\,h}{3} = 0,882\,h.$$

Et l'on posera $S = \dfrac{M \times 100}{1.400 \times 0{,}882\,h}$ ou $S = \dfrac{M \times 100}{970\,h}$.

Remarque II. — Si au contraire on est conduit à prévoir un hourdis d'épaisseur moindre que l'épaisseur normale, la valeur de r au droit des fibres extrêmes dépasserait 40 kg., si l'on ne recourait pas à des barres comprimées. Si l'on prévoit donc une section suffisante de barres comprimées pour que $r = 40$ kg. la position de la fibre neutre se trouve déterminée par l'équation (1), et l'on a :

$$y = 0{,}3038\,h.$$

1. Le bras de levier z du couple résistant est alors exactement égal à $0{,}8987\,h$;

2) Par suite : $S = \dfrac{M \times 100}{R \times 0{,}8987\,h}$;

3) L'effort de compression a pour valeur : $\dfrac{M \times 100}{0{,}8987\,h}$;

4) La section du béton comprimé est de $0{,}3038\,h \times 100$;

5) Le taux de travail moyen du béton r_m est $\dfrac{r}{2}$;

6) La résistance fournie par le béton est :

$$0{,}3038\,h \times 100 \times \frac{r}{2} ;$$

7) La résistance à demander aux armatures comprimées :

$$\frac{M \times 100}{0{,}8987\,h} - 0{,}3038\,h \times 100 \times \frac{r}{2} ;$$

8) La section S' des armatures, située à une distance u' de la face comprimée extrême du hourdis, ne travaille pas au taux de mr, mais seulement de $mr\,\dfrac{y - u'}{y}$ = $mr \times \dfrac{0{,}3038\,h - u'}{0{,}3038\,h}$;

9) On aura donc S' en divisant la résistance (7) par le taux de travail (8).

Autre méthode de calcul des armatures tendues et comprimées d'une poutre à T. — 24) Si l'on s'astreint à des hauteurs de *poutres* plus faibles que celle pour laquelle on atteint la limite de travail r du béton, un raisonnement, analogue à celui qui vient d'être fait pour les hourdis, montre que la valeur de y se trouve déterminée d'avance ; elle est égale à 0,3038 h pour le dosage de 300 kg. et les taux de travail du béton et de l'acier admis précédemment.

La section S de l'armature tendue est égale au quotient :

$$\frac{M \times 100}{R z} ;$$

L'effort de compression a pour valeur $\dfrac{M \times 100}{z}$.

On peut déterminer la valeur de z par des considérations purement géométriques, en retranchant de la hauteur h la distance du point d'application de la résultante des compressions à la face comprimée extrême du hourdis, comme aussi le taux de travail moyen r_m du béton. On trouve ainsi :

$$z = h - \frac{3y - 2\varepsilon}{2y - \varepsilon} \times \frac{\varepsilon}{3} \text{ et } r_m = \frac{2y - \varepsilon}{2} \times r.$$

La résistance fournie par le béton sera $b\varepsilon \times \dfrac{2y - \varepsilon}{2} \times r$.

La différence entre cette résistance et l'effort de compression sera à demander aux armatures de compression travaillant à $mr\dfrac{y - u'}{y}$, ce qui permettra de déterminer S'.

Cette méthode, appuyée de tableaux de calculs faits à l'avance des valeurs de z répondant à différents rapports de $\dfrac{\varepsilon}{h}$, peut être plus rapide que la méthode qui a été développée, mais elle présente sur cette dernière certains désavantages : 1° elle exige des tableaux de calculs tout faits, différents suivant le dosage adopté et les taux limites de travail à admettre pour le béton et pour l'acier ; 2° elle conduit à prévoir des hauteurs de poutres assez faibles pour nécessiter des armatures comprimées (condition en général moins économique ; 3° la discussion des hauteurs à choisir est beaucoup plus pénible ; 4° la valeur de y, base de la méthode, n'est plus rigoureusement exacte, dès que la hauteur dépasse ce qui a été appelé sa valeur normale ; 5° elle ne fait pas ressortir la valeur des moments d'inertie.

Largeur du hourdis à considérer comme efficace. — 25) La circulaire demande que l'on ne prenne pour la largeur efficace b du hourdis qu'une fraction de la portée L d'axe en axe de ce hourdis égale au maximum à 0,75 L ou au tiers de l portée de la poutre,

Si $\dfrac{l}{3}$ est plus petit que 0,75 L, c'est évidemment la première valeur qu'il convient de choisir.

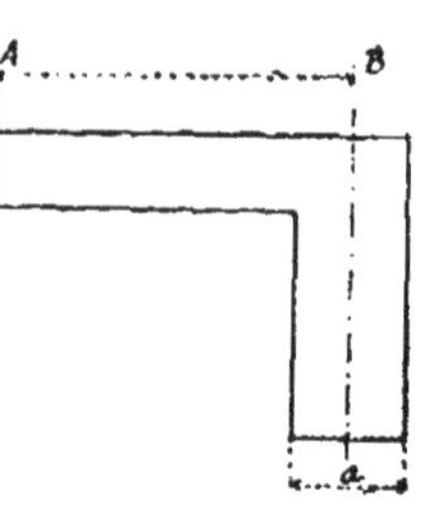

Fig. 11.

Dans le cas d'une poutre dont le hourdis ne s'étend que d'un côté, on prendra (fig. 11) :

$$b = 0,75\,AB + \frac{a}{2}\,.$$

Expression des moments M des forces extérieures. — 26) On supposera un demi-encastrement pour le calcul des hourdis ; le moment des forces extérieures sera exprimé par $M = \dfrac{pL^2}{10}$ pour des charges uniformément réparties et par $M = 0,8\,M_1$ pour des charges réparties de façon quelconque dont le moment aura été trouvé égal à M_1.

Pour les poutres on distinguera deux cas :

Quand ces poutres reposeront directement sur des appuis en maçonnerie, on prendra pour moments les expressions relatives aux solides reposant librement sur deux appuis de niveau.

Quand ces poutres reposeront sur d'autres poutres en ciment armé auxquelles elles seront reliées par leurs armatures, on affectera les moments susmentionnés du coefficient 0,8.

Remarque. — L'expression de demi-encastrement ne semble pas devoir être prise dans toute l'acception du terme ; s'il en était ainsi, il y aurait lieu de compter sur un moment négatif aux appuis, égal en valeur absolue à $\dfrac{pl^2}{8} - \dfrac{pl}{10} \cdot \dfrac{pl^2}{10}$ et telle n'est pas vraisemblablement la pensée du rapporteur de la circulaire.

Charges isolées. — 27) Dans le cas d'une charge isolée P agissant sur une région restreinte du hourdis (fig. 12), de portée libre L entre les poutres porteuses de ce dernier, on répartira cette charge sur un rectangle ayant pour dimensions :

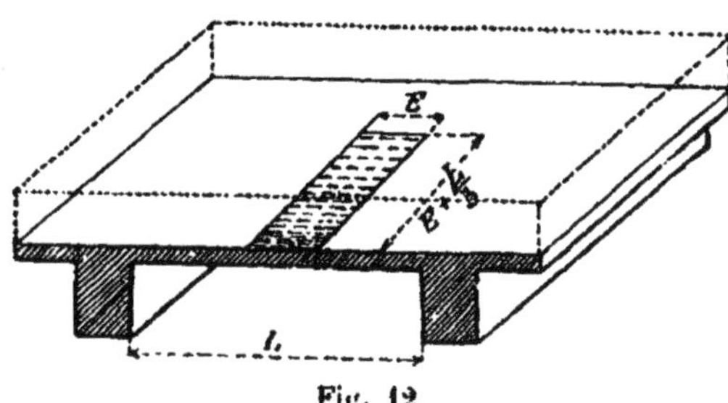

Fig. 12.

1° suivant la portée, E (épaisseur du hourdis augmentée de l'épaisseur de chaussée traversée) ; 2° perpendiculairement à la portée : $\dfrac{L}{3}$. Quand cette charge P est mobile, sa position la plus défavorable a lieu quand elle se trouve au milieu de la portée ; son moment en ce point a alors pour valeur :

$$M = 0{,}8\left[\frac{P}{4\left(\dfrac{L}{3} + E\right)} \times \left(L - \frac{E}{2}\right)\right]. \qquad (18)$$

Adhérence. — 28) Le taux de travail r à l'adhérence est fixé par la circulaire à $\dfrac{r}{10}$, soit à $\dfrac{40}{10} = 4$ kg. pour le dosage de 300 kg. et $\dfrac{50}{10} = 5$ kg. pour le dosage à 400 kg.

On vérifiera dans chaque cas que ce taux de travail n'est pas dépassé en faisant le quotient r_1 de l'effort de traction SR par la surface de contact $\dfrac{cl}{2}$ dans laquelle c est le périmètre cumulé de toutes les barres tendues et l la portée de la poutre.

Calcul des armatures transversales. — 29) On appliquera

une étude de *M. A. Pendariès*, ingénieur des ponts et chaussées, directeur des travaux de la ville de Toulouse, intitulée : *Note sur le calcul et sur la répartition des étriers dans les poutres droites en ciment armé* (1).

Désignant par :

l la portée de la poutre ;

Ω la section totale des armatures transversales dans une même section transversale ;

z la distance verticale entre les axes des armatures longitudinales de tension et de compression ;

R le taux de travail des armatures ;

T l'effort tranchant sur l'appui le plus chargé ;

α un coefficient pratique que M. Pendariès fait égal à $\dfrac{1}{2}$;

N le nombre d'intervalles contenus dans la demi-portée et compris entre les sections armées successives, M. Pendariès établit la formule suivante :

$$N = \frac{5\alpha T l}{16 R \Omega z} \cdot$$

On rappellera que cette formule est établie en prenant

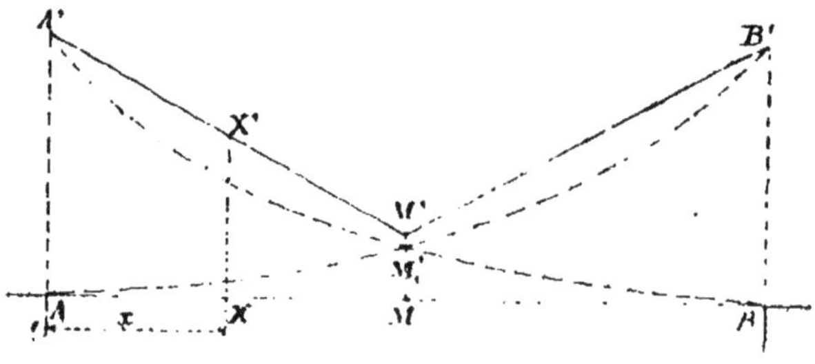

Fig. 13.

comme enveloppe extérieure des courbes des efforts tranchants la ligne A'M'B' (fig. 13), construite en prenant

$$AA' = BB' = T \text{ et } MM' = \frac{T}{4} \cdot$$

(1) *Annales des ponts et chaussées*, 3e trimestre 1906.

En raison de l'importance spéciale des ouvrages étudiés, on supposera $\alpha = 1$, c'est-à-dire que l'on confiera aux armatures transversales toute la résistance aux efforts tranchants ; on écrira donc :

$$N = \frac{5}{16} \times \frac{Tl}{R u \varepsilon} = \frac{5}{176} \times \frac{Tl}{u \varepsilon} \, , \qquad (19)$$

formule où l et ε seront exprimés en centimètres ; Ω en centimètres carrés ; T en kilogrammes.

Ce nombre N d'intervalles étant ainsi calculé, on détermi-

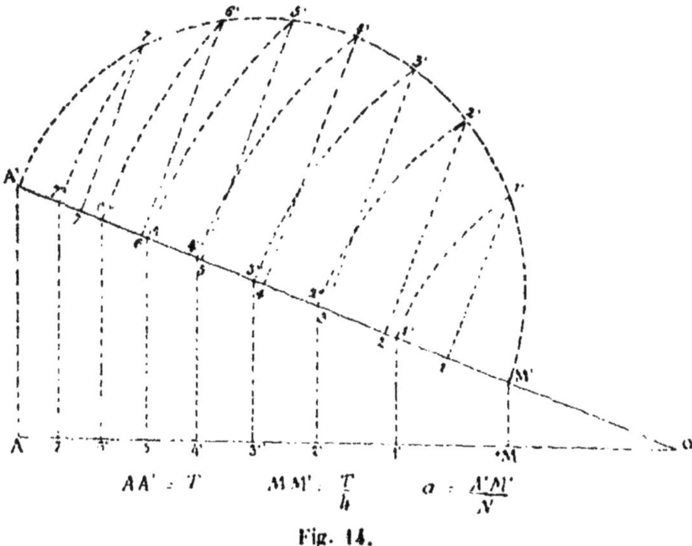

Fig. 14.

nera la position respective des diverses armatures transversales par le graphique proposé par M. Pendariès et indiqué (fig. 14).

On tracera la ligne A'M' des efforts tranchants mentionnée plus haut, en portant AA' $=$ T au droit de l'appui et MM' $= \frac{T}{4}$ au droit du milieu de la poutre, et on joindra A'M', ou bien on portera MO $= \frac{l}{6}$ et on joindra A'O. On divisera A'M' en N parties égales ; par les points de division on élèvera des perpendiculaires à A'M' et l'on prendra leurs intersections 1', 2', 3'... avec la demi-circonférence décrite sur cette droite comme diamètre. Puis du point O comme centre on décrira des arcs successifs passant par les points 1', 2', 3'... de la demi-circonférence et coupant la droite OA' en 1", 2", 3", etc. Les points 1", 2", 3"... projetés sur AO normalement à cette ligne donneront les intervalles successifs cherchés.

CHAPITRE IV

DÉFORMATION D'UNE POUTRE EN CIMENT ARMÉ

Considérations générales. — 30) La circulaire demande qu'il soit tenu compte de la résistance du béton à l'extension dans les calculs de la déformation ; toutefois elle n'indique pas la limite qu'il convient d'adopter pour le taux de travail du béton. On prendra pour la résistance du béton tendu le dixième de la résistance du béton comprimé, rapport généralement admis.

On sait que la résistance à l'écrasement d'un béton non armé, au dosage de 300 kilogrammes de ciment Portland pour 400 litres de sable et 800 litres de gravillon, est de 160 kg par centimètre carré au bout de 90 jours ; on prendra donc 16 kg. par centimètre carré pour la résistance à la rupture à l'extension d'un béton non armé. De même, la résistance à l'écrasement d'un béton non armé au dosage de 400 kg. de ciment Portland pour 400 litres de sable et 800 litres de gravillon étant de 200 kg. par centimètre carré au bout de 90 jours, on prendra 20 kg. par centimètre carré pour la résistance à la rupture à l'extension d'un béton non armé correspondant.

L'étude de la déformation d'une poutre se composera de trois parties :

1. L'établissement d'équations fondamentales, tenant compte du béton tendu et permettant de déterminer la fibre

neutre et les moments de résistance d'une poutre dont toutes les dimensions auront été arrêtées à l'aide des équations fondamentales du chapitre III.

II. Le calcul des taux de travail du béton comprimé et de l'acier tendu dans les diverses sections de la poutre supposée sollicitée par des charges déterminées.

III. La détermination de la flèche résultant des déformations subies par les divers éléments de la poutre en diverses sections.

I. Équations fondamentales. — 31) D'après les lois énoncées par M. Considère, le béton, quand il est armé, atteint la limite de rupture du béton non armé, déjà pour de faibles charges unitaires, mais ne la dépasse pas lors de l'accroissement de ces charges, tant que la limite d'élasticité du métal dont il est armé n'est pas atteinte, elle aussi.

Les équations fondamentales établies d'après ces lois ont été développées dans le *Traité théorique et pratique de la résistance des matériaux appliquée au béton et au ciment armé*, de MM. X. de Tédesco et A. Maurel (1).

On se bornera donc à renvoyer le lecteur à cet ouvrage, mais, comme les notations employées sont différentes de celles adoptées par la *Circulaire*, il paraît utile de résumer avec les notations nouvelles la méthode employée par les auteurs précités pour la détermination de la position de la fibre neutre et du moment de résistance.

Rappel des notations déjà employées et notations nouvelles. — 32) Se reportant aux figures 15 et 16, on désignera par :

b la largeur de hourdis intéressée à la compression de la poutre,

e l'épaisseur du hourdis,

a la largeur de la nervure,

h la hauteur de la poutre depuis l'axe des armatures, c'est-à-dire la hauteur totale de la nervure augmentée de son

____

(1) Charles Béranger, éditeur.

hourdis, mais diminuée de l'épaisseur u de béton tendu au-dessous de cet axe,

u' l'épaisseur de béton comprimé au delà de l'axe des armatures comprimées,

y la distance de la fibre neutre FN à la fibre comprimée extrême,

S' la section des armatures comprimées,

S la section des armatures tendues,

r et r' les taux de travail du béton comprimé au droit des faces extérieure et intérieure du hourdis,

R et R' les taux de travail des armatures tendues et des armatures comprimées,

t la limite de rupture du béton tendu (on prendra : $t = 16$),

v la distance à la fibre neutre de la fibre au delà de

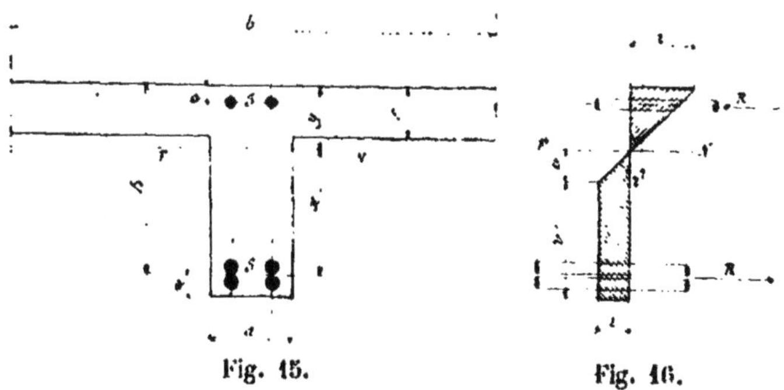

Fig. 15.   Fig. 16.

laquelle le taux de travail à l'extension du béton cesse d'être proportionnel aux efforts et reste constant,

v' la hauteur de la nervure correspondant aux valeurs constantes de t,

m le rapport $\dfrac{E_a}{E_b}$ des coefficients d'élasticité du métal et du béton,

α le rapport $\dfrac{t}{R}$.

Détermination de la position de la fibre neutre.— 33) On déterminera la position de la fibre neutre en écrivant que la somme des résistances à la compression des éléments de la poutre, soit du hourdis (1), de la partie supérieure de la nervure (2) et des armatures comprimées (3), est égale à la somme des résistances à l'extension, soit : partie de la nervure suivant la loi de proportionnalité (4), partie de la nervure correspondant à la valeur constante de t (5) et enfin les armatures tendues (6). On suppose que la ligne de déformation du béton tendu passe brusquement de la période de proportionnalité à la période de constance, c'est-à-dire que l'on ne tiendra pas compte des variations infimes relatives à ce raccordement.

Appliquant ces principes, on obtient les expressions suivantes pour :

$$(1)\qquad b\varepsilon\left(\frac{r+r'}{2}\right)=\frac{b\varepsilon}{2}\left(\frac{2y-\varepsilon}{y}\right)\times r$$

$$(2)\qquad a(y-\varepsilon)\times\frac{r'}{2}=\frac{a(y-\varepsilon)^2}{2y}\times r$$

$$(3)\qquad S'R'=mS'\left(\frac{y-u'}{y}\right)\times r$$

compression

$$(4)\qquad av\frac{t}{2}=\frac{ay}{2}\times\frac{t^2}{r}$$

$$(5)\qquad av't=a\left(h-y+u-\frac{ty}{r}\right)\times t$$

$$(6)\qquad SR=mS\frac{(h-y)}{y}\times r$$

extension

D'où l'on tire :

$$\left[\frac{b\varepsilon}{2}\left(\frac{2y-\varepsilon}{y}\right)+\frac{a(y-\varepsilon)^2}{2y}+mS'\frac{(y-u')}{y}-mS\frac{(h-y)}{y}\right]\times r$$
$$-at\left[h-y+u-\frac{yt}{2r}\right]=0. \qquad (20)$$

Cette équation ne permet pas de déterminer y, puisque, r n'entrant pas en facteur dans l'expression relative à la résistance du béton tendu, cette valeur de r ne peut disparaître que si l'on pose $t = \varphi r$ par exemple ; on peut aussi remplacer r par $\dfrac{Ry}{m(h-y)}$ et se donner $t = zR$. C'est le procédé qui sera employé de préférence en raison de ce que, en général, la limite du taux de travail du métal est atteinte avant celle du béton à la compression.

L'équation (20) prendra par suite la forme :

$$\left[b\varepsilon\,\frac{(2y-\varepsilon)}{2y} + \frac{a(y-\varepsilon)^2}{2y} + \frac{mS'(y-u')}{y} - \frac{mS(h-y)}{y}\right]\frac{y}{m(h-y)}\times R$$
$$-\,a\alpha\left[h-y+u-y\alpha R\times\frac{m(h-y)}{2Ry}\right]R = 0.$$

Sous cette forme on voit que R disparaît, que le dénominateur y disparaît également et que, si l'on multiplie tous les termes par $2m(h-y)$ et si on les divise par a, on obtient :

$$\frac{b\varepsilon}{a}(2y-\varepsilon)+(y-\varepsilon)^2+\frac{2mS'(y-u')}{a}-\frac{2mS(h-y)}{a}$$
$$-\,2m\alpha(h-y)\left[h-y+u-\frac{\alpha m(h-y)}{2}\right]=0.$$

Développant et ordonnant par rapport à y, on obtient :

$$(1-m\alpha)^2 y^2 + 2y\left[\frac{\varepsilon(b-a)+m(S+S')}{a}+m\alpha\big[(2-m\alpha)h+u\big]\right]$$
$$-\,m\alpha h\big[(2-m\alpha)h+2u\big]-\frac{\varepsilon^2(b-a)+2m(S'u'+Sh)}{a}=0. \qquad (21)$$

Détermination du moment de résistance. — 34) Le moment de résistance de la poutre s'obtient en multipliant les diverses résistances élémentaires ci-dessus par leurs bras de levier respectifs par rapport à la fibre neutre :

$$\mathfrak{M} = b\varepsilon\times\frac{2y-\varepsilon}{2y}\times r\times\left(y-\frac{\varepsilon}{3}\,\frac{3y-2\varepsilon}{2y-\varepsilon}\right) \qquad (1)$$
$$+\,a\frac{(y-\varepsilon)^2}{2y}\times r\times\frac{2(y-\varepsilon)}{3} \qquad (2)$$
$$+\,mS'\frac{y-u'}{y}\times r\times(y-u') \qquad (3)$$
$$+\,al\left[\frac{(h-y+u)^2}{2}-\frac{1}{6}\times\frac{ry^2}{r^2}\right] \qquad (4)\text{ et }(5)$$
$$+\,mS\times\frac{h-y}{y}\times r\times(h-y) \qquad (6)$$

Remplaçant r par $\dfrac{Ry}{m(h-y)}$ et mettant $\dfrac{R}{m(h-y)}$ en facteur commun :

$$(22) \quad \mathfrak{M} = \frac{R}{m(h-y)} \times \left\{ \begin{array}{ll} \varepsilon b\left(y^2 - \varepsilon y + \dfrac{\varepsilon^2}{3}\right) & \text{hourdis comprimé} \\[2mm] +\dfrac{a'(y-\varepsilon)^3}{3} & \text{nervure comprimée} \\[2mm] + mS'(y-u')^2 & \text{armat. comprimée} \\[2mm] + mS(h-y)^2 & \text{armature tendue} \\[2mm] +\dfrac{a\alpha m(h-y)(h-y+u)^2}{2} & \left.\vphantom{\begin{array}{c}a\\a\end{array}}\right\} \text{béton} \\[2mm] -\dfrac{a\alpha^2 m^3(h-y)^3}{6} & }\ \text{tendu} \end{array} \right.$$

Assimilant cette expression à celle employée dans la résistance des matériaux homogènes $\mathfrak{M} = \dfrac{RI}{r}$, on voit que le moment d'inertie de la poutre en ciment armé est exprimé par la somme des termes de l'accolade.

Remarque. — Si dans les équations précédentes on fait $\alpha = 0$, on a :

$$(23) \quad y^2 - 2\,\frac{\varepsilon(b-a)+m(S+S')}{a}\times y - \frac{\varepsilon(b-a)+2m(Su'+Sh)}{a} = 0$$

$$(24) \quad \mathfrak{M} = \frac{R}{m(h-y)} \times \left\{ \begin{array}{l} \varepsilon b\left(y^2 - \varepsilon y - \dfrac{\varepsilon^2}{3}\right) \\[2mm] + \dfrac{a}{3}(y-\varepsilon)^3 \\[2mm] + mS'(y-u')^2 \\[2mm] + mS(h-y)^2 \end{array} \right.$$

équations identiques à celles trouvées précédemment, si l'on y fait $S' = 0$, mais qui ne se présentent pas sous une forme aussi pratique que les précédentes. Elles contiennent en outre le terme $\dfrac{a}{3}(y-\varepsilon)^3$ relatif à la partie comprimée de la nervure et qui a été négligée au chapitre III. On verra d'ailleurs par la suite, dans les applications numériques, que ce terme est en effet relativement négligeable.

II. Calcul des taux de travail. — 35) Les équations (21)
et (22), que l'on a établies aux paragraphes (33) et (34),
ne permettent pas d'éliminer aisément la variable intermédiaire z. Mais on remarquera que, si l'on se donne à l'avance
des valeurs de R quelconques, et par suite des valeurs $z = \dfrac{t}{R}$
correspondantes, l'équation du second degré (21) donnera y,
et l'on obtiendra $\mathcal{M}$ par la somme algébrique des fonctions
de y et de z contenues dans l'équation (22).

Autrement dit, on peut établir une série de valeurs de y,
et par suite de $\mathcal{M}$, correspondant à des valeurs de R décrois-
sant graduellement, par exemple R = 900, 800, 700, 600,
400 et 200 kilogrammes par centimètre carré ; on en déduira
aussi les valeurs de r correspondantes en écrivant :

$$r = \frac{Ry}{m\,(h - y)}.$$

Dès lors il sera facile de déterminer par interpolation les
valeurs de R et r correspondant à des valeurs quelconques
du moment M des forces extérieures.

Limite d'applicabilité des équations 21 et (22). —
36) On remarquera que $(1 - mz)$, coefficient de y dans
l'équation 21, s'annule pour $z = \dfrac{1}{m} = \dfrac{1}{12}$, c'est-à-dire
quand, dans les conditions admises, R est pris égal à 12 t ou
$12 \times 16 = 192$ kilogrammes. Le coefficient $(1 - mz)^2$, crois-
sant de nouveau pour des valeurs de R inférieures à 192, il
y a lieu de se demander si l'équation (21) ne cesse pas d'être
applicable.

On se rappellera (voir figures 15 et 16) que l'on a supposé
la courbe des tensions du béton composée d'une droite oblique, répondant à la période de proportionnalité, et d'une
droite normale répondant à la période de constance. La
valeur de $r = \dfrac{ty}{r}$ augmente donc en raison inverse de r et
par suite en raison inverse du moment des forces extérieures
au droit de la section considérée.

Il y a dès lors lieu de supprimer l'expression 5) qui constitue un des éléments de l'équation (20), dès que, par suite de la décroissance de r, r devient égal à $h + u - y$, et telle est la limite d'applicabilité de cette équation et de l'équation (22) qui en résulte.

Quand cette limite sera atteinte, l'équation (20) ne contiendra plus que le terme A, comme fonction de t, et deviendra :

$$\frac{bz}{2} \times \frac{2y - z}{y} r + \frac{a(h - c)^2}{2y} r + mS' \frac{y - u'}{y} r - mS\left(\frac{h - y}{y}\right) r - \frac{art}{2} = 0;$$

comme à la limite $r = h + u - y$ et comme, à cette limite toujours, $t = (h + u - y) \dfrac{r}{y}$, le dernier terme de l'équation précédente pourra être remplacé par $\dfrac{a}{2} \dfrac{(h + u - y)^2}{y} r$.

Dès lors cette équation se simplifie ; multipliant tous ses termes par $2y$, les divisant tous par r et ordonnant par rapport à y, on s'aperçoit que le terme en y^2 disparaît, et l'on peut tirer directement la valeur limite de y, c'est-à-dire sa valeur maxima après laquelle elle restera constante, puisque l'équation devient indépendante de la valeur de r, et l'on aura :

$$' \qquad \frac{1}{2} \times \frac{(b - a)c + 2m(S'u' + Sh) + a(h + u)^2}{(b - a)c + m(S + S') + a(h + u)}. \tag{23}$$

Dans l'équation (22), il y aura lieu de supprimer également le moment de résistance de la partie rectangulaire indiquée figure 16 et de ne tenir compte que de celui qui est relatif à la partie triangulaire, soit :

$$\frac{a}{2} \times \frac{(h + u - y)^2}{y} \times r \times \frac{2}{3} (h + u - y)$$

ou :

$$\frac{r}{y} \times \frac{a(h + u - y)^3}{3}.$$

L'équation à appliquer pour le calcul des moments de résistance à la limite de proportionnalité, définie plus haut, sera donc :

$$\mathcal{M} = \frac{r}{y} \times \left\{ \begin{aligned} & \varepsilon b \left(y^2 - \varepsilon y \quad \frac{\varepsilon^2}{3} \right) \\ & + \frac{a}{3} (y - \varepsilon) \\ & + mS (y - u')^2 \\ & + mS (h - y)^2 \\ & + \frac{a (h + u - y)^2}{3} \end{aligned} \right. \qquad (26)$$

Ce moment limite étant déterminé, la valeur de r et R correspondant à des valeurs de M inférieures seront inversement proportionnelles à ces moments, puisque tous les éléments de la poutre, béton comprimé, béton et aciers tendus, seront entrés dans la période de proportionnalité.

Modifications relatives à un dosage plus riche. — 37) Si l'on prévoit un béton d'un dosage plus riche que celui de 300 kilogrammes de ciment pour 400 litres de sable et 800 litres de gravillon, par exemple un béton à 400 kilogrammes de ciment pour les mêmes quantités de sable et de gravillon, dont la résistance à l'écrasement est de 200 kg. par centimètre carré, il suffira de faire $t = \frac{200}{10} = 20$.

III. Calcul de la flèche. — 38) La flèche F peut être aisément calculée, comme l'a fait remarquer M. Considère, par la formule cependant peu usitée :

$$F = \int_{0}^{\frac{l}{2}} \frac{1}{\rho} \left(\frac{l}{2} - x \right) dx, \qquad (27)$$

dans laquelle ρ est le rayon de courbure correspondant à l'abscisse x, prise par rapport au milieu de la poutre comme origine ; l représente la portée de la poutre.

Si l'on désigne par h la distance entre la fibre extrême comprimée et l'axe des armatures tendues, par A l'allongement en centimètres par mètre de l'acier et par B la contraction en centimètres par mètre du béton, on a :

$$\frac{1}{\rho} = \frac{A + B}{h}$$

et par suite :

$$F = \int_0^{\frac{l}{2}} \frac{A+B}{h}\left(\frac{l}{2} - x\right) dx. \tag{28}$$

Pour appliquer cette formule, il faudra donc tracer l'enveloppe des moments fléchissants dus à la fois aux charges permanentes et aux charges mobiles et relever les valeurs correspondantes à diverses sections équidistantes et en nombre pair $(2n)$; on calculera par interpolation les valeurs de r et R correspondant à ces moments fléchissants, et par suite les valeurs de $A = \frac{R}{E_a}$ et de $B = \frac{r}{C_b}$ correspondantes, et il ne restera plus qu'à effectuer la sommation des quantités :

$$\frac{A+B}{h}\left(\frac{l}{2} - x\right)\Delta x.$$

par la formule de Simpson par exemple ou par celle des trapèzes.

Pour simplifier ces opérations, on supposera que cette enveloppe ne diffère guère de la parabole des moments fléchissants relative à une charge uniformément répartie qui donnerait le moment fléchissant maximum au milieu de la poutre) répondant aux conditions les plus défavorables.

Le moment fléchissant relatif à une charge uniformément répartie p sur une poutre reposant librement sur deux appuis est, en rapportant toujours les abscisses au milieu de la poutre comme origine :

$$M = \frac{p}{2}\left(\frac{l^2}{4} - x^2\right) \tag{29}$$

Comme le moment maximum correspondant à $x = 0$ est :

$$M = \frac{pl^2}{8},$$

on en déduit :

$$p = \frac{8M}{l^2}.$$

Cette valeur de p permet de calculer les moments des forces extérieures au droit de sections successives obtenues en divisant la demi-portée en un nombre pair de parties égales à la distance Δx.

On déterminera les valeurs de R et r correspondant à ces valeurs de M, par interpolation entre les valeurs de R que l'on s'est fixées à l'avance, et celles de r qui en résultent, on en déduira A, B et A + B comme il a été dit précédemment, en prenant $E_a = 2 \times 10^6$, et l'on n'aura plus qu'à faire par la formule de Simpson, par exemple, la sommation des expressions :

$$(A + B)\left(\frac{l}{2} - \Delta x\right),$$

pour obtenir la flèche cherchée.

Cette méthode sera suivie aussi bien pour la détermination de la flèche prise en raison de la surcharge seule, qu'en raison de la charge totale ; une fois la série des valeurs correspondantes de R, r et M préparée, il suffira d'appliquer l'interpolation et la sommation aux moments, au droit des diverses sections choisies, résultant soit des charges totales, soit de la surcharge seule.

Poutres ajourées. — 39) Les calculs ci-dessus supposent que la poutre considérée est massive sur toute son étendue. S'il n'en était pas ainsi, il y aurait lieu de déduire les parties évidées, au point de vue de la détermination de la fibre neutre, comme à celui des moments de résistance. Les calculs ci-dessus, modifiés en conséquence, deviendraient alors beaucoup plus complexes, et l'on peut dire qu'ils perdraient tout leur intérêt, attendu que l'on ne prévoira des évidements que si ces vides peuvent être relativement considérables, de manière à alléger notablement le poids propre de la poutre.

Si l'on considère alors que ces vides seront ménagés naturellement dans les parties tendues du béton, la section de ces dernières sera réduite dans de telles proportions que le concours du béton tendu pourra être négligé en regard de l'action des armatures tendues. Si l'on objecte que les parties conservées sont celles qui sont les plus éloignées de la fibre neutre, on pourra répondre que, dans les cas où l'on recherche l'évidement maximum, la section totale des armatures est considérable et ne saurait plus être négligée dans le calcul de la section de béton qui les enveloppe.

On verra, par exemple, que dans le pont de 30 mètres, dans lequel les poutres de rive auraient, si elles étaient massives, une section de $300 \times 50 = 15.000$ cmq., le béton tendu (compté à partir de la fibre neutre, telle qu'elle ressort du calcul qui ne tient pas compte, en effet, du béton tendu, mais dont la position ne diffère guère de celle répondant à la présence du béton tendu, surtout dans ce cas particulier), aurait pour section :

Au droit des pleins. . . $220 \times 50 = 11.000$ cmq.

Au droit des vides. . . $25 \times 50 = 1.250$ cmq.

On voit que la masse du béton tendu est réduite dans le rapport de $\dfrac{1.250}{11.000}$ ou de $\dfrac{5}{44}$ (sans déduction de la section des armatures qui est de 173 cmq.).

Si l'on estime à 33 0/0 environ la réduction de la flèche due au concours du béton tendu, cette réduction ne serait plus que de $33 \times \dfrac{5}{44} = 3.75$ 0/0 environ. Admettons 4.5 0/0 même, cette différence serait de l'ordre de celles que peuvent donner deux poutres en ciment armé exécutées et essayées dans des conditions identiques. Il semble donc logique de renoncer à de longs calculs dans de tels cas et plus pratique de se contenter de l'approximation suffisante donnée par l'hypothèse de la suppression complète de la totalité du béton tendu.

On rappellera que la résistance des matériaux donne pour l'expression de la flèche au milieu d'une poutre homogène à section constante, reposant librement sur deux appuis de niveau, distants de l, et sollicitée par une charge p uniformément répartie :

$$F = \frac{5}{384} \cdot \frac{pl^4}{EI} .$$

Cette expression s'obtient par la double intégration de l'équation des moments de flexion divisée par EI, c'est-à-dire, d'une part, par le coefficient d'élasticité E, supposé le même à la compression et à l'extension et invariable quel que soit l'effort unitaire, et, d'autre part, par le moment d'inertie I, considéré comme constant, puisque la hauteur et la section de la poutre homogène sont supposées elles-mêmes constantes.

Dans une poutre en ciment armé, à section et à hauteur constantes, il y a lieu d'examiner dans quelles conditions cette expression de la flèche est encore applicable. On a admis d'une part que la valeur du coefficient d'élasticité était la même à la compression et à l'extension, et qu'elle restait constante dans les limites des efforts unitaires permis. D'autre part l'expression générale :

$$I = \frac{Mr}{R}$$

devient pour la compression :

$$I = \frac{My}{r} \, ,$$

pour l'extension :

$$I = \frac{Mm\,(h - y)}{R} \, .$$

Ces deux expressions sont égales à condition que l'on ait :

$$\frac{y}{r} = \frac{m\,(h - y)}{R} \, ,$$

équation qui résulte de l'hypothèse de la conservation des sections planes et de l'amplification m de la section des armatures.

Enfin, pour que I puisse être considéré comme constant, il faut que $\dfrac{My}{r}$ soit constant. C'est vrai, si l'on doit ou si l'on *peut* négliger l'action du béton tendu ; mais l'on a vu que ce n'est plus vrai dans le cas où l'on doit tenir compte du béton tendu, comme il est dit pour le calcul de la déformation, et c'est pourquoi il a fallu recourir à des interpolations, à des sommations de fonctions du moment d'inertie.

Ces longs calculs étant nécessités par la présence du béton tendu, il est logique, comme il a été dit ci-dessus, d'appliquer, quand il s'agit de poutres largement ajourées dans leurs parties tendues, une formule beaucoup plus simple et donnant une approximation assez grande dans ce cas particulier.

On opérera comme suit :

De $I = \dfrac{My}{r}$ et $M = \dfrac{pl^2}{8}$, on tire :

$$I = \frac{y}{r} \times \frac{pl^2}{8} :$$

par suite :

$$F = \frac{5}{384} \times \frac{pl^4}{E} \times \frac{8r}{pl^2y}$$

ou

$$F = \frac{l^2r}{96Ey} .$$

On remarquera que les valeurs de r et de y ont été déterminées dans le calcul de stabilité de la poutre considérée ; l est donné ; $E = 200.000$ d'après les expériences de la Commission ministérielle du ciment armé. Dans cette expression de F, l et y doivent être écrits en centimètres.

Cette valeur de F répondra à la flèche due aux charges totales, ou à celle due uniquement à la surcharge, suivant la valeur de r qui sera introduite dans cette expression. La flèche due au poids mort sera la différence entre les deux premières ; elle donne une idée de la contre-flèche qu'il y a lieu de prévoir, lors de la construction.

Remarque. — Il est intéressant, même dans le cas de poutres pleines, de calculer également par la méthode décrite en ce paragraphe les flèches dues au poids mort, à la surcharge et aux charges totales. On disposera ainsi, en effet, d'un contrôle simple et rapide des longues opérations qu'entraîne l'observation de la Circulaire en ce qui concerne le calcul de la déformation. En comparant les flèches observées aux flèches calculées correspondantes dans l'une et l'autre hypothèse, on se fera une idée du degré de perfection de l'exécution.

Un autre avantage de cette méthode de calcul de la flèche est de permettre de l'affecter d'un coefficient de réduction à tirer par comparaison des exemples traités dans le présent ouvrage.

DEUXIÈME PARTIE

CALCUL DE TYPES DE PONTS

CHAPITRE V

PONT DE 4 MÈTRES A UNE VOIE

Dosage prévu :
300 kgs de ciment Portland ;
0,400 de sable ;
0,800 de gravillon.

Section I. — HOURDIS SOUS CHAUSSÉE
(Portée libre : 1 m. 130 ; épaisseur : 0 m. 16).

Charge uniformément répartie par mètre carré :

Empierrement . .	$0,16 \times 2.100 = 336$ kgs
Sable	$0,05 \times 1.600 = 80$ »
Chape.	$0,02 \times 2.200 = 44$ »
Poids propre . .	$0,16 \times 2.500 = 400$ »
Épaisseur totale .	$0,39$
Poids total . . .	860 kgs

Moment dû à la charge uniformément répartie (parag. **26**) :

$$M_1 = \frac{860 \times \overline{1.13}^2}{10} = 109,8.$$

Charge roulante. — La roue de 4.000 k. dans sa position défavorable, milieu de la portée, donne comme moment fléchissant maximum (parag. **27**) :

$$M_2 = 0.8 \times \frac{4.000}{4\left(\dfrac{1.13}{3} + 0.39\right)} \times \left(1.13 - \frac{0.39}{2}\right) = 975.2.$$

Moment fléchissant total :

$$M = M_1 + M_2 = 109.8 + 975.2 = 1.085 \text{ kgm.}$$

Hauteur théorique nécessaire pour obtenir un travail du béton à la compression de 40 k. et un travail du métal à l'extension de 1.100 kg. (parag. **22**) :

$$h = \sqrt{\frac{1.085 \times 100}{546}} = 14.09 \,;$$

on prendra comme épaisseur totale du hourdis :

$$\varepsilon = 14.09 + 1.91 = 16 \text{ cm}^2.$$

Section de métal à l'extension (parag. **22**) :

$$S = 0.552 \times 14.09 = 7.78 \text{ cm}^2.$$

On a prévu des ronds de **12 mm.**, section 1,13 cm², à l'écartement de :

$$\frac{1.13 \times 100}{7.78} = 14.5 \text{ cm.}$$

Les barres de répartition auront une section de :

$$S_1 = \frac{S}{2} = \frac{7.78}{2} = 3.89 \text{ cm}^2.$$

On a prévu des ronds de **8 mm.**, section 0,50 cm², à l'écartement de :

$$\frac{0.50 \times 100}{3.89} = 12.8 \text{ cm.}$$

Section II. — HOURDIS SOUS TROTTOIR

(Portée libre : 0,445 : épaisseur : 0,05).

Charge uniformément répartie par mètre carré :

$$
\begin{aligned}
\text{Surcharge} & \ldots \ldots \ldots \ldots \quad 400 \text{ kgs.} \\
\text{Chape.} & \ldots \ldots \quad 0,02 \times 2.200 = 44 \quad \text{»} \\
\text{Poids propre} & \ldots \quad 0,05 \times 2.500 = 125 \quad \text{»} \\
& \qquad\qquad \text{Total.} \ldots \quad \overline{569} \text{ kgs.}
\end{aligned}
$$

Moment fléchissant de la charge uniformément répartie (parag. 26) :

$$ M = \frac{569 \times \overline{0,445}^2}{10} = 11,3 \text{ kgm.} $$

Hauteur théorique nécessaire pour obtenir $r = 40$ k. et $R = 1.100$ k. par cm² (parag. 22) :

$$ h = \sqrt{\frac{11,3 \times 100}{546}} = 1,44 \text{ cm.} $$

On a pris comme épaisseur totale $\varepsilon = 5$ cm., soit $h = 5 - 2 = 3$.

Section de métal à l'extension (parag. 23) :

$$ S = \frac{M \times 100}{990 \times 3} = 0,37 \text{ cm}^2. $$

On a prévu des ronds de 6 mm. tous les 0 m. 35, ce qui donne une section totale de 0,82 cm².

Section III. — POUTRES SOUS TROTTOIRS A

(Portée libre : 4,00 ; équarissage : 0,18 × 0,25).

Charge totale uniformément répartie par mètre courant :

$$
\begin{aligned}
\text{Parapet} & \ldots \ldots \ldots \ldots \ldots \quad 40 \text{ kgs} \\
\text{Trottoir.} & \ldots \quad \left(\frac{0,445}{2} + 0,18\right) \times 860 = 346,2 \\
\text{Poids propre.} & \quad 0,18 \times 0,25 \times 2.500 = 112,5 \\
\text{—} & \quad 0,025 \times 0,10 \times 2.500 = \underline{6,2} \\
& \qquad\qquad \text{Total.} \ldots \quad \overline{504,9} \\
& \qquad\qquad\qquad\qquad \text{Soit } 505 \text{ kgs.}
\end{aligned}
$$

Moment fléchissant dû à cette charge :

$$M = \frac{505 \times \overline{4}^2}{8} = 1.010 \text{ kgm.}$$

Largeur de hourdis intéressée à la compression de la poutre (parag. 25) :

$$b = 0,75 \left(\frac{44,5}{2} + \frac{18}{2} \right) + \frac{18}{2} = 23,4 + 9 = 32,4 \text{ cm.}$$

La hauteur théorique pour obtenir $r < 40$ est donnée approximativement et par excès par parag. 17) :

$$h = \frac{M}{bar} + \iota \times \frac{2 - \frac{R}{mr}}{2}$$

$$= \frac{1.010 \times 100}{32,4 \times 5 \times 40} + 5 \times 2,146$$

$$= 15,6 + 10,7 = 26,3 ;$$

on a prévu $h = 30 - 4 = 26$ cm.

Le travail maximum du béton à la compression est alors donné pour $h = 26$ cm. par (parag. 18) :

$$r = \frac{\dfrac{M}{b} + \dfrac{\iota R}{2m} - \dfrac{\iota R}{3mh}}{\iota h + \dfrac{\iota^3}{3h} - \iota^2}$$

$$r = \frac{\dfrac{1.010,6 \times 100}{32,4} + \dfrac{5^2 \times 1.400}{2 \times 12} + \dfrac{5^2 \times 1.400}{3 \times 12 \times 26}}{5 \times 26 + \dfrac{5^3}{3 \times 26} - 5^2}$$

$$= \frac{3.116 + 1.146 - 146}{130 + 1,6 - 25} = \frac{4.116}{106,6} = 38,6 \text{ kg.}$$

Nous devons vérifier maintenant si la fibre neutre tombe bien à l'extérieur du hourdis par la formule (parag. 20) :

$$y = \frac{mr}{R + mr} \times h$$

$$= \frac{12 \times 38,6}{1.400 + 12 \times 38,6} \times 26 = 7,7 \text{ cm.}$$

Or nous avons $\epsilon = 5$. Cette condition étant réalisée, nous déterminerons la section de métal à l'extension par (parag. 19) :

$$S = \frac{b_\epsilon r}{R}\left(2 - \frac{\epsilon}{h} \times \frac{mr + R}{mr}\right)$$
$$= \frac{32,4 \times 5 \times 38,6}{1.100}\left(2 - \frac{5}{26} \times \frac{12 \times 38,6 + 1.100}{12 \times 38,6}\right)$$
$$= 5,68 \times 1,40 = 7,95 \text{ cm}^2.$$

On a prévu 2 ronds de 23, section totale 8,30 cm².

A la compression, on a prévu 2 ronds de 12 mm. pour assurer la liaison des étriers verticaux.

L'effort tranchant maximum est :

$$T = \frac{505 \times 4}{2} = 1.010.$$

Le nombre d'écartements des étriers à 2 branches de 6 mm. de diamètre, dont la section totale est $2 \times 2 \times 28 = 112$ mm²., sera pour la 1/2 portée (parag. 29) :

$$N = \frac{5}{176} \times \frac{1.010}{112} \times \frac{4 \times 100}{23} = 4,6.$$

On prendra $N = 5$.

La construction graphique donnée planche 4) permet de déterminer les écartements successifs des étriers dans le sens longitudinal.

Pour l'adhérence, le périmètre des deux ronds de 23 mm. étant $2 \times \pi \times 2.3 = 14,11$ cm., le travail moyen du béton sera donné par (parag. 28) :

$$r_i = \frac{S \times R}{\frac{l}{2} \times 14.11}$$
$$= \frac{7,95 \times 1.100}{200 \times 14.11} = 2 \text{ kg. 3 p. cm}^2 < 4.$$

Section IV. — POUTRES LONGITUDINALES B

(Portée libre : 4 m. 00 ; équarrissage : 0,25 × 0,33).

Charge totale uniformément répartie par mètre courant :

Hourdis sous chaussée : 0,585 × 860 =   503,10
Bordure en pierre : 0,16 × 0,30 × 2.200 .   105,60
Bordure en ciment armé : 0,06 × 0,27 × 2.500   40,50
Chape verticale et sous bordure en pierre :
$\qquad$ (0,34 + 0,16) × 0,02 × 2.200 =   22,00

Hourdis du trottoir : $\dfrac{0,445}{2}$ × 0,05 × 2.500 =   27,80

Chape sur trottoir :
$\qquad\left(\dfrac{0,445}{2} + 0,06\right)$ × 0,02 × 2.200 =   12,40

Surcharge du trottoir :
$\qquad\left(\dfrac{0,445}{2} + 0,06 + 0,01 + 0,11\right)$ × 400 =   173,00

Poids propre : 0,25 × 0,33 × 2.500   206,20
$$\overline{\qquad\qquad\qquad\qquad}$$
$\qquad\qquad\qquad\qquad$ Total . . . 1.090,60

Moment fléchissant dû à la charge uniformément répartie :

$$M_1 = \frac{1.090,6 \times 4^2}{8} = 2.181,2 \text{ kgm.}$$

Chariot de 16 tonnes. — Dans le sens transversal, la position la plus défavorable du chariot est donnée par la fig. 17 ; pour cette position on a :

$$P = \frac{4.000 \times 1.25}{1.385} = 3.690 \text{ kg.}$$

et le moment de cette force dans la position la plus défavorable dans le sens longitudinal, laquelle se produit lorsque la charge est appliquée au milieu de la portée, est :

$$M_2 = \frac{3.690 \times 4}{4} = 3.690 \text{ kgm.}$$

Moment fléchissant total :

$$M = M_1 + M_2 = 2.181,2 + 3.690 = 5.871,2 \text{ kgm.}$$

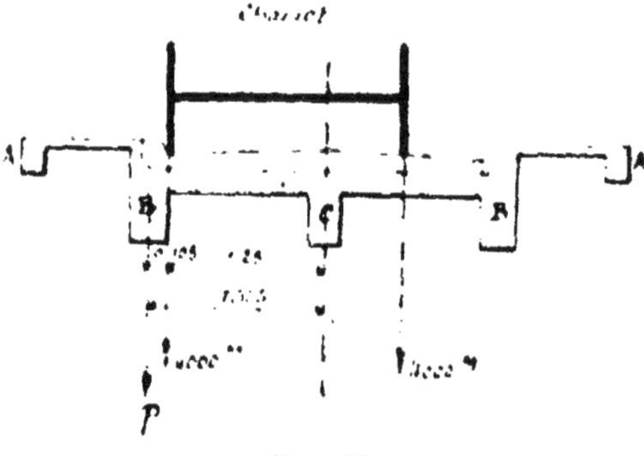

Fig. 17.

La largeur de hourdis intéressée à la compression de la poutre est (parag. 25) :

$$b = 0,75 \times 69 + 12,5 = 64,25 \text{ cm.}$$

La hauteur théorique nécessaire pour obtenir $r < 40$ kg. est donnée approximativement et par excès par (parag. 17) :

$$h = \frac{M}{b_1 r} + \varepsilon \times \frac{2 + \frac{R}{mr}}{2}$$

$$= \frac{5.871,2 \times 100}{64,25 \times 16 \times 40} \qquad 16 \times 2.146$$

$$= 11,3 + 31,4 = 48,7.$$

On a prévu :

$$h = 33 + 16 - 5 = 44 \text{ cm.}$$

Le travail maximum du béton est alors donné, pour $h = 44$, par (parag. 18) :

$$r = \frac{\dfrac{M}{b} + \dfrac{e^2R}{2m} - \dfrac{e^3R}{3mh}}{eh + \dfrac{e^3}{3h} - e^2} \quad (1)$$

$$= \frac{\dfrac{5.871,2 \times 100}{64,25} + \dfrac{\overline{16}^2 \times 1.100}{2 \times 12} - \dfrac{\overline{16}^3 \times 1.100}{3 \times 12 \times 44}}{16 \times 44 + \dfrac{\overline{16}^3}{3 \times 44} - \overline{16}^2}$$

$$\frac{9.138 + 11.733 - 2.844}{704 + 31 - 256} = 37,6.$$

Nous devons vérifier maintenant si la fibre neutre passe bien à l'extérieur du hourdis par la formule (parag. 20) :

$$y = \frac{mr}{R + mr} h = \frac{12 \times 37,6}{1.100 + 12 \times 37,6} \times 44.$$
$$= 12,8.$$

Or nous avons $e = 16$, la fibre neutre passe donc à l'intérieur du hourdis ; nous avons vu que, dans ce cas, on doit rechercher sa position par tâtonnements successifs. La pratique de ces calculs enseigne que l'on arrive assez vite au résultat en diminuant légèrement la première valeur de y trouvée. On prendra d'abord : $y = 12,5$. On a :

$$r = \frac{\dfrac{5.871,2 \times 100}{64,25} + \dfrac{\overline{12,5}^2 \times 1.100}{2 \times 12} - \dfrac{\overline{12,5}^3 \times 1.100}{3 \times 12 \times 44}}{12,5 \times 44 + \dfrac{\overline{12,5}^3}{3 \times 44} - \overline{12,5}^2}$$

$$\frac{9.138 + 7161 - 1356}{550 + 14,8 - 156,2} = 36,6$$

d'où :

$$y = \frac{12 \times 36,6}{1.100 + 12 \times 36,6} \times 44 = 12,5.$$

Cette valeur était bien choisie.

La section de métal à l'extension est alors donnée par (parag. 19) :

$$S = \frac{ber}{2R}\left(2 - \frac{e}{h} \times \frac{mr + R}{mr}\right).$$

dans laquelle on remplace ε par $y = 12,5$

$$S = \frac{64,25 \times 12,5 \times 36,6}{2 \times 1.100}\left(2 - \frac{12,5}{44} \times \frac{12 \times 36,6 + 1.100}{12 \times 36,6}\right)$$
$$= 13.36 \times 1 = 13,36 \ cm^2.$$

On a prévu 2 ronds de 30. section totale 14.13 cm².

A la compression on a prévu 2 ronds de 12 mm. pour assurer la liaison des étriers verticaux. *L'effort tranchant maximum* est :

1° Pour la charge uniformément répartie.

$$T_1 = \frac{1.090,6 \times 4}{2} = 2.181,2 \ kg.$$

2° Pour la charge roulante dans la position la plus défavorable de la fig. 18.

$$T_2 = P + \frac{P \times 1}{4}\quad 1,25 \ P$$
$$= 1,25 \times 3.690 = 4.612,5.$$

Effort tranchant total :

$$T \quad T_1 + T_2 = 2.181,2 + 4.612,5 = 6.793,7.$$

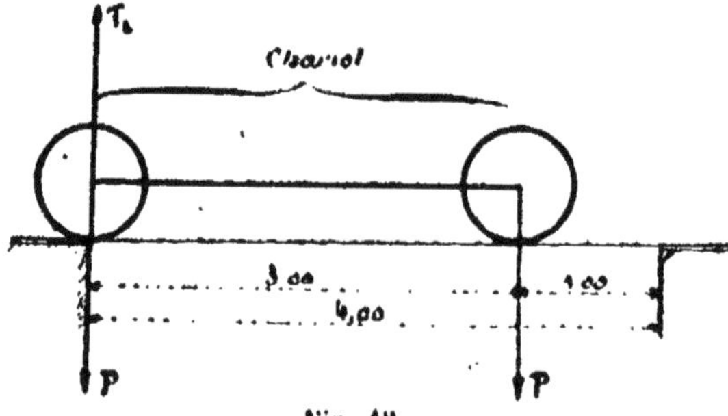

Fig. 18.

Le nombre d'écartements des étriers à deux branches de 7 mm. de diamètre, dont la section totale est $2 \times 2 \times 39 = 156$ mm², sera pour la demi-portée (parag. 20) :

$$N : \frac{5}{170} \times \frac{6.793,7}{156} \times \frac{4 \times 100}{40}$$
$$= 12$$

La construction graphique donnée planche (1) permet de déterminer les écartements successifs des étriers dans le sens longitudinal.

Pour l'adhérence, le périmètre total des 2 barres de 30 étant $2\pi \times 3 = 18{,}84$ le travail moyen du béton sera donné par (parag. 28) :

$$\tau_a = \frac{S \times R}{\dfrac{l}{2} \times 18{,}84}$$

$$\frac{13{,}36 \times 1.100}{200 \times 18{,}84} = 3^k{,}9 < 4^k.$$

Section V. — POUTRES LONGITUDINALES C

(Portée libre = 4 m ; épaisseur = 0 m 20 × 0 m 35)

Charge totale uniformément répartie par mètre courant :

Hourdis sous chaussée : $(1{,}13 + 0{,}20) \times 860 =$ 1.143 k..8
Poids propre : $0{,}20 \times 0{,}35 \times 2.500$. =   175
                                              Total   1.318 k..8

Moment fléchissant dû à la charge uniformément répartie :

$$M_1 = \frac{1.318{,}8 \times 4^2}{8} = 2.637{,}6 \text{ kgm.}$$

Chariot de 16 tonnes. — Dans le sens transversal, la position la plus défavorable du chariot de 16.000 kgm. est donnée par la fig. 19 pour laquelle on a :

$$P = 2 \times \frac{4.000 \times 0{,}505}{1{,}355} = 2.981 \text{ kg. ;}$$

le moment de cette charge dans la position la plus défavorable, milieu de la portée, est :

$$M_2 = \frac{2981 \times 4}{4} = 2.981 \text{ kgm.}$$

Moment fléchissant total :

$$M = M_1 + M_2 = 2.637{,}6 + 2.981 = 5.618{,}6 \text{ kgm.}$$

Largeur de hourdis intéressée à la compression de la poutre (parag. 25) :

$$b = 0,75 \times 1,33 = 100 \text{ cm.}$$

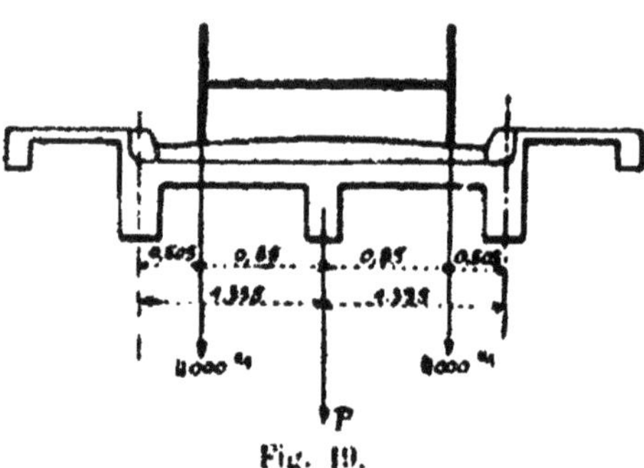

Fig. 19.

La hauteur théorique nécessaire pour obtenir $r < 40$ est donnée approximativement et par excès par (parag. 17) :

$$h = \frac{M}{bcr} + i \times \frac{2 + \dfrac{a}{mr}}{2}$$

$$= \frac{5.618,6 \times 100}{100 \times 16 \times 40} - 16 \times 2,116$$

$$= 8,8 + 31,4 = 43,2 ;$$

on a prévu :

$$h = 35 \qquad 46 = 5 \qquad 46.$$

Le travail maximum du béton est donné pour $h = 46$ par (parag. 18) :

$$r = \frac{\dfrac{M}{b} + \dfrac{e^2 B}{2m} - \dfrac{e^2 B}{3mh}}{eh + \dfrac{e^3}{3h} - e^2} \tag{6}$$

$$= \frac{\dfrac{5.618,6 \times 100}{100} + \dfrac{\overline{16}^2 \times 1.100}{2 \times 12} - \dfrac{\overline{16}^2 \times 1.100}{3 \times 12 \times 46}}{16 \times 46 + \dfrac{\overline{16}^2}{3 \times 46} - \overline{16}^2}$$

$$= \frac{5.618,6 + 11.733 - 2.720}{736 + 20,7 - 256} \qquad \frac{14.631,6}{500,7}$$

$$= 28 \text{ k.. } 7 \text{ p. cm}^2.$$

Nous devons vérifier maintenant si la fibre neutre passe bien à l'extérieur du hourdis par la formule (parag. 20) :

$$y = \frac{mr}{R + mr} \times h = \frac{12 \times 28{,}7}{1.100 + 12 \times 28{,}7} \times 46 ;$$
$$= 10{,}9 ;$$

or nous avons $\varepsilon = 16$, la fibre neutre passe donc à l'intérieur du hourdis ; nous avons vu que dans ce cas on doit rechercher sa position exacte par une série de tâtonnements. Prenons par exemple $y_1 = 10$ cm. et déterminons la nouvelle valeur de r en remplaçant dans l'équation (6) ε par $y_1 = 10$. On a alors :

$$r = \frac{\dfrac{5.618{,}6 \times 100}{100} + \dfrac{10^2 \times 1.100}{2 \times 12} - \dfrac{\overline{10}^3 \times 1.100}{3 \times 12 \times 46}}{10 \times 46 + \dfrac{10^3}{3 \times 46} - 10^2}$$

$$= \frac{5.618{,}6 + 4.583 - 664}{460 + 7{,}2 - 100} = \frac{9.537{,}6}{367{,}2} = 26 \text{ kg}.$$

On a alors comme valeur exacte de y :

$$y = \frac{mr}{R + mr} \times h = \frac{12 \times 26}{1.100 + 12 \times 26} \times 46 = 10{,}1.$$

On peut donc considérer comme bonne la valeur de $y_1 = 10$ que nous avions prise.

La section d'acier à l'extension est alors donnée par (parag. 19) :

$$S = \frac{b\varepsilon r}{2R}\left(2 - \frac{\varepsilon}{h} \times \frac{mr + R}{mr}\right),$$

formule dans laquelle on remplacera ε par $y = 10$:

$$S = \frac{100 \times 10 \times 26}{2 \times 1.100}\left(2 - \frac{10}{46} \times \frac{12 \times 26 + 1.100}{12 \times 26}\right)$$
$$= 11{,}82 \times 1{,}02 = 12{,}05 \text{ cm}^2.$$

On a prévu à l'extension 2 ronds de 28 mm., section totale 12,31 cm².

A la compression on a prévu 2 ronds de 12 pour assurer la liaison des étriers verticaux.

L'effort tranchant maximum est :

1° Pour la charge uniformément répartie :

$$T_1 = \frac{1.318,8 \times 4}{2} = 2.637,6 \text{ kg.}$$

2° Pour la charge roulante dans la position la plus défavorable de la fig. 18 précédente, dans laquelle $P = 2.981$ kgm. :

$$T_2 = 1,25\,P = 1,25 \times 2.981 = 3.726,2 \text{ kg.}$$

Effort tranchant total :

$$T = T_1 + T_2 = 2.637,6 + 3.726,2 = 6.364.$$

Le nombre d'écartements des étriers à deux branches de 8 mm de diamètre dont la section totale est $2 \times 2 \times 50 = 200$ mm². sera pour la demi-portée (parag. 29) :

$$N = \frac{5}{176} \times \frac{6.364}{200} \times \frac{4 \times 100}{42}$$
$$= 8,6.$$

On prendra $N = 9$.

La construction graphique donnée planche (1) permet de déterminer les écartements successifs des étriers dans le sens longitudinal.

Pour l'adhérence, le périmètre total des 2 barres de 28 étant $2\pi \times 2,8 = 17,6$ cm. le travail maximum du béton est donné par (parag. 27) :

$$r_0 = \frac{S \times R}{\frac{l}{2} \times 17,6}$$
$$= \frac{12,05 \times 1.100}{200 \times 17,6} = 3 \text{ k.,} 8 < 4 \text{ k.}$$

Section VI. — APPUIS SUR LES MAÇONNERIES

Poutres A. — L'effort tranchant total a été trouvé pour les poutres A égal à 1.010 kgs. L'appui sur la maçonnerie des culées étant de $18 \times 25 = 450$ cm², le travail de la maçonnerie est égal à $\dfrac{1\,010}{450} = 2$ k. 2 par cent. carré.

Poutres B et C. — L'effort tranchant maximum a été trouvé pour la poutre C égal à 6.364 kgs. L'appui sur les culées étant de $20 \times 30 = 600$ cm², le travail de la maçonnerie est égal à $\dfrac{6.364}{600} = 10$ kg. 6 p. cent. carré.

Section VII. — CALCUL DES FLÈCHES

Poutre C.

Données : $a = 20$
$b = 100$
$\varepsilon = 16$
$h = 46$
$u = 5$; $u' = 4$
$S = 12,31$; $S' = 2,26$
$M_t = 5.619 \times 100$; $M_p = 2.981 \times 100$.

M_t est le moment fléchissant total ; M_p le moment fléchissant dû à la charge permanente.

Détermination de la fibre neutre pendant la période de proportionalité. — On a vu ($ 36$) que la position de la fibre neutre était déterminée dans toute la période de proportionalité et jusqu'à sa limite répondant à $r = h + u — y$ par la valeur de y donnée par l'équation 25 :

$$y = -\frac{1}{2}\,\frac{\varepsilon^2(b - a) + 2m(S'u' + Sh) + a(h + u)^2}{\varepsilon(b - a) + m(S' + S) + a(h + u)}.$$

On calcula préalablement les valeurs suivantes :

$\varepsilon(b — a)$	$16(100 - 20)$	$= 1.280$
$\varepsilon^2(b — a)$	16×1.280	$= 20.480$
$a(h + u)$	$20(46 + 5)$	$= 1.020$
$a(h + u)^2$	$20(46 + 5)^2$	$= 52.020$
$m(S + S')$	$12(12.31 + 2,26)$	$= 171,84$
$2m(S'u' + Sh)$	$2 \times 12(2,26 \times 4 + 12.31 \times 46)$	$= 13.807,20$

D'où :

$$y = \frac{1}{2} \cdot \frac{20.480 + 13.807,2 + 52.020}{1.280 + 174,84 + 1.020} = \frac{1}{2} \cdot \frac{86.307,20}{2.474,84}$$

$$y = 17,4.$$

On en déduit immédiatement d'après le § 35, en faisant $t = 16$ kgr., ou le dixième de 160 kgr. résistance à l'écrasement du béton non armé au dosage de 300 kgr. :

$$r = \frac{ty}{h + u - y} = \frac{16 \times 17,4}{46 + 5 - 17,4} = \frac{278.4}{33,6}$$

$$r = 8,3.$$

On en déduit également, d'après le § 35 :

$$R = \frac{mr(h - y)}{y} = \frac{12 \times 8,3 \times (46 - 17,4)}{17,4} = \frac{99,6 \times 28,6}{17,4}$$

$$R = 163,7.$$

Détermination de la fibre neutre en dehors de la limite de proportionnalité. — On a vu (§ 36) que la position de la fibre neutre en dehors de la limite de proportionnalité s'obtient par la résolution de l'équation du second degré (21), qui peut être modifiée légèrement comme suit :

$$(1 - m\alpha)^2 y^2 + 2\left\{ \frac{u(b - a) + m\,S + S'}{a} + (u \times m\alpha) \right.$$

$$\left. + m\alpha(2 - m\alpha) \times h \right\} y$$

$$- \frac{u^2(b - a) + 2m(S'u' + Sh)}{a} - 2hu \times m\alpha$$

$$- m\alpha(2 - m\alpha) \times h^2 = 0.$$

Les fonctions de t, de S et de S' ont été calculées plus haut ; les valeurs de $m\alpha$, de $m\alpha(2 - m\alpha)$ et de $(1 - m\alpha)^2$, sont données ci-après pour diverses valeurs de R, et pour $t = 16$, répondant au dosage de 300 kgr.; on y joindra les valeurs de $(1 - m\alpha)^2$ et de $m'^2\alpha^2$ correspondantes.

TABLEAU I

Fonctions de $\alpha = \dfrac{t}{R}$ ($t = 16$ pour le dosage de 300 kg).

R =	900	800	700	600	400 kg.
$\alpha =$	0,018	0,020	0,023	0,027	0,040
$m\alpha =$	0,213	0,240	0,274	0,320	0,480
$1 - m\alpha =$	0,787	0,760	0,726	0,680	0,520
$(1 - m\alpha)^2 =$	0,619	0,578	0,527	0,462	0,270
$2 - m\alpha =$	1,787	1,760	1,726	1,680	1,520
$m\alpha (2 - m\alpha) =$	0,381	0,422	0,473	0,538	0,730
$m^3\alpha^3 =$	0,010	0,014	0,021	0,033	0,110

Remarquant que :

$$\frac{t(b - a) + m(S + S')}{a} = \frac{1.280 + 174,84}{20} = 72,74$$

$$\frac{t^2(b - a) + 2m(S'u' + Sh)}{a} = \frac{20.480 + 13.807,20}{20} = 1.714,36$$

et que ces valeurs s'appliquent à toutes les valeurs de R, on aura en consultant le tableau ci-dessus des fonctions de α, pour :

$R = 900$: Coefficient de y^2 : 0,619

1/2 Coefficient de y : $72,74 + 5 \times 0,213 + 0,381 \times 46 =$ 91,3

Terme indépendant :

$$-(1.714,36 + 2 \times 46 \times 5 \times 0,213 + 0,381 \times \overline{46^2}) = -2.618,5$$

D'où : $y = \dfrac{-91,3 + \sqrt{91,3^2 + 0,619 \times 2.618,5}}{0,619}$

$$y = 13,7.$$

$R = 800$: Coefficient de y^2 : 0,578

1/2 Coefficient de y : $72,74 + 5 \times 0,240 + 0,422 \times 46 =$ 93,4

Terme indépendant :

$$-(1.714,36 + 2 \times 46 \times 5 \times 0,240 + 0,422 \times \overline{46^2}) = -2.717,7$$

D'où : $y = \dfrac{-93,4 + \sqrt{93,4^2 + 0,578 \times 2.717,7}}{0,578}$

$$y = 13,9.$$

$R = 700$: Coefficient de y^2 : 0,527

    1/2 Coefficient de y : $72,74 + 5 \times 0,274 + 0,473 \times 46 =$ 95,9

    Terme indépendant :

$$-(1.714,36 + 2 \times 46 \times 5 \times 0,274 + 0,473 \times \overline{46^2}) = - \ 2\ 841,3$$

D'où : $y = \dfrac{-95,9 + \sqrt{\overline{95,9}^2 + 0,527 \times 2.841,3}}{0,527}$

$$y = 14,2.$$

$R = 600$: Coefficient de y^2 : 0,462.

    1/2 Coefficient de y : $72,74 + 5 \times 0,32 + 0,538 \times 46 =$ 99,1

    Terme indépendant :

$$-(1.714,36 + 2 \times 46 \times 5 \times 0,32 + 0,538 \times \overline{46^2}) = - \ 3.000$$

D'où : $y = \dfrac{-99,1 + \sqrt{\overline{99,1}^2 + 0,462 \times 3\ 000}}{0,462}$

$$y = 14,8.$$

$R = 400$: Coefficient de y^2 : 0,270.

    1/2 Coefficient de y : $72,74 + 5 \times 0,48 + 0,73 \times 46 =$ 108,7

    Terme indépendant :

$$-(1.714,36 + 2 \times 46 \times 5 \times 0,48 + 0,73 \times \overline{46^2}) = - \ 3.479,8$$

D'où : $y = \dfrac{-108,7 + \sqrt{\overline{108,7}^2 + 0,27 \times 3.479,8}}{0,27}$

$$y = 15,6.$$

On remarquera que les valeurs de y étant inférieures à 16 cm., épaisseur du hourdis, il y aura une partie de ce hourdis qui travaillera à l'extension ; toutefois, comme il a été montré dans l'ouvrage déjà cité : « Traité théorique et pratique de la résistance des matériaux appliquée au béton et au ciment armé », les équations 21 et 22 restent applicables quelle que soit la position de la fibre neutre par rapport à l'arête inférieure du hourdis.

Moments de résistance. — Pour calculer les moments de résistance correspondant aux diverses valeurs de R choisies, on effectuera les expressions des moments d'inertie (voir § 31) et à cet effet on calculera préalablement les fonctions suivantes de y.

TABLEAU II

$R =$	900	800	700	600	400	163,7
y	13,7	13,9	14,2	14,9	15,6	17,4
$h-y = 46-y$	32,3	32,1	31,8	31,2	30,4	28,6
$y-\epsilon = y-16$	—2,3	—2,1	—1,8	—1,2	—0,4	+1,4
$(h-y)^2$	1.043,3	1.030,4	1.011,2	973,4	924,2	818
$(h-y)^3$	33.698	33.076	32.157	30.371	28.094	23.394
$(y-u')=(y-4)$	9,7	9,9	10,2	10,8	11,6	13,4
$(y-u')^2 = (y-4)^2$	94,1	98,0	104,0	116,6	134,6	179,6
y^3	2.571,4	2.685,6	2.863,3	3.244,8	3 796,4	5.208,0
$-(y-\epsilon)^3$	+12,2	+9,3	+5,8	+1,7	+0,6	—2,7
$3\epsilon\left(y^2-\epsilon y+\dfrac{\epsilon^2}{3}\right)=y^3-(y-\epsilon)^3$	2.583,6	2.494,9	2.869,1	3.213,5	3.797,0	5.265,3
$(h-y+u')=(46-y+5)$	37,3	37,1	36,8	36,2	35,4	33,6
$(h-y+u')^2$	1.391,3	1.376,4	1 354,2	1.310,4	1.253,2	—
$(h-y+u')^3$	—	—	—	—	—	37.933

D'où successivement pour :

$$R = 900 : \quad h \times \epsilon\left(y^2 - \epsilon y + \frac{\epsilon^2}{3}\right) \qquad\qquad + \qquad\qquad -$$

$$= 100 \times \frac{2.583,6}{3} \qquad\qquad\qquad = \ 86.120$$

$$+ \frac{a}{3}(y-\epsilon)^3$$

$$- \frac{20}{3} \times 12,2 \qquad\qquad\qquad\qquad\qquad\qquad 81$$

$$+ mS'(y-u')^2$$

$$= 12 \times 2,26 \times 94,1 \qquad\qquad\qquad = \ 2.552$$

$$+ mS(h-y)^2$$

$$= 12 \times 12.31 \times 1 043.3 \qquad\quad — \ 154 116$$

$$\text{A reporter} \ . \ . \ . \quad 242.788 \qquad 81$$

$$\text{Report} \dots \quad \overset{+}{242.788} \qquad \overset{-}{81}$$

$$+ \frac{a}{2} \times xm(h - y)(h - y + u)^2$$

$$= \frac{20}{2} \times 0.213 \times 32.3 \times 1.391.3 = \quad 95.720$$

$$- \frac{a}{6} \times x^2 m^3 (h - y)^3$$

$$= - \frac{20}{6} \times 0.01 \times 33.698 \qquad = \qquad 1.123$$

$$\overline{\qquad\qquad\qquad}$$

$$338.508 - 1.204$$
$$1.204$$
$$\overline{337.304}$$

D'où :

$$\mathfrak{R} \quad \frac{R1}{m(h - y)} = \frac{90}{12 \times 32.3} \times 337.304$$

$$\mathfrak{R} \quad 7.832 \times 100.$$

$$r \quad \frac{Ry}{mh - y} \cdot \frac{900 \times 13.7}{12 \times 32.3}$$

$$,\quad 31.8.$$

$$\overset{+}{\quad} \qquad \overset{-}{\quad}$$

$$R = 800: \; b \times \left(y^2 - uy + \frac{u^2}{3} \right)$$

$$= 100 \times \frac{2.694.9}{3} \qquad = \quad 89.830$$

$$+ \frac{a}{3} (y - u)^2$$

$$= - \frac{20}{3} \times 9.3 \qquad\qquad\qquad 62$$

$$= m S^2 (y - u)^2$$

$$= 12 \times 2.26 \times 98 \qquad = \quad 2.658$$

$$m S (h - y)^2$$

$$= 12 \times 12.31 \times 1.030.4 \qquad = \; 152.211$$

$$+ \frac{a}{2} \times xm(h - y)(h - y + u)^2$$

$$= \frac{20}{2} \times 0.24 \times 32.1 \times 1.376.4 = \; 106.038$$

$$- \frac{a}{6} \times x^2 m^3 (h - y)^3$$

$$= \frac{20}{6} \times 0.011 \times 33.076 \qquad = \qquad 1.544$$

$$\overline{\qquad\qquad\qquad}$$

$$350.737 - 1.606$$
$$1.606$$
$$\overline{349.131}$$

D'où :

$$\mathfrak{M} = \frac{R1}{m(h-y)} = \frac{800}{12 \times 32,4} \times 349.131$$

$$\mathfrak{M} = 7.234 \times 100.$$

$$r = \frac{Ry}{m(h-y)} = \frac{800 \times 13,0}{12 \times 32,4}$$

$$r = 28.9.$$

$$R = 700:\ b \times \varepsilon\left(y^2 - \varepsilon y + \frac{\varepsilon^2}{3}\right) \qquad\qquad + \qquad\qquad -$$

$$= 100 \times \frac{2\,869.4}{3} \qquad\qquad = 95.637$$

$$+ \frac{a}{3}(y - \varepsilon)^2$$

$$= -\frac{20}{3} \times 5,8 \qquad\qquad = \qquad\qquad 39$$

$$+ mS'(y - a')^2$$

$$= 12 \times 2,26 \times 104 \qquad\qquad = 2.820$$

$$+ mS(h - y)^2$$

$$= 12 \times 12.31 \times 1.011,2 \qquad = 149.371$$

$$+ \frac{a}{2} \times 2m(h - y)(h - y - a)^2$$

$$= \frac{20}{2} \times 0,271 \times 31.8 \times 1.351,2 = 117.994$$

$$- \frac{a}{6} \times 2'm'(h - y)^3$$

$$= -\frac{20}{6} \times 0,021 \times 32.157 \qquad : \qquad\qquad 2.251$$

$$1 \qquad = 365\ 825 - 2.200$$

$$2.200$$

$$363.535$$

D'où :

$$\mathfrak{M} = \frac{R1}{m(h-y)} = \frac{700}{12 \times 30,8} \times 363.535$$

$$\mathfrak{M} = 6.668 \times 100.$$

$$r = \frac{Ry}{m(h-y)} = \frac{700 \times 14,2}{12 \times 30,8}$$

$$r = 26.$$

$$R = 600:\ b \times \varepsilon\left(y^2 - \varepsilon y + \frac{\varepsilon^2}{3}\right) \qquad\qquad\qquad -$$

$$100 \times \frac{2.243,5}{3} \qquad\qquad 108.117$$

$$\text{A reporter} \quad . \quad . \quad . \quad 108.117$$

$$\qquad\qquad\qquad\qquad\qquad\qquad\qquad + \qquad\qquad -$$

$$\text{Report} \ldots \ldots \quad 108.117$$

$$- \frac{a}{3}(y - \varepsilon)^3$$

$$= - \frac{20}{3} \times 1,7 \qquad\qquad = \qquad\qquad 11$$

$$+ mS'(y - u')^2$$

$$= 12 \times 2,26 \times 116,6 \qquad = \quad 3.162$$

$$+ mS(h - y)^2$$

$$= 12 \times 12,31 \times 973,4 \qquad = 113.791$$

$$+ \frac{a}{2} \times 2m(h - y)(h - y + u)^2$$

$$= \frac{20}{2} \times 0,32 \times 31,2 \times 1.310,4 \quad 130.830$$

$$- \frac{a}{6} \times x^2 m^2(h - y)^3$$

$$= - \frac{20}{6} \times 0,033 \times 30.371 \qquad\qquad 3.311$$

$$\qquad\qquad\qquad\qquad\qquad\quad | \quad = 385.000 - 3.352$$

$$\qquad\qquad\qquad\qquad\qquad\qquad\qquad 3.352$$

$$\qquad\qquad\qquad\qquad\qquad\qquad\overline{\qquad 382.518 \qquad}$$

D'où :

$$\mathcal{M} = \frac{R}{m(h - y)} = \frac{600}{12 \times 31,2} = 382.518$$

$$\mathcal{M} = 6.131 \times 100.$$

$$r = \frac{Ry}{m(h - y)} = \frac{600}{12} = \frac{15,8}{31,2}$$

$$y = 23,7.$$

$$R. \quad 100 : b \times \varepsilon \left(y^2 - \varepsilon y + \frac{\varepsilon^2}{3} \right) \qquad\qquad +\qquad -$$

$$100 \times \frac{3.797}{3} \qquad\qquad 126.567$$

$$+ \frac{a}{3}(y - \varepsilon)^3$$

$$- \frac{20}{3} \times 0,6 \qquad\qquad\qquad 1$$

$$mS(y - u')^2$$

$$12 \times 2,26 \times 131,6 \qquad\quad 3.650$$

$$\text{A reporter} \ldots \quad 130.217 \qquad 1$$

$$\text{Report} \quad \ldots \quad \ldots \quad 130.217$$

$$+ mS \times (h - y)^2$$
$$= 12 \times 12{,}31 \times 924{,}2 \qquad = 136.523$$

$$+ \frac{a}{2} \times zm(h - y)(h - y + w)^2$$

$$= \frac{20}{2} \times 0{,}48 \times 30{,}4 \times 1.253{,}2 = 182.867$$

$$- \frac{a}{6} \times z'm'^2(h - y)^2$$

$$= - \frac{20}{6} \times 0{,}11 \times 28\,094 \qquad = \qquad 10.301$$

$$= \overline{419.607 - 10.305}$$
$$10.305$$
$$\overline{439.302}$$

D'où :

$$\mathfrak{M} = \frac{R_1}{m(h - y)} \qquad \frac{400}{12 \times 30{,}4} \times 439.302$$

$$\mathfrak{M} \qquad 1.817 \times 100.$$

$$r \qquad \frac{R_y}{m(h - y)} \cdots \frac{400 \times 15{,}6}{12 \times 30{,}4}$$

$$r = 17{,}1.$$

$$R = 163{,}7 : b_1\left(y^2 - zy + \frac{a^2}{3}\right)$$

$$= 100 \times \frac{8.265{,}3}{3} \qquad = 175.510$$

$$+ \frac{a}{3}(y - c)^2$$

$$= \frac{20}{3} \times 2{,}7 \qquad = 18$$

$$+ mS(y - w)^2$$

$$= 12 \times 2{,}26 \times 179{,}6 \qquad 4.871$$

$$+ mS(h - y)^2$$

$$= 12 \times 12{,}31 \times 818 \qquad 120.835$$

$$+ \frac{a}{3}(h - y + w)^3$$

$$= \frac{20}{3} \times 37.933 \qquad = 252.887$$

$$= 551.121$$

D'où :

$$\mathcal{M} = \frac{RI}{m(h-y)} = \frac{163.7}{12 \times 28.6} \times 554.121$$

$$\mathcal{M} = 2.643 \times 100.$$

$$r = \frac{Ry}{m(h-y)} = \frac{163.7 \times 17.4}{12 \times 28.6}$$

$$r = 8.3.$$

valeur déjà trouvée directement plus haut.

Calcul par interpolation des valeurs de R et r dans des sections déterminées.

— Ayant calculé les moments de résistance $\mathcal{M}$ et les taux de travail r à la compression correspondant à diverses valeurs de R choisies arbitrairement, il sera facile de déterminer par interpolation les valeurs de R et r relatives aux moments des forces extérieures en des sections équidistantes permettant une sommation.

Considérant le moment maximum 5.620×100 dû aux charges totales et remplaçant la courbe limite des moments fléchissants correspondant à la position de la surcharge roulante, qui a donné le moment maximum sus-mentionné, par la parabole ayant pour ordonnée au sommet cette valeur 5.620×100 suivant la même marche pour les charges permanentes, dont le moment maximum a été trouvé de 2.980×100, on obtiendra (tableau III) les moments successifs au droit des diverses sections résultant de la division de la demi-portée $\left(\dfrac{l}{2} - 2 \text{ m.}\right)$ en 5 parties, égales chacune à 0 m. 40.

A la suite du tableau III on trouvera les valeurs de R et r correspondant aux moments de résistance calculés dans le paragraphe précédent et les valeurs de R et r obtenues par interpolation entre les premières, marquées d'un astérisque. On se rappellera qu'à partir de R = 167.3 jusqu'à zéro les taux de travail de l'acier et du béton sont proportionnels aux moments des forces extérieures.

$$\text{TABLEAU III}$$

r	Charges totales $p = \dfrac{M}{\left(\frac{l}{2}\right)^2} = \dfrac{5.620 \times 100}{4} = 1.405 \times 100$	Charges permanentes $p' = \dfrac{M}{\left(\frac{l}{2}\right)^2} = \dfrac{2.980 \times 100}{4} = 745 \times 100$
$r = 0$	$p\left[\left(\frac{l}{2}\right)^2 - r^2\right]\quad 1.405 \times 100 \times 2^2 \qquad = 1.405 \times 100 \times 4 = 5.620 \times 100$	$745 \times 100 \times 4 = 2.980 \times 100$
$r = 0.40$	$p\left[\left(\frac{l}{2}\right)^2 - r^2\right]\quad 1.405 \times 100 \times (4-\overline{0.4^2}) = 1.405 \times 100 \times 3.84 = 5.395 \times 100$	$745 \times 100 \times 3.84 = 2.861 \times 100$
$r = 0.80$	$p\left[\left(\frac{l}{2}\right)^2 - r^2\right]\quad 1.405 \times 100 \times (4-\overline{0.8^2})\ \ 1.405 \times 100 \times 3.36 = 4.721 \times 100$	$745 \times 100 \times 3.36 = 2.503 \times 100$
$r = 1.20$	$p\left[\left(\frac{l}{2}\right)^2 - r^2\right]\quad 1.405 \times 100 \times (4-\overline{1.2^2}) = 1.405 \times 100 \times 2.56 = 3.597 \times 100$	$745 \times 100 \times 2.56 = 1.907 \times 100$
$r = 1.60$	$p\left[\left(\frac{l}{2}\right)^2 - r^2\right]\quad 1.405 \times 100 \times (4-\overline{1.6^2}) = 1.405 \times 100 \times 1.44 = 2.023 \times 100$	$745 \times 100 \times 1.44 = 1.073 \times 100$
$r = 2.00$	$p\left[\left(\frac{l}{2}\right)^2 - r^2\right]\quad 1.405 \times 100 \times (4-\overline{2^2}) = \qquad 0$	0

$\mathfrak{R}$ et M	R	r
7.832 × 100 kg. c. m.	900 kgr.	31,8 kgr.
7.251 × 100 »	800 »	28,9 »
6.668 × 100 »	700 »	26,0 »
6.131 × 100 »	600 »	23,7 »
5.620 × 100 »	522 »	21,1 »
5.395 × 100 »	486 »	20,0 »
4.817 × 100 »	400 »	17,1 »
4.721 × 100 »	390 »	16,7 »
3.597 × 100 »	268 »	12,2 »
2.980 × 100 »	201 »	9,7 »
2.861 × 100 »	188 »	9,2 »
2.643 × 100 »	164 »	8,3 »
2.503 × 100 »	156 »	7,9 »
2.023 × 100 »	126 »	6,4 »
1.907 × 100 »	118 »	6,0 »
1.073 × 100 »	67 »	3,4 »

Posant $A = \dfrac{R}{2 \times 10^3}$; $B = \dfrac{r}{2 \times 10^3}$, on aura, tableau IV, les valeurs au droit des sections équidistantes sus-mentionnées.

Le nombre des divisions étant impair, la formule de Simpson ne peut s'appliquer à la quadrature Σy; on emploiera donc la formule du trapèze qui donne :

$$\Sigma y = \left(\frac{y_0}{2} + y_1 + y_2 + \dots \quad y_{n-1} + \frac{y_n}{2}\right)$$

ou ici :

$$\Sigma y = \left(\frac{7.43}{2} + 5.188 + 3.342 + 1.560 + 0.380 + \frac{0}{2}\right)\Delta$$
$$\Sigma y = 11.435 \times 40$$

et par suite, comme $F_1 = \dfrac{\Sigma y\, \Delta}{b} \cdot \dfrac{1}{100}$:

$$F_1 = \frac{11.435 \times 40}{46 \times 100} = 0\ \text{cm.}\ 1255$$
$$F_1 = 0\ \text{m.}\ 001255.$$

On aurait de même :

TABLEAU IV

	M	B	r	$A\times10^9$	$B\times10^9$	$(A+B)\times10^9\times\dfrac{\frac{l}{2}-r}{10^9}$	$y=(A+B)\left(\dfrac{l}{2}-r\right)$
					Charges totales		
	1.620 × 100	522	21.1	2.610	1.905	3.665 × 2	7.330 × $\dfrac{1}{100}$
	1.?× 100	480	20.0	2.4?	1.000	3.490 × 1.60	2.488 × $\dfrac{1}{100}$
	6.721 × 100	390	16.7	1.9?	0.885	2.785 × 1.20	3.342 × $\dfrac{1}{100}$
	1.?× 100	268	12.2	1.340	0.640	1.950 × 0.80	1.500 × $\dfrac{1}{100}$
	2.023 × 100	124	6.4	0.6?0	0.320	0.920 × 0.40	0.480 × $\dfrac{1}{100}$
	0	0	0	0	0	0	0
					Charges permanentes		
	2.980 × 100	201	9.7	1.005	0.845	1.690 × 2	2.980 × $\dfrac{1}{100}$
	2.561 × 100	188	9.2	0.950	0.490	1.600 × 1.60	2.210 × $\dfrac{1}{100}$
	2.504 × 100	1.?	7.9	0.780	0.395	1.175 × 1.20	1.410 × $\dfrac{1}{100}$
	1.007 × 100	118	6.0	0.500	0.300	0.890 × 0.80	0.712 × $\dfrac{1}{100}$
	1.073 × 100	67	3.6	0.345	0.170	0.505 × 0.40	0.202 × $\dfrac{1}{100}$
	0	0	0	0	0	0	0

$$F_p = \left(\frac{2,98}{2} + 2,24 + 1,41 + 0,712 + 0,202 + \frac{0}{2} \right)$$

$$\times \frac{40}{46} \times \frac{1}{100}$$

$$F_p = \frac{6.054 \times 40}{46 \times 100} = 0 \, cm. \, 0526$$

$$F_p = 0 \, m. \, 000526.$$

Il conviendra donc de donner à cette poutre une contre-flèche de 0 m 0005, et la flèche apparente lors des épreuves sera de :

$$1 \, mm. \, 25 - 0,50 = 0 \, mm. \, 75.$$

Calcul des flèches en négligeant le béton tendu. — Si on négligeait le béton tendu on aurait d'après le paragraphe 39 :

$$F_t = \frac{l^2 r}{9,6 \times 200.000 \, y} ,$$

expression dans laquelle il faut faire $r = 26$ et $y = 10$ (voir calcul de la poutre C).

Donc :

$$F_t = \frac{\overline{400}^2 \times 26}{9,6 \times 200.000 \times 10} = 0 \, cm. \, 217$$

$$F_t = 0 \, m. \, 0,00217$$

et par suite :

$$F_p = F_t \times \frac{M_p}{M_t} = 0,00217 \times \frac{2.080}{5.020}$$

$$F_p = 0 \, m. \, 00115.$$

Section VIII — MÉTRÉ DU PONT DE 4 MÈTRES

Désignation	Quantités		Volume de béton	Aciers						Récapitulation	
	surface ou section	longueur ou épaisseur		désignation des barres	Diamètre	nombre de barres	longueur	poids partiel ou par mètre courant	poids total	béton	acier
	m. carrés	m. linéaires	m. cubes		m/m		mètres	kilog.	kilog.	m³	kilog.
Hourdis sous chaussée (épaisseur 0 16)	4,30×2,96 =12,73	0,16	2,037	barres de résistance barres de répartition	12 8	30 18	2,90 4,20	0,880 0,392	76,56 29,63	2,037	106,19
Hourdis sous trottoir et bordure (épaisseur 0,05)	2×4,30×1,03 =8,86	0,05	0,443	barres de résistance	6	21	1,30	0,220	6,86	0,443	6,86
Poutres A (2 semblables) (équarrissage 0,18×0,25)	0,18×0,25 =0,045	2×4,50=9	0,405	barres inférieures barres supérieures étriers	23 12 6	4 4 52	4,40 4,40 0,60	3,240 0,880 0,220	57,02 15,48 6,87	0,405	79,37
Poutres B (2 semblables) (équarrissage 0,25×0,33)	0,25×0,33 =0,0825	2×4,50=9	0,742	barres inférieures barres supérieures étriers	30 12 7	4 4 116	4,40 4,40 1,00	5,510 0,880 0,300	96,97 15,48 34,80	0,742	147,25
Poutre C (équarrissage 0,20×0,35)	0,20×0,35 =0,07	4,50	0,315	barres inférieures barres supérieures étriers	28 12 8	2 2 46	4,40 4,40 1,05	4,800 0,880 0,392	42,24 7,74 18,75	0,315	68,73
Garde-corps (fer forgé)	»	»	»	montants partie courante rivets et boulons 5 0/0	» » »	14 2 »	» 5,70 »	» 22,5 »	157 256 20	»	433,00
									Total	3,942	841,43

CHAPITRE VI

PONT DE 6 MÈTRES A DEUX VOIES

Dosage prévu :

300 kgr. de ciment Portland ;
0,400 de sable ;
0,800 de gravillon.

Section I. — HOURDIS SOUS LA CHAUSSÉE

Portée libre : 1 m. 138 ; épaisseur : 0 m. 16.

Charge uniformément répartie par mètre carré :

Empierrement :	$0,16 \times 2.100 =$	336 kgs.
Sable :	$0,05 \times 1.600 =$	80 »
Chape :	$0,02 \times 2.200 =$	44 »
Poids propre :	$0,16 \times 2.500 =$	400 »
Épaisseur totale :	0.39 m.	
Poids total :		860 kgs.

Moment dû à la charge uniformément répartie (parag. 26) :

$$M_1 = \frac{860 \times \overline{1,138}^2}{10} = 111,4 \text{ kgm.}$$

Charge roulante. — La roue de 1.000 kg. dans sa position défavorable, milieu de la portée, donne comme moment maximum (parag. 27) :

$$M_2 = 0,8 \times \frac{4.000}{4\left(\frac{1,138}{3} + 0,39\right)} \times \left(1,138 - \frac{0,39}{2}\right) =$$

$$= 0,8 \times 1.300 \times 0,943 = 980,7 \text{ kgm.}$$

Moment fléchissant total :

$$M = M_1 + M_2 = 111,4 + 980,7 = 1.092,1 \text{ kgm.}$$

Hauteur théorique nécessaire pour obtenir à la fois à la compression $r = 40$ et à l'extension $R = 1.100$ (parag. **22**) :

$$h = \sqrt{\frac{1.092,1 \times 100}{546}} = 14,1 \text{ cm.}$$

On prendra comme épaisseur totale du hourdis :

$$\varepsilon = 14,1 + 1,9 = 16 \text{ cm.}$$

Section de métal à l'extension (parag. **22**) :

$$S = 0,552 \times 14,1 = 7 \text{ cm}^2 78.$$

On a prévu des barres de 12 mm. section 1 cm² 13 à l'écartement de :

$$\frac{1,13 \times 100}{7,78} = 14,5 \text{ cm.}$$

Section des barres de répartition :

$$S_1 = \frac{S}{2} = \frac{7,78}{2} = 3,89 \text{ cm}^2.$$

On a prévu des ronds de 8 mm.. section 0,50 cm² à l'écartement de :

$$\frac{0,50 \times 100}{3,89} = 12 \text{ cm.} 8.$$

Section II. — POUTRES LONGITUDINALES A

(Portée libre : 6 mètres ; équarrissage : 0 m. 20 × 0 m. 44).

Charge uniformément répartie par mètre courant :

Hourdis sous chaussée : $0,1935 \times 860 =$ 124,1 kg.
Bordure en ciment armé : $0,095 \times 0,34 \times 2.500$ $\Big\}$
                         $0,150 \times 0,025 \times 2.500$ 90,1 »
Bordure en pierre : $0,16 \times 0,34 \times 2.200 =$ 119,7 »
Chape verticale $(0,34 + 0,06) \times 0,02 \times 2.200 =$ 17,6 »
Poids propre : $0,20 \times (0,44 + 0,16) \times 2.500 =$ 300,0 »

                                        Total :   951,8 kg.

Moment de la charge uniformément répartie (par. 26) :

$$M_1 = \frac{951.8 \times \overline{6}^2}{8} = 4.283,1 \text{ kgm.}$$

Chariot de 16 tonnes. — Dans le sens transversal la position la plus défavorable, indiquée par la fig. 20, donne comme charge totale P au droit de chaque essieu :

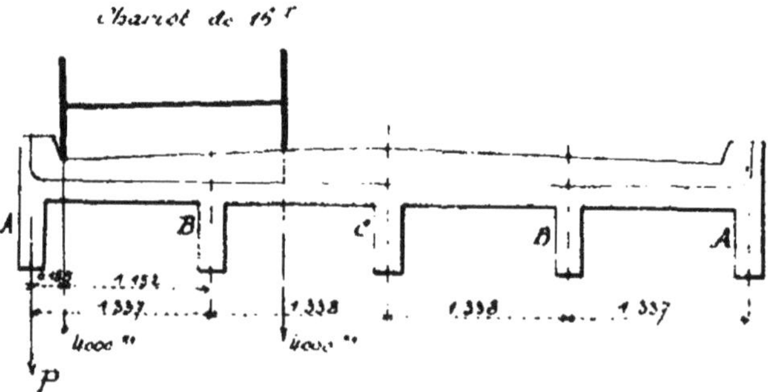

Fig. 20.

$$P = \frac{4.000 \times 1.152}{1.337} = 3.446,5 \text{ kgs}$$

et comme charge P_1 au droit des chevaux :

$$P_1 = \frac{700 \times 1.152}{1.337} = 603,1 \text{ kgs.}$$

Dans le sens longitudinal la position la plus défavorable, indiquée par la fig. 21, donne comme réaction sur l'appui de gauche :

$$V = \frac{P(2,25 + 5,25)}{6}$$

$$= \frac{3.446,5 \times 7,50}{6} = 4\,308,1 \text{ kgs.}$$

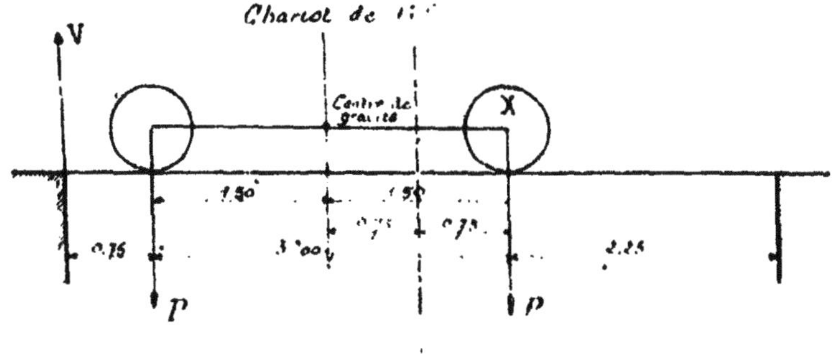

Fig. 21.

Le moment par rapport à la roue X sera :

$$M_2 = V \times 3,75 - P \times 3$$
$$= 4.308,1 \times 3,75 - 3.446,5 \times 3 = 5.815,9 \text{ kgm.}$$

Moment total :

$$M = M_1 + M_2 = 4.283,1 + 5.815,9 = 10.099 \text{ kgm.}$$

La largeur de hourdis intéressée à la compression de la poutre est (parag. 25) :

$$b = \left(\frac{133.7}{2} \times 0.75\right) + \frac{20}{2} = 60 \text{ cm.}$$

La hauteur théorique pour obtenir $r = 40$ est donnée à $\frac{1}{100}$ près par excès par (parag. 17) :

$$h = \frac{M}{b_{ur}} + i \times 2.146$$

$$\frac{10.099 \times 100}{60 \times 46 \times 40} + 16 \times 2.146 = 26.3 + 34.3$$

$$= 60.6 \text{ cm.}$$

on a prévu :

$$h = 14 + 16 - 5 = 55 \text{ cm.}$$

Le travail maximum du béton est alors donné, pour $h = 55$, par (parag. 18) :

$$r = \frac{\dfrac{M}{b} + \dfrac{cR}{2m} - \dfrac{c'R}{3mh}}{ch + \dfrac{c^2}{3h} - c'}$$

$$= \frac{\dfrac{10.939 \times 100}{60} + \dfrac{16^2 \times 1.100}{2 \times 12} - \dfrac{16^3 \times 1.100}{3 \cdot 12 \times 55}}{16 \times 55 + \dfrac{16^3}{3 \cdot 55} - 16^2}$$

$$= \frac{16.831 + 11.743 - 2.275}{880 + 24,80 - 256} = \frac{26.289}{648,8} = 40 \text{ k.,5 p. cm}^2.$$

Nous devons vérifier maintenant si la fibre neutre tombe bien en dehors du hourdis ; nous avons (parag. 20) :

$$y = \frac{mr}{R + mr} \times h = \frac{12 \times 40,5}{1.100 + 12 \times 40,5} \times 55 = 16,8 \text{ cm.}$$

Cette condition étant réalisée nous déterminons S par la formule (parag 19) :

$$S = \frac{bhr}{2R}\left(2 - \frac{c}{h} \times \frac{mr + R}{mr}\right)$$

$$= \frac{60 \times 16 \times 40,5}{2 \times 1.100} \times \left(2 - \frac{16}{55} \times \frac{12 \times 40,5 + 1.100}{12 \times 40,5}\right)$$

$$= 17,67 \times 1,051 = 18,57 \text{ cm}^2.$$

On a prévu 2 ronds de 25 mm. et 2 ronds de 24 mm., section totale 18,85 cm².

A la compression on a prévu 2 ronds de 12 mm. pour assurer la liaison des étriers verticaux.

L'effort tranchant maximum est :

1° Pour la charge uniformément répartie :

$$T_1 = \frac{951,8 \times 6}{2} = 2.855,4 ;$$

2° Pour la charge roulante dans la position défavorable de la fig. 22 :

$$T_2 = \frac{P \times (6 + 3) + P_1 \times 0,25}{6}$$

$$= \frac{3.446,5 \times 0 + 603,1 \times 0,25}{6}$$

$$. \quad 5.194,8.$$

Effort tranchant total :

$$T = T_1 + T_2 = 2.855,4 + 5.194,8 = 8.050,2 \text{ kgs.}$$

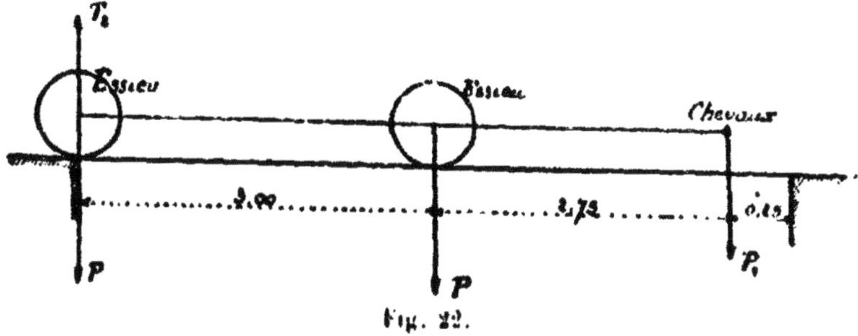

Fig. 22.

Le nombre d'écartements des étriers à deux branches de 8 mm. de diamètre, dont la section totale est $2 \times 2 \times 50 = 200$ mm², sera pour la 1 2 portée (parag. 29) :

$$N = \frac{5}{176} \times \frac{8.050,2}{200} \times \frac{6 \times 100}{51} = 13,5.$$

On prendra $N = 14$.

La construction graphique donnée planche 12 permet de déterminer les écartements successifs des étriers dans le sens longitudinal.

Pour l'adhérence, le périmètre total des barres tendues étant $2\pi \times 2,4 + 2\pi \times 2,6 = 30,8$ cm., le taux de travail du béton sera (parag. 28) :

$$r_1 \quad \frac{s \times R}{\frac{l}{2} \times 30,8} = \frac{18,57 \times 1.100}{300 \times 30,8}$$

$$= 2 \text{ k. } 2 \text{ p. cm}^2 \quad 4 \text{ k.}$$

Section III. — POUTRES LONGITUDINALES B

(Portée : 6 m. ; équarrissage : 0 m. 20 × 0 m. 46).

Charge uniformément répartie par mètre courant :

Hourdis sous chaussée :

$$\left(\frac{1,138 + 1,137}{2} + 0.20 \right) \times 860 \qquad\qquad 1.150,2 \text{ kg.}$$

Poids propre : $0.20 \times 0.46 \times 2.500 =$ 230   »

$$\text{Total :} \qquad 1.380,2 \text{ kg.}$$

Moment fléchissant dû à la charge uniformément répartie :

$$M_1 = \frac{1.380,2 \times \overline{6}^2}{8} = 6.210,9 \text{ kgm.}$$

Chariot de 16 tonnes. — Dans le sens transversal la position la plus défavorable du chariot de 16.000 kg. se produira lorsqu'une des roues passera sur l'axe de la poutre ; on aura alors comme réaction au droit de chaque essieu 4.000 kg. et au droit des chevaux 700 kg.

Dans le sens longitudinal, la position la plus défavorable sera celle de la fig. 28, donnée dans le calcul des poutres A ; on aura donc :

$$V = \frac{P (2.25 + 5.25)}{6} = \frac{4.000 \times 7.50}{6} = 5.000 \text{ kgs.}$$

Le moment dû à la charge roulante est dès lors :

$$M_2 = 5.000 \times 3.75 - 4.000 \times 3 = 6.750 \text{ kgm.}$$

Moment fléchissant total :

$$M = M_1 + M_2 = 6.210,9 + 6.750 = 12.960,9 \text{ kgm.}$$

La largeur du hourdis intéressée à la compression de la poutre est (parag. 25) :

$$b = 0.75 \times 1,337 = 100 \text{ cm.}$$

La hauteur théorique pour obtenir $r < 40$ est (parag. 17) :

$$h = \frac{M}{b r} + \varepsilon \times 2,146$$

$$= \frac{12.960,9 \times 100}{100 \times 16 \times 40} + 16 \times 2,146 = 20,2 + 31,4 = 54,6 \; ;$$

on a pris :

$$h = 46 + 16 - 5 = 57 \text{ cm.}$$

Le travail maximum du béton est alors donné par (par. 18) :

$$r = \frac{\dfrac{M}{h} + \dfrac{\varepsilon R}{2m} - \dfrac{\varepsilon R}{3mh}}{\varepsilon h + \dfrac{\varepsilon^3}{3h} - \varepsilon^3}$$

$$= \frac{\dfrac{12.960,9 \times 100}{100} + \dfrac{16^2 \times 1.100}{2 \times 12} - \dfrac{16^3 \times 1.100}{3 \times 12 \times 57}}{57 \times 16 + \dfrac{16^3}{3 \times 57} - 16^3}$$

$$= \frac{12.960,9 + 11.733 - 2.196}{912 + 24 - 256} = 33 \text{ kg.}$$

Nous devons vérifier maintenant si la fibre neutre passe à l'extérieur du hourdis ; nous avons (parag. 20) :

$$y = \frac{mr}{R + mr} \cdot h = \frac{12 \times 33}{1.100 + 12 \times 33} \cdot 57 = 13,1.$$

Or nous avons $\varepsilon = 16$ cm. ; la fibre neutre passe donc à l'intérieur du hourdis. Nous avons vu dans ce cas que l'épaisseur du béton travaillant à la compression n'est plus ε comme nous l'avons supposé dans la formule précédente et qu'elle ne peut être déterminée que par tâtonnements successifs. Prenons par exemple comme distance de la fibre neutre à la face supérieure du béton $y_1 = 15$ cm. et remplaçons dans (1) ε par cette valeur :

$$r = \frac{\dfrac{12.960,9 \times 100}{100} + \dfrac{15^2 \times 1.100}{24} - \dfrac{15^3 \times 1.100}{3 \times 12 \times 57}}{15 \times 57 + \dfrac{15^3}{3 \times 57} - 15^3}$$

$$= \frac{12.960,9 + 10.312 - 1.809}{855 + 19,7 - 225} = 33 \text{ kg.}$$

nous aurons alors comme valeur exacte de y :

$$y = \frac{mr}{R + mr} \times h = 15,1$$

nous avons pris : $y_1 = 15$ cm.

Nous pouvons nous arrêter à cette approximation et déterminer la section d'acier par la formule (parag. 19) :

$$S = \frac{bar}{2R} \left(2 - \frac{i}{h} \times \frac{mr + R}{mr} \right),$$

dans laquelle on remplacera i par $y = 15$.

$$S = \frac{100 \times 15 \times 33}{2 \times 1.100} \left(2 - \frac{15}{57} \times \frac{12 \times 33 + 1.100}{12 \times 33} \right)$$
$$= 22,5 \times 1 = 22 \text{ cm. } 5.$$

On a prévu 4 ronds de 27, section totale 22,90 cm². A la compression on a prévu 2 ronds de 12 mm. pour assurer la liaison des étriers verticaux.

L'effort tranchant maximum est :

1º Pour la charge uniformément répartie :

$$T_1 = \frac{1.380,2 \times 6}{2} = 4.140,6 ;$$

2º Pour la charge roulante dans la position donnée par la fig. 22 dans le calcul de la poutre A :

$$T_2 = \frac{P \times (6 + 3) + P_1 \times 0,25}{6}$$
$$= \frac{4.000 \times 9 + 700 \times 0,25}{6} = 6.029,2.$$

Effort tranchant total :

$$T = T_1 + T_2 = 4.140,6 + 6.029,2 = 10.169,8 \text{ kgs.}$$

Le nombre d'écartements des étriers à deux branches de 6 mm. de diamètre, dont la section totale est $2 \times 2 \times 50 = 200$ mm², sera pour la 1 2 portée (parag. 20) :

$$N = \frac{5}{170} \times \frac{10.169,8}{200} \times \frac{6 \times 100}{53} = 16,3.$$

On prendra N = 17.

La construction graphique donnée planche (2) permet de déterminer les écartements successifs des étriers dans le sens longitudinal.

Pour l'adhérence, le périmètre total des barres tendues étant $4\pi \times 2,7 = 33,92$ cm., le taux de travail du béton sera (parag. 27) :

$$r_a = \frac{S \times R}{\dfrac{l}{2} \times 33,92} = \frac{22,5 \times 1.100}{300 \times 33,92} = 2\,\text{k.}2\ \text{p.cm}^2.$$

Section IV. — POUTRES LONGITUDINALES C

(Portée libre : 6 m.; équarrissage, 0 m 20 × 0 m 48).

Charge uniformément répartie par mètre courant :

Hourdis sous chaussée : $(1.138 + 0,20) \times 860$ 1.150,7 kg.
Poids propre : $0,20 \times 0,48 \times 2.500$:   240   »

Total :   1.390,7 kg.

Moment fléchissant dû à la charge uniformément répartie :

$$M_1 = \frac{1.390,7 \times 6^2}{8} = 6.258,2 \text{ kgm}.$$

Chariot de 16 tonnes. — Dans le sens transversal la position la plus défavorable des chariots de 16.000 kgs. est donnée par la fig. 23

La charge agissant sur la poutre C est alors :

Au droit des essieux :

$$P = 2 \times \frac{4.000 \times 1.088}{1.338} = 6.505,2.$$

Au droit des chevaux :

$$P_1 = 2 \times \frac{700 \times 1.088}{1.338} = 1.138,4.$$

Dans le sens longitudinal la position la plus défavorable est celle de la fig. 21 pour laquelle on a :

$$V = \frac{P \times (5,25 + 2,25)}{6}$$

$$= \frac{6.505,2 \times 7,50}{6} = 8.131,5 \text{ kgs.}$$

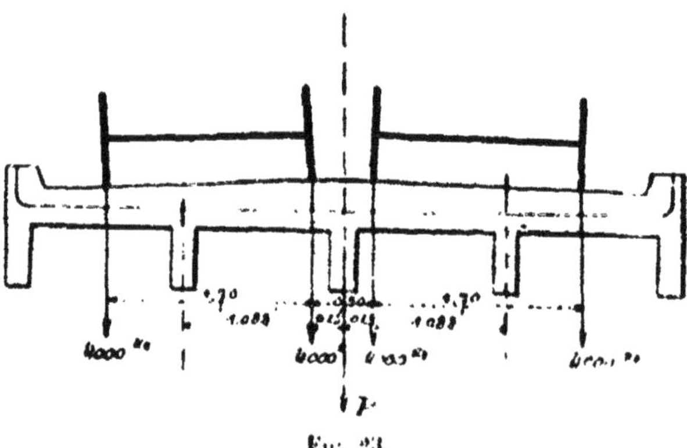

Fig. 23.

Moment fléchissant dû à la charge roulante :

$$M = 8.131,5 \times 3,75 - 6.505,2 \times 3 = 10.977,5 \text{ kgm.}$$

Moment fléchissant total :

$$M = M_1 + M_2 = 6.258,2 + 10.977,5 = 17.235,7 \text{ kgm.}$$

Largeur de hourdis intéressée à la compression de la poutre (parag. 25) :

$$b = 0,75 \times 1.338 = 100 \text{ cm.}$$

Hauteur théorique pour obtenir $r = 40$ (parag. 17) :

$$h = \frac{M}{b r} + \varepsilon \times 2.146$$

$$= \frac{17.235,7 \times 100}{100 \times 16 \times 40} + 16 \times 2.146 = 26.9 + 34.4 = 61.3 \text{ cm.}$$

On a pris :

$$h = 48 + 16 - 5 = 59 \text{ cm.}$$

Le travail maximum du béton est donné pour $h = 59$ par
(parag. 18) :

$$r = \frac{\dfrac{M}{b} + \dfrac{c^2 R}{2m} - \dfrac{c^2 R}{3mh}}{th + \dfrac{c^3}{3h} - c^2}$$

$$= \frac{17.285,7 + 11\,733 - 2.121}{914 + 23,1 - 256} = 37 \text{ k. } 7.$$

Nous devons vérifier maintenant si la fibre neutre tombe
bien à l'extérieur du hourdis par (parag. 20) :

$$y = \frac{mr}{R + mr} \times h = \frac{12 \times 37,7}{1.100 + 12 \times 37,7} \times 59$$
$$= 17,2.$$

Cette condition étant réalisée, on déterminera la section de
métal à l'extension d'après la formule (parag. 19) :

$$S = \frac{bhr}{2R} \left(2 - \frac{t}{h} \times \frac{mr + R}{mr} \right)$$
$$= \frac{100 \times 16 \times 37,7}{2 \times 1.100} \left(2 - \frac{16}{59} \times \frac{12 \times 37,7 + 1.100}{12 \times 37,7} \right)$$
$$= 27,42 \times 1,07 = 29,34 \text{ cm}^2.$$

On a prévu 4 ronds de 31, section totale 30 cm² 16.

L'effort tranchant maximum est :

1° Pour la charge uniformément répartie :

$$T_1 = \frac{1.390,7 \times 6}{2} = 4.172,1 ;$$

2° Pour la charge roulante dans la position défavorable de
la fig. 22 donnée précédemment on a trouvé :

$$T_2 \qquad \frac{P \times (6 + 3) + P_1 \times 0,25}{6}$$

$$\frac{6\,805,2 \qquad 9 + 1.138,4 \times 0,25}{6} = 9.805,2$$

Effort tranchant total :

$$T = T_1 + T_2 = 4.172,1 + 9.805,2 = 13.977,3.$$

Le nombre d'écartements des étriers à deux branches de 10 mm. de diamètre, dont la section totale est $2 \times 2 \times 79 = 316$ mm²., sera pour la demi-portée (parag. 29) :

$$N = \frac{5}{176} \times \frac{13.977,3}{316} \times \frac{6}{54} = 14,5.$$

On prendra $N = 15$.

La construction graphique indiquée planche (2) permet de déterminer les écartements successifs des étriers dans le sens longitudinal.

Pour l'adhérence, le périmètre total des 4 ronds de 31 prévus étant $4 \times \pi \times 3,1 = 38,96$ cm., le taux de travail du béton sera donné par (parag. 27) :

$$r_2 = \frac{S \times R}{\frac{l}{2} \times 38,96}$$

$$= \frac{29,34 \times 1.100}{300 \times 38,96} = 2 \text{ k} . 7 \text{ p. cm}^2.$$

Section V. — APPUIS SUR LES MAÇONNERIES

Poutres A. — On a trouvé comme effort tranchant maximum : $T = 8.050,2$; l'appui sur les culées ayant une section de $20 \times 40 = 800$ cm², le travail sur la maçonnerie sera : $\frac{8.050,2}{800} = 10$ kg. environ par cent. carré.

Poutres B et C. — On a trouvé, comme effort tranchant maximum pour la poutre C, $T = 13.977,3$; l'appui sur les culées ayant même section que précédemment, soit $20 \times 40 = 800$ cm², le travail sur la maçonnerie sera $\frac{13.977,3}{800} = 17,5$ kgs par cent. carré.

Section VI. — CALCUL DES FLÈCHES

Poutre C.

Données : $a = 20$
$b = 100$
$\varepsilon = 16$
$h = 59$
$n = 5 \; ; \; n' = 4$
$S = 29,34 \; ; \; S' = 2,26$
$M_l = 17.236 \times 100 \; ; \; M_p = 6.258 \times 100$

Détermination de la fibre neutre pendant la période de proportionnalité. — On a vu § 33 que la position de la fibre neutre était déterminée dans toute la période de proportionnalité et jusqu'à sa limite répondant à $r = h + n - y$ par la valeur de y donnée par l'équation (25) :

$$y = \frac{1}{2} \; \frac{\varepsilon(b - a) + 2m(S'n' + Sh) + a(h + n)^2}{\varepsilon(b - a) + m(S' + S) + a h + n}.$$

On calculera préalablement les valeurs suivantes :

$$\varepsilon(b - a) \qquad = 16(100 - 20) \qquad = 1.280$$
$$\varepsilon^2(b - a) \qquad = 16 \times 1.280 \qquad = 20.480$$
$$a(h + n) \qquad = 20(59 + 5) \qquad = 1.280$$
$$a(h + n)^2 \qquad = 20(59 + 5)^2 \qquad = 81.920$$
$$m(S + S') \qquad = 12(29.34 + 2.26) \qquad = 379,2$$
$$2m(S'n' + Sh) = 2 \times 12(2.26 \times 4 - 29.34 \times 59) = 11.762$$

D'où :

$$y = \frac{1}{2} \; \frac{20.480 + 41.762 + 81.920}{1.280 + 379,2 + 1.280} = \frac{1}{2} \; \frac{144.162}{2.939,2}$$
$$y = 24,5.$$

On en déduit immédiatement, d'après le § 35 en faisant $t = 16$ k., ou le dixième de 160 kg., résistance à l'écrasement du béton non armé au dosage de 300 kg. :

$$r = \frac{ty}{h + n - y} = \frac{16 \times 24,5}{59 + 5 - 24,5} = \frac{392}{39,5}$$
$$r = 9,9.$$

On déduit également, d'après le § 35 :

$$R = \frac{mr(h - y)}{y} = \frac{12 \times 9,9\,(59 - 24,5)}{24,5} = \frac{4.098,6}{24,5}$$
$$R = 167,3.$$

Détermination de la fibre neutre en dehors de la limite de proportionnalité. — On a vu § 36 que la position de la fibre neutre en dehors de la limite de proportionnalité s'obtient par la résolution de l'équation du second degré (21), qui peut être modifiée légèrement comme suit :

$$(1 - mx)^2 y^2 + 2 \left\{ \frac{\varepsilon(b - a) + m(S + S')}{a} + (u \times mx) + \right.$$
$$\left. + mx(2 - mx) \times h \right\} y$$
$$- \frac{\varepsilon^2(b - a) + 2m(S'u' + Sh)}{a} - 2hu \times mx -$$
$$- mx(2 - mx)h^2 = 0.$$

Les fonctions de ε, S et S' ont été calculées plus haut ; les valeurs de x et de ses diverses fonctions pour $t = 16$, valeur correspondant au dosage de 300 kg., sont données par un tableau précédent (voir pont de 4 m. section VI tableau I, page 108).

Remarquant que :

$$\frac{\varepsilon(b - a) + m(S + S')}{a} = \frac{1.280 + 379,2}{20} = 82,96$$
$$\frac{\varepsilon^2(b - a) + 2m(S'u' + Sh)}{a} = \frac{20.480 + 41.762}{20} = 3.112,1$$

et que ces valeurs s'appliquent à toutes valeurs de R, on aura, en consultant le tableau des fonctions de x sus-mentionné, pour :

$R = 900$: Coefficient de y^2 : 0,619.

$\quad$ 1/2 Coefficient de y : $82,96 + 5 \times 0,213 + 0,381 \times 59 = 106,5$

$\quad$ Terme indépendant :

$$- (3.112,1 + 2 \times 59 \times 5 \times 0,213 + 0,381 \times \overline{59}^2) = -4.564$$

D'où : $$y = \frac{- 106,5 + \sqrt{\overline{106,5}^2 + 0,619 \times 4.564}}{0,619}$$
$$y = 20,2.$$

$R = 800$: Coefficient de y^2 : 0,578.

$\frac{1}{2}$ Coefficient de y : $82,96 + 5 \times 0,240 + 0,422 \times 59 = \quad 109$

Terme indépendant :

$$- (3.112,1 + 2 \times 59 \times 5 \times 0,240 + 0,422 \times \overline{59^2}) = - 4.722,7$$

D'où : $y = \dfrac{- 109 + \sqrt{109^2 + 0,578 \times 4.722,7}}{0,578}$

$$y = 20,5.$$

$R = 700$: Coefficient de y^2 : 0,527.

$\frac{1}{2}$ Coefficient de y : $82,96 + 5 \times 0,274 + 0,473 \times 59 = \quad 112,2$

Terme indépendant :

$$- (3.112,1 + 2 \times 59 \times 5 \times 0,274 + 0,473 \times \overline{59^2}) = - 4.920,3$$

D'où : $y = \dfrac{- 112,2 + \sqrt{112,2^2 + 0,527 \times 4.920,3}}{0,527}$

$$y = 20,9.$$

$R = 600$: Coefficient de y^2 : 0,462.

$\frac{1}{2}$ Coefficient de y : $82,96 + 5 \times 0,320 + 0,538 \times 59 = \quad 116,3$

Terme indépendant :

$$- (3.112,1 + 2 \times 59 \times 5 \times 0,320 + 0,538 \times \overline{59^2}) = - 5.173,7$$

D'où : $y = \dfrac{- 116,3 + \sqrt{116,3^2 + 0,462 \times 5.173,7}}{0,462}$

$$y = 21,3.$$

$R = 400$: Coefficient de y^2 : 0,270.

$\frac{1}{2}$ Coefficient de y : $82,96 + 5 \times 0,480 + 0,730 \times 59 = \quad 128,4$

Terme indépendant :

$$- (3.112,1 + 2 \times 59 \times 5 \times 0,480 + 0,730 \times \overline{59^2}) = - 5.936,5$$

D'où : $y = \dfrac{- 128,4 + \sqrt{128,4^2 + 0,27 \times 5.936,5}}{0,27}$

$$y = 22,60.$$

Moments de résistance. — Pour calculer les moments de résistance correspondant aux diverses valeurs de R choisies, on effectuera les expressions des moments d'inertie (voir § 34), et à cet effet on calculera préalablement les fonctions suivantes de y.

TABLEAU I

$R =$	900	800	700	600	400	167,3
y	20,2	20,5	20,9	21,3	22,6	24,5
$h-y=59-y$	38,8	38,5	38,1	37,7	36,4	34,5
$y-\varepsilon=y-16$	4,2	4,5	4,9	5,3	6,6	8,5
$(h-y)^2$	1.505,4	1.482,2	1.451,6	1.421,3	1.325,0	1.190,2
$(h-y)^3$	58.411,0	57.066,0	55.306,0	53.382,0	49.228,0	41.063,6
$(y-u')=y-4$	16,2	16,5	16,9	17,3	18,6	20,5
$(y-u')^2=(y-4)^2$	262,4	272,2	285,6	299,3	346,0	420,2
y^3	8.242,4	8.615,1	9.129,3	9.663,6	11.543,1	14.706,4
$(y-\varepsilon)^3$	74,1	91,1	117,6	148,9	287,5	614,4
$3\varepsilon\left(y^2-\varepsilon y+\dfrac{\varepsilon^2}{3}\right)=y^3-(y-\varepsilon)^3$	8.168	8.524,0	9.011,7	9.514,7	11.255,6	14.092,0
$(h-y+u)=59-y+5$	43,8	43,5	43,1	42,7	41,4	39,5
$(h-y+u)^2=(59-y+5)^2$	1.918,4	1.892,2	1.857,6	1.823,3	1.714,0	—
$(h-y+u)^3=(59-y+5)^3$	—	—	—	—	—	61.630

D'où successivement pour :

$$R=900: \quad b \times \varepsilon\left(y^2 - \varepsilon y + \frac{\varepsilon^2}{3}\right) \qquad\qquad + \qquad -$$

$$= 100 \times \frac{8.168}{3} \qquad\qquad\qquad = 272.267$$

$$+ \frac{a}{3}\,(y-\varepsilon)^2$$

$$= \frac{20}{3} \times 74,1 \qquad\qquad\qquad = \qquad 494$$

$$+ mS'(y-u')^2$$

$$= 12 \times 2,26 \times 262,4 \qquad\qquad = \qquad 7.117$$

$$+ mS\,(h-y)^2$$

$$= 12 \times 29,34 \times 1.505,4 \qquad = 530.021$$

$$+ \frac{a}{2} \times 2m(h-y)(h-y+u)^2$$

$$= \frac{20}{2} \times 0,213 \times 38,8 \times 1.918,4 = 158.544$$

A reporter. . . . . . <u>968.443</u>

$$\text{Report} \ldots \ldots \ldots \qquad +968\,443 \qquad -$$

$$-\frac{a}{6} \times \alpha^3 m^3 (h-y)^3$$

$$= -\frac{20}{6} \times 0{,}01 \times 58.411 = \qquad\qquad 1.947$$

$$| \quad = \overline{968.443 - 1.947}$$

$$1.947$$

$$\overline{966.496}$$

D'où :

$$\mathfrak{M} = \frac{R_1}{m(h-y)} = \frac{900}{12 \times 38{,}8} \times 966.496$$

$$\mathfrak{M} = 18.683 \times 100.$$

$$r = \frac{R_y}{m(h-y)} = \frac{900 \times 20{,}2}{12 \times 38{,}8}$$

$$r = 39.$$

$$\qquad\qquad\qquad\qquad\qquad + \qquad -$$

$$R = 800: \quad b \times \varepsilon\left(y^2 - \varepsilon y + \frac{\varepsilon^2}{3}\right)$$

$$= 100 \times \frac{8.524}{3} \qquad\qquad -281.133$$

$$+\frac{a}{3}(y-\varepsilon)^3$$

$$= \frac{20}{3} \times 91.1 \qquad\qquad = \qquad 607$$

$$+ mS'(y-u')^2$$

$$= 12 \times 2{,}26 \times 272{,}2 \qquad = \qquad 7.383$$

$$+ mS(h-y)^2$$

$$= 12 \times 29{,}34 \times 1.482{,}2 \qquad = 521.870$$

$$+\frac{a}{2} \times am(h-y)(h-y+n)^2$$

$$= \frac{20}{2} \times 0{,}24 \times 38{,}5 \times 1.892{,}2 = 174.844$$

$$-\frac{a}{6} \times \alpha^3 m^3 (h-y)^3$$

$$= -\frac{20}{6} \times 0{,}014 \times 57.066 \qquad == \qquad 2.663$$

$$| \quad = \overline{988.837 - 2.663}$$

$$2.663$$

$$\overline{986.174}$$

D'où :

$$\mathfrak{M} = \frac{RI}{m(h-y)} = \frac{800}{12 \times 38,5} \times 986.174$$

$$\mathfrak{M} = 17.076 \times 100.$$

$$r = \frac{Ry}{m(h-y)} = \frac{800 \times 20,5}{12 \times 38,5}$$

$$r = 35,50.$$

$$R = 700 : \quad b \times \varepsilon \left(y^2 - \varepsilon y + \frac{\varepsilon^2}{3} \right)$$

$$= 100 \times \frac{9\,011,7}{3} \qquad\qquad = 300.390$$

$$+ \frac{a}{3}(y - \varepsilon)^3$$

$$= \frac{20}{3} \times 117,6 \qquad\qquad = 784$$

$$+ mS(y - a)^2$$

$$= 12 \times 2,26 \times 285,6 \qquad 7.743$$

$$mS(h-y)^2$$

$$= 12 \times 29,34 \times 1.451,6 \qquad = 511.080$$

$$+ \frac{a}{2} \times 2m(h-y)(h-y+a)^2$$

$$= \frac{20}{2} \times 0,271 \times 38,1 \times 1.857,6 = 193.921$$

$$- \frac{a}{6} \times 2^3 m^3 (h-y)^3$$

$$= -\frac{20}{6} \times 0,021 \times 55.306 \qquad = 3.871$$

$$\text{I} \quad = 1.013.920 - 3.871$$

$$3.871$$

$$1.010.049$$

D'où :

$$\mathfrak{M} = \frac{RI}{m(h-y)} = \frac{700}{12 \times 38,1} \times 1.010.049$$

$$\mathfrak{M} = 15.464 \times 100.$$

$$r = \frac{Ry}{m(h-y)} = \frac{700 \times 20,9}{12 \times 38,1}$$

$$r = 32.$$

$$R = 600 : \quad b\varepsilon\left(y^2 - \varepsilon y + \frac{\varepsilon^2}{3}\right)$$

$$= 100 \times \frac{9.514,7}{3} \qquad\qquad = 317.186$$

$$+ \frac{a}{3}(y - \varepsilon)^3$$

$$\frac{20}{3} \times 148,9 \qquad\qquad = 953$$

$$+ mS'(y - u')^2$$

$$= 12 \times 2,26 \times 299,3 \qquad = 8.117$$

$$+ mS'(h - y)^2$$

$$= 12 \times 29,34 \times 1.421,3 \qquad = 500.411$$

$$+ \frac{a}{2} \times am(h - y)(h - y + u)^2$$

$$= \frac{20}{2} \times 0,32 \times 37,7 \times 1.823,3 = 21.996$$

$$- \frac{a}{6} \times x'm^2(h - y)^3$$

$$= - \frac{20}{6} \times 0,033 \times 53.582 \qquad\qquad 5.894$$

$$\mathrm{I} \quad = 1.046.603 - 5.894$$
$$5.894$$
$$1.040.709$$

D'où :

$$\mathfrak{R} = \frac{\mathrm{R}\mathrm{I}}{m(h - y)} = \frac{600}{12 \times 37,7} \times 1.040.709$$

$$\mathfrak{R} = 13.802 \times 100.$$

$$r = \frac{\mathrm{R}y}{m(h - y)} = \frac{600 \times 21,3}{12 \times 37,7} = 28,2.$$

$$R = 400 : \quad b\varepsilon\left(y^2 - \varepsilon y + \frac{\varepsilon^2}{3}\right)$$

$$= 100 \times \frac{11.255,6}{3} \qquad\qquad = 375.187$$

$$\frac{a}{3}(y - \varepsilon)^3$$

$$\frac{20}{3} \times 287,5 \qquad\qquad = 1.917$$

$$\text{A reporter.} \quad . \quad . \quad . \quad . \quad 377.104$$

$$+ \qquad -$$

$$\text{Report.} \quad . \quad . \quad . \quad . \quad . \quad . \quad 377.101$$

$$+\, mS'(y - u')^2$$
$$= 12 \times 2,26 \times 346 \qquad = \quad 9.383$$
$$+\, mS(h - y)^2$$
$$12 \times 29,34 \times 1.325 \qquad = 466.506$$
$$+ \frac{a}{2} \times am(h - y)\, h - y + u)^2$$
$$= \frac{20}{2} \times 0,48 \times 36,4 \times 1.711 = 299.170$$
$$- \frac{a}{6} \times x'm'(h - y)^2$$
$$= - \frac{20}{6} \times 0,11 \times 48.228 \qquad\qquad 17.683$$
$$1 \qquad = 1.152.463 - 17.683$$
$$17.683$$
$$\overline{1.134.780}$$

D'où :

$$\mathfrak{M} = \frac{R1}{m(h - y)} = \frac{100}{12 \times 36,4} \times 1.134.780$$
$$\mathfrak{M} = 10.391 \times 100.$$
$$r = \frac{Ry}{m(h - y)} \cdot \frac{100 \times 22,6}{12 \times 36,4}$$
$$r = 20,7.$$

$$+$$

$$R = 167,3 : h\varepsilon \left(y^2 - \varepsilon y + \frac{u^2}{3} \right)$$
$$= 100 \times \frac{14.092}{3} \qquad = 169.733$$
$$+ \frac{a}{3} (y - \varepsilon)^2$$
$$= \frac{20}{3} \times 614,4 \qquad = 4.094$$
$$+ mS'(y - u')^2$$
$$= 12 \times 2,26 \times 420,2 \qquad = 11.396$$
$$+ mS(h - y)^2$$
$$= 12 \times 29,34 \times 1.190,2 \qquad = 419.046$$
$$+ \frac{a}{3} \times (h - y + u)^2$$
$$= \frac{20}{3} \times 61.630 \qquad = 410.866$$
$$1 \qquad = \overline{1.315.135}$$

$$\mathfrak{M} = \frac{Rl}{m(h-y)} = \frac{167.3}{12 \times 34,5} \times 1.315.135$$

$$\mathfrak{M} = 5.314.$$

$$r = \frac{Ry}{m(h-y)} = \frac{167,3 \times 24,5}{12 \times 34,5}.$$

$$r = 9,9,$$

valeur déjà trouvée directement plus haut.

Calcul par interpolation des valeurs de R et r dans des sections déterminées. — Ayant calculé les moments de résistance $\mathfrak{M}$ et les taux de travail r à la compression correspondant à diverses valeurs de R choisies arbitrairement, il sera facile par interpolation de déterminer les valeurs de R et r relatives aux moments des forces extérieures en des sections équidistantes, permettant une sommation.

Considérant le moment maximum 17.236×100 dû aux charges totales et remplaçant la courbe limite des moments fléchissants correspondant à la position de la surcharge roulante, qui a donné le moment maximum susmentionné, par la parabole ayant pour ordonnée au sommet cette valeur 17.236×100 ; suivant la même marche pour les charges permanentes, dont le moment maximum a été trouvé de 6.258×100, on obtiendra (Tableau II) les moments successifs au droit des diverses sections résultant de la division de la demi-portée $\left(\frac{l}{2} = 3\,\text{m.}\right)$ en 6 parties égales chacune à 0 m. 50.

A la suite du tableau on trouvera les valeurs de R et r correspondant aux moments de résistance calculés dans le paragraphe précédent, et les valeurs de R et r obtenues par interpolation entre les premières, marquées d'un astérisque. On se rappellera qu'à partir de R = 167,3, jusqu'à zéro, les taux de travail de l'acier et du béton sont proportionnels aux moments des forces extérieures.

TABLEAU II

	Charges totales $p = \dfrac{M}{\left(\frac{l}{2}\right)^2} = \dfrac{17.236 \times 100}{9} = 1.915 \times 100$	Charges permanentes $p' = \dfrac{M}{\left(\frac{l}{2}\right)^2} = \dfrac{6.258 \times 100}{9} = 696 \times 100$
$x_0 = 0$	$p\left[\left(\frac{l}{2}\right)^2 - x_0^2\right] = 1.915 \times 100 \times 3^2 \qquad 1.915 \times 100 \times 9 = 17.236 \times 100$	$696 \times 100 \times 9 = 6.265 \times 100$
$x_1 = 0.50$	$p\left[\left(\frac{l}{2}\right)^2 - x_1^2\right] = 1.915 \times 100 \times (3^2 - \overline{0.50}^2) = 1.915 \times 100 \times 8.75 = 16.757 \times 100$	$696 \times 100 \times 8.75 = 6.090 \times 100$
$x_2 = 1.00$	$p\left[\left(\frac{l}{2}\right)^2 - x_2^2\right] = 1.915 \times 100 \times (3^2 - \overline{1.00}^2) = 1.915 \times 100 \times 8 = 15.321 \times 100$	$696 \times 100 \times 8 = 5.568 \times 100$
$x_3 = 1.50$	$p\left[\left(\frac{l}{2}\right)^2 - x_3^2\right] = 1.915 \times 100 \times (3^2 - \overline{1.50}^2) = 1.915 \times 100 \times 6.75 = 12.927 \times 100$	$696 \times 100 \times 6.75 = 4.698 \times 100$
$x_4 = 2.00$	$p\left[\left(\frac{l}{2}\right)^2 - x_4^2\right] = 1.915 \times 100 \times (3^2 - \overline{2.00}^2) = 1.915 \times 100 \times 5 = 9.576 \times 100$	$696 \times 100 \times 5 = 3.480 \times 100$
$x_5 = 2.50$	$p\left[\left(\frac{l}{2}\right)^2 - x_5^2\right] = 1.915 \times 100 \times (3^2 - \overline{2.50}^2) = 1.915 \times 100 \times 2.75 = 5.268 \times 100$	$696 \times 100 \times 2.75 = 1.914 \times 100$
$x_6 = 3.00$	$p\left[\left(\frac{l}{2}\right)^2 - x_6^2\right] = 1.915 \times 100 \times (3^2 - 3^2) \qquad 0 = 0$	$0 = 0$

$\mathfrak{M}$ et M	R	r
18.683 $\times$ 100 kg. c. m.	900 kg.	39 kg.
17.236 $\times$ 100 »	810 »	35,9 »
17.076 $\times$ 100 »	800 »	35,5 »
16.757 $\times$ 100 »	780 »	34,8 »
15.464 $\times$ 100 »	700 »	32,0 »
15.321 $\times$ 100 »	691 »	31,7 »
12.927 $\times$ 100 »	549 »	26,3 »
10.391 $\times$ 100 »	400 »	20,7 »
9.576 $\times$ 100 »	363 »	19,0 »
6.261 $\times$ 100 »	211 »	12,0 »
6.090 $\times$ 100 »	203 »	11,6 »
5.568 $\times$ 100 »	179 »	10,5 »
5.311 $\times$ 100 »	167 »	9,9 »
5.268 $\times$ 100 »	165 »	9,8 »
4.698 $\times$ 100 »	148 »	8,7 »
3.480 $\times$ 100 »	109 »	6,5 »
1.911 $\times$ 100 '	60 »	3,6 »

Posant $A = \dfrac{R}{2 \times 10^6}$; $B = \dfrac{r}{2 \times 10^5}$ on aura les valeurs suivantes au droit des sections équidistantes sus-mentionnées.

Posant, d'après le § 38, $F = \dfrac{xy \times \Delta}{3 \times h}$, on aura pour $\Delta = 50$ et $h = 59$, en appliquant la formule de Simpson :

$$F_t = \left[17,535 + 4(11,10 + 6,09 + 0,6575) \right.$$
$$\left. + 2(10,08 + 2,765 + 0) \right] \times \frac{50}{3 \times 59} \times \frac{1}{100}$$
$$F_t = \frac{126,615 \times 50}{3 \times 59 \times 100} = 0 \text{ cm. } 358$$
$$F_t = 0 \text{ m. } 00358.$$

On aura de même :

$$F_p = \left[1.965 + 4(3,987 + 1,762 + 0,210) \right.$$
$$\left. + 2(2,84 + 0,87 + 0) \right] \times \frac{50}{3 \times 59} \times \frac{1}{100}$$
$$F_p = \frac{36,344 \times 50}{3 \times 59 \times 100} = 0 \text{ cm. } 103$$
$$F_p = 0 \text{ m. } 00103.$$

TABLEAU III

	M	R	r	$A\times10^4$	$B\times10^4$	$(A+B)\times10^4\times\dfrac{\frac{l}{2}-r}{10^2}$	$y=(A+B)\left(\dfrac{l}{2}-r\right)$
				Charges totales			
x_0	17,236×100	810	35,9	4,05	1,795	5,845 × 3	17,535 × $\frac{1}{100}$
x_1	16,757 ×100	780	34,8	3,90	1,710	5,610 - 2,50	14,10 × $\frac{1}{100}$
x_2	15,321×100	691	31,7	3,455	1,585	5,040 × 2,00	10,08 × $\frac{1}{100}$
x_3	12,927 ×100	549	26,3	2,745	1,315	4,060 × 1,50	6,09 × $\frac{1}{100}$
x_4	9,576 ×100	363	19,0	1,815	0,950	2,765 × 1,00	2,765 × $\frac{1}{100}$
x_5	5,268 ×100	165	9,80	0,825	0,490	1,315 × 0,50	0,6575 × $\frac{1}{100}$
x_6	0	0	0	0	0	0	0
				Charges permanentes			
x_0	6,264 ×100	211	12,0	1,055	0,600	1,655 × 3	4,965 × $\frac{1}{100}$
x_1	6,090 ×100	203	11,6	1,015	0,580	1,595 × 2,5	3,987 × $\frac{1}{100}$
x_2	5,508 ×100	179	10,5	0,895	0,525	1,420 × 2,0	2,840 × $\frac{1}{100}$
x_3	4,608 ×100	148	8,7	0,740	0,435	1,175 × 1,50	1,762 × $\frac{1}{100}$
x_4	3,480 ×100	105	6,5	0,545	0,325	0,870 × 1,00	0,870 × $\frac{1}{100}$
x_5	1,914 ×100	60	3,6	0,300	0,180	0,480 × 0,40	0,240 × $\frac{1}{100}$
x_6	0	0	0	0	0	0	0

Il conviendra donc de donner à cette poutre une contre-flèche de 1 mm., et la flèche apparente sera voisine de 3,6 — 1,0 mm. ou de 2,6 mm.

Calcul des flèches en négligeant le béton tendu. — Si l'on négligeait le béton tendu on aurait d'après le § 39 :

$$F_t = \frac{l^2 \times r}{9,6 \times 200.000\, y},$$

expression dans laquelle il faut faire $r = 37,7$ (voir calcul de la poutre C) et $y = 17.2$.

Donc :

$$F_t = \frac{\overline{600}^2 \times 37,7}{9,6 \times 200.000 \times 17,2} = 0\,cm.\ 111$$
$$F_t = 0\,m.\ 00411.$$

On aurait :

$$F_p = F_t \cdot \frac{M_p}{M_t} = 0,00411 \times \frac{6.264}{17.236}$$
$$F_p = 0,00149.$$

Désignation	Quantités		Volume de béton	Aciers						Récapitulation	
	surface ou section	longueur ou épaisseur		désignation des barres	Diamètre	nombre de barres	longueur	poids partiel ou par mètre courant	poids total	béton	acier
	m. carrés	m. linéaires	m. cubes		m/m		mètres	kilog.	kilog.	m³	kilog.
Hourdis sous chaussée épaisseur 0,16	5,55×6,30 −34,96	0,16	5,593	barres de résistance	12	44	5,50	0,880	213	5,593	301,9
				id. de répartition	8	36	6,30	0,392	88,9		
Bordure sous garde-corps (épaisseur 0,095)	2×6,3×0,34 −4,28	0,095	0,406	barres verticales	8	48	0,60	0,392	11,3	0,406	16,8
				id. horizontales	6	4	6,25	0,220	5,50		
Poutres A 2 semblables équarrissage 0,20×0,44	0,20×0,44 −0,088	2×6,80 −13,60	1,197	barres inférieures	25	4	6,70	3,828	102,60	1,197	256,19
				id. id	23	4	6,70	3,528	94,55		
				id. supérieures	12	4	6,70	0,880	23,60		
				étriers	6	132	1,32	0,220	35,44		
Poutres B 2 semblables équarrissage 0,20×0,46	0,20×0,46 −0,092	2×6,80 −13,60	1,253	barres inférieures	27	8	6,70	4,465	239,32	1,253	306,16
				id. supérieures	12	4	6,70	0,880	23,60		
				étriers	6	156	1,26	0,220	43,24		
Poutre C équarrissage 0,20×0,48	0,20×0,48 =0,096	6,80	0,653	barres inférieures	31	4	6,70	5,893	157,93	0,653	205,40
				id. supérieures	12	2	6,70	0,880	11,80		
				étriers	8	70	1,30	0,392	35,67		
Garde-corps (fer forgé)	»	»	»	montants	»	16	»	14,20	179,2		
				partie courante	»	2	6,70	22,50	301,5		564,70
				rivets et boulons 5 0 0	»	»	»	»	24		
								Total		9,102	1591,15

Plomb. épaisseur 10 m/m dimensions, 0,20 × 0,40 ; 10 feuilles semblables, poids total 91

CHAPITRE VII

PONT DE 8 MÈTRES A DEUX VOIES

Dosage prévu :
300 kg. de ciment Portland ;
0,400 de sable ;
0,800 de gravillon.

Section 1. — HOURDIS SOUS CHAUSSÉE

(Portée libre : 1 m. 04 ; épaisseur : 0 m. 16)

Charge uniformément répartie par mètre carré :

Empierrement :	$0,16 \times 2.100 =$	336 kg.
Sable :	$0,05 \times 1.600 =$	80 »
Chape :	$0,02 \times 2.200 =$	44 »
Poids propre :	$0,16 \times 2.500 =$	400 »

Épaisseur totale : 0,39

Poids total :   860 kg.

Moment de la charge uniformément répartie (parag. 26) :

$$M_1 = \frac{860 \cdot \overline{1,04}^2}{10} = 93 \text{ kgm.}$$

Charge roulante. — La roue de 4 000 kg. dans sa position défavorable, milieu de la portée, donne comme moment maximum (parag. 27) :

$$M_2 = 0,8 \times \frac{4.000}{4 \times \left(\frac{1,04}{3} + 0,39\right)} \times \left(1,04 - \frac{0,39}{2}\right) = 917 \text{ kgm.}$$

Moment fléchissant total :

$$M = M_1 + M_2 = 93 + 917 = 1.010 \text{ kgm.}$$

Hauteur théorique nécessaire pour obtenir un travail maximum du béton comprimé de 40 kg. par centimètre carré et un travail du métal tendu égal à 1.100 kg. par centimètre carré (parag. 22) :

$$h = \sqrt{\frac{1.010 \times 100}{5,46 \times 100}} = 13,60 ;$$

on prendra comme épaisseur totale du hourdis :

$$e = 13,6 + 2,4 = 16 \text{ cm.}$$

Section de métal à l'extension (parag. 22) :

$$S = 0,552 \times 13.6 = 7 \text{ cm}^2 50.$$

On a prévu des barres de 12 mm., section 1,13 à l'écartement de :

$$\frac{1,13 \times 100}{7,5} = 15 \text{ cm.}$$

Section des barres de répartition :

$$S_1 = \frac{S}{2} = \frac{7,50}{2} = 3,75 \text{ cm}^2.$$

On a prévu des ronds de 8 mm., section 0 cm² 50 à l'écartement de :

$$\frac{0,50 \times 100}{3,75} = 13 \text{ cm. 3.}$$

Section II. — HOURDIS SOUS TROTTOIR

(Portée à faux : 1 m. 20 ; épaisseur moyenne : $\dfrac{0,07 + 0,13}{2} = 0$ m. 10).

Charge uniformément répartie par mètre carré :

Poids propre :	$0,10 \times 2.500$	$= 250$	kg.
Chape :	$0,02 \times 2.200$	$= 44$	»
Surcharge :		$= 400$	»
	Total :	$\overline{694}$	kg.

Moment dû à la charge uniformément répartie :

$$M_1 = \frac{694 \times \overline{1.20}^2}{2} = 499,7 \text{ kgm.}$$

Charge due au parapet et agissant à 1 m. 085 de l'encastrement :

Parapet :	40 kg.
Béton pour scellement du parapet	
$(0,18 \times 0,12 + 0,025 \times 0,10) \times 2.500 =$	60
Total :	$\overline{100}$ kg.

Moment dû à cette charge :

$$M_2 = 100 \times 1,085 = 108,5 \text{ kgm.}$$

Moment fléchissant total :

$$M = M_1 + M_2 = 499,7 + 108,5 = 608,2.$$

Hauteur théorique nécessaire pour obtenir à la fois à la compression $r = 40$ et à l'extension $R = 1.100$ (parag. 22) :

$$h = \sqrt{\frac{608,2 \times 100}{5.16 \times 100}} = 10 \text{ cm. } 6.$$

On a prévu à l'encastrement = $10,6 + 2,4 = 13$ cm. et, à l'extrémité où $M = 0,3 = 7$ cm.
Section de métal à l'extension (parag. 22) :

$$S = 0,552\, h = 0,552 \times 10,6 = 5 \text{ cm}^2\, 85.$$

On a prévu des ronds de 10 mm., section 0 cm² 785 à l'écartement de :

$$\frac{0,785 \times 100}{5,85} = 13.4 \text{ cm.}$$

Comme barres de répartition on a prévu des ronds de 6 mm. tous les 0 m. 25.

Section III. — PIÈCES DE PONT A

(Portée libre : 2 m. 54 ; équarrissage au milieu : 0 m. 12 $\times$ 0 m. 36)

Charge uniformément répartie par mètre courant :

Hourdis sous chaussée : 1,16 $\times$ 860 =   997 k. 6
Poids propre : 0,12 $\times$ 0,36 $\times$ 2.500 =   108   0
Total :   1.105 k. 6

Moment dû à la charge uniformément répartie :

$$M_1 = \frac{1.105,6 \times \overline{2,54}^2}{10} = 713,3 \text{ kgm.}$$

Chariot de 16 tonnes. — Le cas le plus défavorable de la charge roulante se produira lorsqu'une roue du chariot de 16.000 kg. se trouvera au milieu de la portée. Le moment maximum sera alors égal à :

$$M_2 = 0,8 \times \frac{4.000 \times 2,54}{4} = 2.032 \text{ kgm.}$$

Moment fléchissant total :

$$M = M_1 + M_2 = 713,3 + 2.032 = 2.745 \text{ kgm. 3.}$$

La largeur de hourdis intéressée à la compression de la poutre sera (parag. 25) :

$$b = \frac{1}{3} \times 254 = 85 \text{ cm. environ.}$$

La hauteur théorique pour obtenir $r < 40$ serait (parag. 17) :

$$h = \frac{M}{bur} + \varepsilon \times 2{,}146$$

$$= \frac{2.745{,}3 \times 100}{85 \times 16 \times 40} + 16 \times 2{,}146$$

$$= 5 + 34{,}4 = 39{,}4 \text{ cm.}$$

On a prévu :

$$h = 36 + 16 - 5 = 47 \text{ cm.}$$

Le travail maximum du béton est alors donné pour $h = 47$ par (parag. 18) :

$$r = \frac{\dfrac{M}{b} + \dfrac{\varepsilon^2 R}{2m} - \dfrac{\varepsilon^3 R}{3mh}}{\varepsilon h + \dfrac{\varepsilon^3}{3h} - \varepsilon^2}$$

$$= \frac{\dfrac{2\,745{,}3 \times 100}{85} + \dfrac{\overline{16}^2 \times 1.100}{2 \times 12} - \dfrac{\overline{16}^3 \times 1.100}{3 \times 12 \times 47}}{16 \times 47 + \dfrac{\overline{16}^3}{3 \times 47} - \overline{16}^2}$$

$$\frac{3.230 + 11.733 - 2.663}{752 + 29 - 256} = 23 \text{ k. } 4.$$

Nous devons vérifier maintenant si la fibre neutre passe bien à l'extérieur du hourdis par la formule (parag 20) :

$$y = \frac{12 \times 23{,}4}{1.100 + 12 \times 23{,}4} \times 47 = 9{,}5.$$

Or nous avons $\varepsilon = 16$ cm. ; nous devons donc rechercher la position de la fibre neutre par tâtonnements successifs. Faisons par exemple $y_1 = 9$, la formule (6) devient en remplaçant ε par $y_1 = 9$:

$$r = \frac{3.230 + 3.713 - 474}{423 + 5 - 81} \quad 18 \text{ k. } 7.$$

la valeur exacte de y serait alors :

$$y = \frac{mr}{R + mr} \times h = \frac{12 \times 18{,}7}{1.100 + 12 \times 18{,}7} \times 47 = 8 \text{ cm.}$$

et nous avons pris $y_1 = 9$ cm.

Une nouvelle approximation donnerait en prenant $y_1 = 8$:

$$r = \frac{3.230 + 2.933 - 333}{370 + 3{,}6 - 64} \quad 18{,}4$$

et :

$$y = \frac{12 \times 18{,}4}{1.100 + 12 \times 18{,}4} \times 47 = 8 \text{ cm. environ ;}$$

c'est donc cette dernière valeur qui est la vraie.

La section de métal à l'extension sera déterminée par (parag. 19) :

$$S = \frac{b \imath r}{2R} \left(2 - \frac{\imath}{h} \times \frac{mr + R}{mr} \right)$$

en remplaçant toutefois ε par $y = 8$:

$$S = \frac{85 \times 8 \times 18,4}{2 \times 1.100} \left(2 - \frac{8}{47} \times \frac{12 \times 18,4 + 1.100}{12 \times 18,4} \right)$$
$$= 5,68 \times 0,98 = 5,57 \text{ cm}^2.$$

On a prévu 2 ronds de 20 mm., section 6,28 cm².

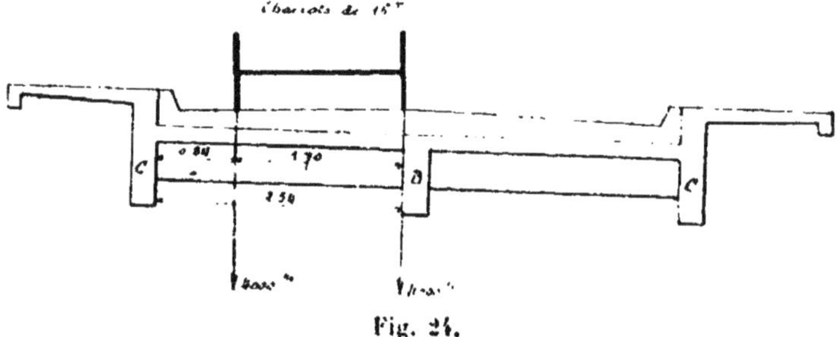

Fig. 24.

L'effort tranchant maximum serait :

1° Pour la charge uniformément répartie :
$$T_1 = \frac{1.105,6 \times 2,54}{2} = 1.404 ;$$

2° Pour la charge roulante dans la position la plus défavorable du chariot (fig. 24) :
$$T_2 = 4.000 + \frac{4.000 \times (2,54 - 1,70)}{2,54} = 5.323.$$

Effort tranchant total :

$$T = T_1 + T_2 = 1.404 + 5.323 = 6.727 \text{ kg.}$$

Le nombre d'écartements des étriers à 2 branches de 8 mm. de diamètre, dont la section totale est $2 \times 2 \times 50 = 200$ mm. sera pour la 1/2 portée (parag. 29) :

$$N = \frac{5}{176} \times \frac{6.727}{200} \times \frac{2,54 \times 100}{43}$$
$$= 5,6.$$

On prendra N = 6.

La construction graphique indiquée planche (3) permet de déterminer les espacements successifs des étriers dans le sens longitudinal.

Pour l'adhérence, le périmètre des deux ronds de 20 étant de $2\pi \times 2 = 12,56$ cm., le travail du béton sera (parag. 28) :

$$r_2 = \frac{S \times R}{\dfrac{l}{2} \times 12,56}$$

$$= \frac{5,57 \times 1.100}{127 \times 12,56} \quad 3\,k.\,8.$$

Section IV. — POUTRE LONGITUDINALE B

(Portée : 8 m. ; equarrissage : 0 m. 26 × 0 m. 65)

Charge uniformément répartie par mètre courant :

Hourdis sous chaussée (2,51 · 0,26) × 860 =   2.408 kg.
Poids propre : 0,26 × 0,65 × 2.500   =   422 » 5
                                      Total :   2.830 kg. 5

Moment fléchissant dû à la charge uniformément répartie :

$$M_1 = \frac{2.830,5 \times \overline{8}^2}{8} = 22.644 \ \text{kgm.}$$

Chariot de 16 tonnes. — Dans le sens transversal, la position la plus défavorable des chariots de 16.000 kg. est donnée par la fig. 25. On a alors comme résultante totale sur la poutre A :

1° Au droit de chaque série d'essieux ,

$$P \quad 2 \times 4.000 \times \frac{0,85 + 2,55}{2,80} \quad 9.714,3 \ \text{kg.}$$

2° Au droit des chevaux :

$$P_1 \quad 2 \times 700 \times \frac{0,85 + 2,55}{2,80} = 1.700 \ \text{k.}$$

Dans le sens longitudinal, la position la plus défavorable des files de chariots est donnée par la fig. 26. On a alors :

$$V = \frac{P(3,25 + 6,25) + P_1 \times 0,50}{8}$$

$$= \frac{9.714,3 \times 9,50 + 1.700 \times 0,50}{8} = 11.642$$

et comme moment de flexion par rapport à la roue X :

$$M_2 = 11.642 \times 1,75 - 9.714,3 \times 3 = 26.156,6 \ \text{kgm}.$$

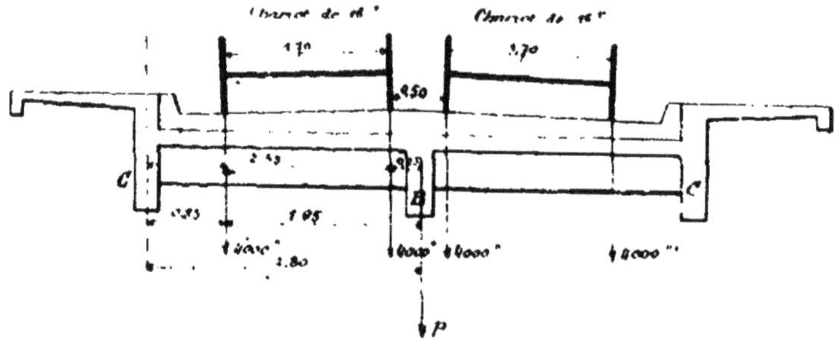

Fig. 25.

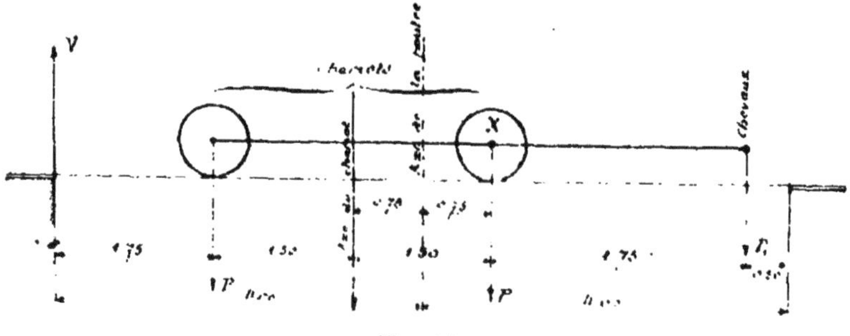

Fig. 26.

Moment total :

$$M_1 + M_2 = 22.644 + 26.156,6 = 48.800,6 \ \text{kgm}.$$

La largeur de hourdis intéressée à la compression de la poutre est (parag. 25) :

$$0,75 \times 2,80 = 210 \ \text{cm}.$$

La hauteur théorique de la poutre pour obtenir $r < 40$ est donnée approximativement et par excès par (parag. 17) :

$$h = \frac{M}{br} + \varepsilon \times 2.116$$

$$= \frac{48.800,6 \times 100}{210 \times 16 \times 40} + 16 \times 2.146$$

$$= 36,3 + 34,4 = 70,7.$$

On a prévu :

$$h = 65 - 16 - 3 = 76 \text{ cm}..$$

Le travail maximum du béton est alors donné pour $h = 76$ par (parag. 18) :

$$r = \frac{\dfrac{M}{b} + \dfrac{e^2 R}{2m} - \dfrac{e^3 R}{3mh}}{eh + \dfrac{e^3}{3h} - e^2}$$

$$= \frac{\dfrac{48.800,6 \times 100}{210} + \dfrac{\overline{16}^2 \times 1.400}{2 \times 12} - \dfrac{\overline{16}^3 \times 1.400}{3 \times 12 \times 76}}{16 \times 76 + \dfrac{\overline{16}^3}{3 \times 76} - \overline{16}^2}$$

$$= \frac{23\,238 + 11.733 - 1.647}{1.216 + 18 - 256} \quad \frac{33.324}{978} = 31 \text{ kg.}$$

Nous devons vérifier maintenant si la fibre neutre tombe bien en dehors du hourdis ; nous avons (parag. 20) :

$$y = \frac{mr}{R + mr} \times h = \frac{12 \times 34}{1.400 + 12 \times 34} \times 76$$

$$= 20 \text{ cm. environ.}$$

Cette condition étant réalisée on déterminera la section de métal à l'extension par (parag. 19) :

$$S = \frac{ber}{2R} \left(2 - \frac{e}{h} \times \frac{mr + R}{mr} \right)$$

$$= \frac{210 \times 16 \times 34}{2 \times 1.400} \left(2 - \frac{16}{76} \times \frac{12 \times 34 + 1.400}{12 \times 34} \right)$$

$$= 51,93 \times 1.222 = 63,45 \text{ cm}^2 ;$$

on a prévu 6 ronds de 37, section totale 64,50 cm².

A la compression on a prévu 3 ronds de 14 afin de maintenir les armatures transversales pendant la construction.

L'effort tranchant maximum est :

1° Pour la charge uniformément répartie :

$$T_1 = \frac{2.830,5 \times 8}{2} = 11.322.$$

2° Pour la charge roulante dans la position la plus défavorable donnée par la figure 27.

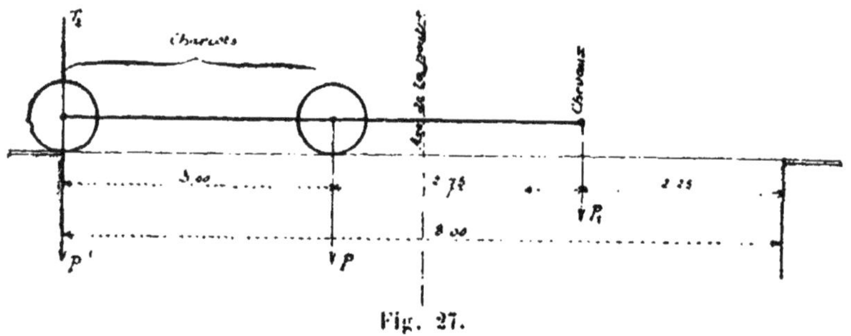

Fig. 27.

$$T_2 = \frac{P\,(5+8) + P_1 \times 2,25}{8}$$

$$= \frac{9.714,3 \times 13 + 1.700 \times 2,25}{8} = \frac{126.286 + 3.825}{8}$$

$$= 16.264.$$

Effort tranchant total :

$$T = T_1 + T_2 = 11.322 + 16.264 = 27.586 \text{ kg.}$$

Le nombre d'écartements des étriers à 2 branches de 10 mm. de diamètre dont la section totale est $3 \times 2 \times 79 = 474$ mm² est (parag. 29).

$$N = \frac{5}{476} \times \frac{27.586}{474} \times \frac{8 + 100}{71}$$

$$= 18,8.$$

On prendra $N = 19$.

La construction graphique indiquée planche (3) permet de déterminer les espacements successifs des étriers dans le sens longitudinal.

Pour l'adhérence, le périmètre des 6 barres de 37 mm.
étant $6 \times \pi \times 3.7 = 69$ cm².72, le taux de travail du béton
sera donné par (parag. 28) :

$$r_2 = \frac{S \times R}{\dfrac{l}{2} \times 69,72}$$

$$= \frac{63.45 \times 1.109}{400 \times 69,72} = 2\text{k}. 5 \text{ p. cm}^2 < 4 \text{ k.}$$

Section V. — POUTRES LONGITUDINALES C

(Portée : 8 m. ; largeur : 0 m. 26 ; hauteur totale : 1,09 — 0,02 = 1,07)

Charge uniformément répartie par mètre courant :

Hourdis sous chaussée $\left(\dfrac{2.54}{2} - 0,16\right) \times 860 =$	954,6
Bordure en pierre : $0,30 \times 0,16 \times 2.200 =$	105,6
Chape verticale et sous bordure :	
$(0,34 + 0,16) \times 2.200 \times 0,02 =$	22
Hourdis du trottoir en porte à faux : $1,20 \times 694 =$	832,8
Poids propre : $0,26 \times 1,07 \times 2.500 =$	695,5
Chape sur la largeur de la poutre :	
$0,26 \times 0,02 \times 2.200 =$	11,5
Parapet et poutre de scellement : $40 + 60 =$	100
Surcharge sur la largeur de la poutre et la bordure	
en pierre : $(0,26 + 0,01 + 0,14) \times 400 =$	164
Poids propre des pièces de pont : $\dfrac{6 \times 2.54}{2 \times 8} \times 108 =$	102,8
Poids propre des consoles :	
$\dfrac{2 \times 0,12 \times 0,50 \times 1,20 \times 2.500}{8} =$	45
Total :	3.033,8

Moment fléchissant dû à la charge uniformément répartie :

$$M_1 = \frac{3.033,8 \times \overline{8}^2}{8} = 24.270,4.$$

Chariot de 16 tonnes — Dans le sens transversal la position défavorable des chariots de 16 tonnes est donnée par la

fig. 28. On a alors comme résultante des charges agissant sur la poutre C :

1° Au droit des essieux :

$$P = \frac{4.000\,(0,30 + 0,80 + 2,50)}{2,80} = 5.143 \text{ k.}$$

2° Au droit des chevaux :

$$P_1 = \frac{700\,(0,30 + 0,80 + 2,50)}{2,80} = 900 \text{ kg.}$$

Dans le sens longitudinal la position la plus défavorable est indiquée par la figure 26 précédente, qui a donné pour le calcul de la poutre B :

$$V = \frac{P\,(3,25 + 6,25) + P_1 \times 0,50}{8};$$

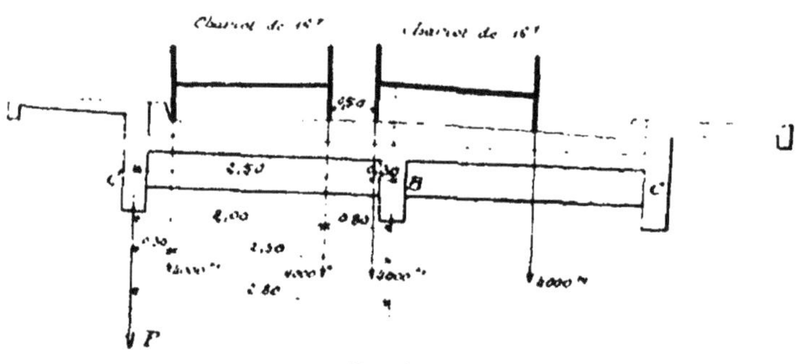

Fig. 28.

en remplaçant P et P$_1$ par les valeurs ci-dessus on trouve :

$$V = \frac{5.143 \times 9,50 + 900 \times 0,50}{8} = \frac{49.308,5}{8} = 6.164.$$

Moment fléchissant maximum dû à la charge roulante :

$$M_2 = V \times 4,75 - P \times 3$$
$$= 6.164 \times 4,75 - 5.143 \times 3$$
$$= 29.279 - 15.429 = 13.850 \text{ kgm.}$$

Moment fléchissant total :

$$M = M_1 + M_2 = 24.270,4 + 13.850 = 38.120,4.$$

La largeur de hourdis intéressée à la compression de la poutre est (parag. 25) :

$$0,75 \left(120 + \frac{26}{2} \right) \cdot \frac{26}{2} = 113 \, \text{cm}.$$

L'épaisseur moyenne du hourdis est :

$$\varepsilon = \frac{12 + 8}{2} = 10 \, \text{cm}.$$

La hauteur théorique nécessaire pour obtenir $r < 10$ est donnée approximativement et par excès par (parag. 17) :

$$h = \frac{M}{b \varepsilon r} + \varepsilon \times 2.146$$

$$= \frac{38.120,4 \times 100}{113 \times 10 \times 10} + 10 \times 2.146$$

$$= 84.3 + 21,5 = 105,8$$

on a prévu :

$$h = 107 - 5 = 102 \, \text{cm}.$$

Le travail maximum du béton comprimé est alors donné pour $h = 102$ cm. par (parag. 18) :

$$r = \frac{\dfrac{M}{b} + \dfrac{\varepsilon R}{2 \times m} - \dfrac{\varepsilon R}{3mh}}{\varepsilon h + \dfrac{\varepsilon^3 - \varepsilon^2}{3h}}$$

$$= \frac{\dfrac{38.120,4 \times 100}{113} + \dfrac{\overline{10}^2 \times 1.100}{2 \times 12} - \dfrac{\overline{10}^2 \times 1.100}{36 \times 102}}{10 \times 102 + \dfrac{\overline{10}^3}{3 \cdot 102} - \overline{10}^2}$$

$$= \frac{33.735 + 4.583 - 300}{1.020 + 3,2 - 100} = \frac{38.018}{923,2} = 11 \, \text{k. 2}.$$

Nous dépassons la limite imposée $r = 10$ kg. ce qui indique que nous devons prévoir une section d'acier à la compression pour ramener le taux de travail du béton à 10 kg.

Nous avons vu que, dans le calcul des poutres comportant des barres à la compression, les sections de métal doivent être calculées par les formules suivantes (parag. 21) :

à l'extension :

$$S = \frac{FD + BK}{CK + DH} \tag{1}$$

à la compression :

$$S' = \frac{FC - BH}{CK + DH} \qquad (2)$$

Dans lesquelles :

On remarquera que pour $r = 40$, $R = 1.100$ on a :

$$y = 0,3038\ h \text{ et } x = 0,6962\ h.$$

$$B = b\varepsilon\left(y - \frac{\varepsilon}{2}\right) = 113 \times 10\left(0,3038 \times 102 - \frac{10}{2}\right)$$

$$= 113 \times 10 \times 25,98 = 29.357,4.$$

$$C = mx = 12 \times 0,6962 \times 102 = 852,1$$

$$D = m(y - u') = 12 \times (0,3038 \times 102 - 5) = 311,8$$

$$F = \frac{My}{r} - \frac{b}{3}\left[y^3 - (y - \varepsilon)^3\right]$$

$$= \frac{38.120,4 \times 100 \times 30,98}{40} - \frac{113}{3}\left[\overline{30,98}^3 - (30,98 - 10)^3\right.$$

$$= 2.952.425 - 772.122 = 2.180.303.$$

$$H = mx^2 = 12 \times \overline{71,02}^2 = 60.526.$$

$$K = m(y - u')^2 = 12(30,98 - 5)^2 = 8.099,5.$$

En remplaçant dans (1) et (2) et en divisant tous les termes par 1.000 pour simplifier, on aura :

A l'extension :

$$S = \frac{2.180 \times 0,312 + 29,36 \times 8,1}{0,852 \times 8,1 + 0,312 \times 60,5} = \frac{680,2 + 237,3}{6,9 + 18,9}$$

$$= 35,6\ cm^2.$$

On a prévu 3 ronds de 27 et 3 ronds de 28 donnant une section totale de 35,65 cm².

A la compression :

$$S' = \frac{2.180 \times 0,852 - 29,36 \times 60,5}{0,852 \times 8,1 + 0,312 \times 60,5} = \frac{1.857 - 1.776}{6,9 + 18,9}$$

$$= 3,14\ cm^2.$$

On a prévu 3 ronds de 14, section 4,62 cm².

L'effort tranchant maximum est :

1° Pour la charge uniformément répartie :

$$T_1 = \frac{3.033,8 \times 8}{4} = 6.067,6.$$

2° Pour la charge roulante dans la position défavorable (fig. 27 qui a été donnée pour le calcul des poutres B) :

$$T_2 = \frac{P \times (8+8) + P_1 \times 2,25}{8}$$

$$= \frac{5.143 \times 13 + 900 \times 2,25}{8} = \frac{66.859 + 2025}{8}$$

$$= \frac{68.884}{8} = 8.610.$$

Effort tranchant total :

$$T = T_1 + T_2 = 6.067,6 + 8.610 = 14.677,6.$$

Le nombre d'écartements des étriers à deux branches de 8 mm. de diamètre, dont la section totale est $3 \times 2 \times 50 = 300$ mm², est pour la demi-portée de la poutre (parag. **29**) :

$$N = \frac{5}{176} \times \frac{14.677,6}{300} \times \frac{8 \times 100}{97}$$
$$= 11,4.$$

On prendra $N = 12$.

La construction graphique indiquée planche (3) permet de déterminer les écartements successifs des étriers dans le sens longitudinal.

Pour l'adhérence, le périmètre total des barres étant : $3 \times \pi \times 2,7 + 3 \times \pi \times 2,8 = 51,84$ cm. Le travail moyen du béton est donné par (parag. **28**) :

$$r_1 = \frac{S \times R}{\frac{l}{2} \times 51,84}$$

$$= \frac{35,60 \times 1.400}{400 \times 51,84} = 1 \text{ k. } 9 \text{ p. cm}^2 < 4.$$

Section VI. — APPUIS SUR LES MAÇONNERIES

1° *Poutres B.* — On a trouvé pour l'effort tranchant total de la poutre B :

$$T = 27.586 \text{ kgs.}$$

La surface totale d'appui sur le sommier en pierre dure est de $50 \times 26 = 1.300$ cm². La pression totale sur le sommier est donc :

$$\frac{27.586}{1.300} = 21 \text{ k. } 2 \text{ p. cm}^2.$$

On donnera à cette pierre dure les dimensions suivantes :

$$0.50 \times 0.60 \times 0.30.$$

La charge totale sur la maçonnerie ordinaire est donc :

$$P = 27.586 + (0.50 \times 0.60 \times 0.30) \times 2.400$$

$$= 27.586 + 216 = 27\,802 \text{ kg.}$$

et la pression par centimètre carré :

$$\frac{27.802}{60 \times 50} = 9 \text{ k. } 3 \text{ environ.}$$

2° *Poutre C.* — On a trouvé pour l'effort tranchant total de la poutre C :

$$T = 14.677,6.$$

On a prévu également un sommier de $0.50 \times 0.60 \times 0.30$. On a donc comme pression sur le sommier :

$$\frac{14.677,6}{1.300} = 11 \text{ k. } 3$$

et comme pression sur la maçonnerie ordinaire :

$$\frac{14.677,6 + 216}{60 \times 50} = 4 \text{ k. } 96 \text{ par cent. carré.}$$

Section VIII. — CALCUL DES FLÈCHES

Poutre B.

Données : $a = 26$

$\qquad b = 210$

$\qquad \varepsilon = 16$

$\qquad h = 76$

$\qquad u = 5 \, ; u' = 5$

$\qquad S = 64,5 \, ; S' = 4,62$

$\qquad M_f = 48.800 \times 100 \, ; M_p = 22.644 \times 100.$

[ª **Détermination de la fibre neutre pendant la période de proportionnalité.** — On a vu au § 33 que la position de

la fibre neutre était déterminée dans toute la période de proportionnalité et jusqu'à sa limite répondant à $V = h + u - y$
par la valeur de y donnée par l'équation 25 :

$$y = \frac{1}{2}\, \frac{\varepsilon^2(b - a) + 2m(S'u' + Sh) + a(h + u)^2}{\varepsilon(b - a) + m(S' + S) + a(h + u)}.$$

On calculera préalablement les valeurs suivantes :

$$
\begin{aligned}
\varepsilon(b - a) &= 16(210 - 26) &&= 2.944 \\
\varepsilon^2(b - a) &= 16 \times 2.944 &&= 47.104 \\
a(h + u) &= 26(76 + 5) &&= 2.106 \\
a(h + u)^2 &= 26(76 + 5)^2 &&= 170.586 \\
m(S' + S) &= 12(4.62 + 64.50) &&= 829.4 \\
2m(S'u' + Sh) &= 2 \times 12(4.62 \times 5 + 64.5 \times 76) &&= 118.202.4
\end{aligned}
$$

D'où :

$$y = \frac{1}{2} \times \frac{47.104 + 118.202.4 + 170.586}{2.944 + 829.4 + 2.106} = \frac{1}{2} \times \frac{335.892.4}{5.879,4}$$

$$y = 28.6.$$

On en déduit immédiatement d'après le § 35, en faisant
$t = 16$ kg. ou le dixième de 160 kg., résistance à l'écrasement du béton non armé au dosage de 300 kg.

$$t = \frac{ty}{h + u - y} = \frac{16 \times 28.6}{76 + 5 - 28.6} = \frac{457.6}{52.4}$$

$$t = 8.7.$$

On en déduit également, d'après le § 35 :

$$R = \frac{mr(h - y)}{y} = \frac{12 \times 8.7 \times (76 - 28.6)}{28.6}$$

$$R = 173.6$$

**Détermination de la fibre neutre en dehors de la limite
de proportionnalité.** — On a vu au § 36 que la position de la
fibre neutre en dehors de la limite de proportionnalité s'obte-
nait par la résolution de l'équation du second degré (21), qui
peut être modifiée légèrement comme suit :

$$(1 - m\alpha)^2 y^2 + 2 \left\{ \frac{\varepsilon(b - a) + m(S + S')}{a} + (u \times m\alpha) \right.$$

$$\left. + m\alpha(2 - m\alpha) \times h \right\} y$$

$$- \frac{\varepsilon^2(b - a) + 2m(S'u' + Sh)}{a} - 2hu \times m\alpha - m\alpha(2 - m\alpha) \times h^2 = 0.$$

Les fonctions de ε, de S et de S' ont été calculées plus haut ; les valeurs de α et de ses diverses fonctions pour $l = 16$, valeur correspondant au dosage de 300 kg., sont données par le tableau n° 1 (voir calcul du pont de 4 m. section VI, page 108).

Remarquant que :

$$\frac{\varepsilon(b - a) + m(S + S')}{a} = \frac{2\,944 + 829,4}{26} = 145,1$$

$$\frac{\varepsilon^2(b - a) + 2m(S'u' + Sh)}{a} = \frac{47\,104 + 118.202,4}{26} = 6.357,9$$

et que ces valeurs s'appliquent à toutes valeurs de R, on aura, en consultant le tableau des fonctions de α sus-mentionné, pour :

$R = 900$: Coefficient de y^2 : 0,619.

    1/2 Coefficient de y : $145,1 + 5 \times 0,213 + 0,381 \times 76 = 175,1$

    Terme indépendant :

$$- (6.357,9 + 2 \times 76 \times 5 \times 0,213 + 0,381 \times \overline{76}^2) = -8.720,4$$

$$\text{D'où : } y = \frac{-175,1 + \sqrt{\overline{175,1}^2 + 0,619 \cdot 8.720,4}}{0,619}$$

$$y = 23,9.$$

$R = 800$: Coefficient de y^2 : 0,578.

    1/2 Coefficient de y : $145,1 + 5 \times 0,24 + 0,422 \times 76 = 178,4$

    Terme indépendant :

$$- (6.357,9 + 2 \times 76 \times 5 \times 0,24 + 0,422 \times \overline{76}^2) = -8.977,8$$

$$\text{D'où : } y = \frac{-178,4 + \sqrt{\overline{178,4}^2 + 0,578 \times 8\,977,8}}{0,578}$$

$$y = 24,20.$$

$R = 700$: Coefficient de y^2 : 0,527.

    1/2 Coefficient de y : $145,1 + 5 \times 0,27 + 0,473 \times 76 = 182,4$

    Terme indépendant :

$$- (6.357,9 + 2 \times 76 \times 5 \times 0,274 + 0,473 \times \overline{76}^2) = - 9.298,2$$

D'où : $y = \dfrac{- 182,4 + \sqrt{\overline{182,4}^2 + 0,527 \times 9.298,2}}{0,527}$

$$y = 24,50.$$

$R = 600$: Coefficient de y^2 . 0,462.

1/2 Coefficient de y : 145,1 + 5 × 0,32 + 0,538 × 76 =   187,6

Terme indépendant :

$$- (6.357,9 + 2 \times 76 \times 5 \times 0,32 + 0,538 \times \overline{76}^2) = - 9.708,6$$

D'où : $y \quad \dfrac{- 187,6 + \sqrt{\overline{187,6}^2 + 0,462 \times 9.708,6}}{0,462}$

$$y = 25,10.$$

$R = 100$: Coefficient de y^2 : 0,270.

1/2 Coefficient de y : 145,1 + 5 × 0,18 + 0,73 × 76 =   203

Terme indépendant :

$$- (6.357,9 + 2 \times 76 \times 5 \times 0,18 + 0,73 \times \overline{76}^2) = - 10.939,2$$

D'où : $y = \dfrac{- 203 + \sqrt{\overline{203}^2 + 0,27 \times 10.939,2}}{0,27}$

$$y = 22,6.$$

Moments de résistance. — Pour calculer les moments de résistance correspondant aux diverses valeurs de R choisies, on effectuera les expressions des moments d'inertie, voir § 31, et à cet effet on calculera préalablement les fonctions suivantes de y :

Tableau I

$R =$	900	800	700	600	400	173,6
y	23,9	24,2	24,5	25,1	26,5	28,6
$h-y=76-y$	52,1	51,8	51,5	50,9	49,5	47,4
$y-z=y-16$	7,9	8,2	8,5	9,1	10,5	12,6
$(h-y)^2$	2.715	2.683	2.652	2.591	2.450	2.247
$(h-y)$	141.521	138.592	136.551	131.872	121.287	106.496
$(y-u)=y-5$	18,9	19,2	19,5	20,1	21,5	23,6
$(y-u)=y-5$	357	369	386	404	462	557
y^3	13.052	14.172	14.706	15.813	18.610	23.394
$(y-3)^3=(y-16)^3$	493	554	614	754	1.158	2.000
$3\left(y^3-3y+\dfrac{z^3}{3}\right)=y^3-(y-3)^3$	13.159	13.621	14.092	15.059	17.452	21.394
$(h-y+u)=(76-y+5)$	57,1	56,8	56,5	55,9	54,5	52,4
$(h-y+u)^2=(76-y+5)^2$	3.260	3.226	3.192	3.125	2.970	2.746
$(h-y-u)^3$						143.878

D'où successivement pour :

$$+ \qquad -$$

$$R = 900 : \quad b\varepsilon\left(y^2 - \varepsilon y + \frac{t^2}{3}\right)$$

$$= 210 \times \frac{13.159}{3} \qquad\qquad = \quad 921.130$$

$$+ \frac{a}{3} \times (y - \varepsilon)^3$$

$$= \frac{26}{3} \times 493 \qquad\qquad = \quad 4.273$$

$$+ mS'(y - u')^2$$
$$= 12 \times 4.62 \times 357 \qquad = \quad 19.792$$
$$+ mS(h - y)^2$$
$$= 12 \times 64.5 \times 2.714 \qquad = 2.100.636$$

$$+ \frac{a}{2} \times am(h - y)(h - y + u)^2$$

$$= \frac{26}{2} \times 0.213 \times 52.1 \times 3.260 = \quad 470.304$$

$$- \frac{a}{6} + x^2 m'(h - y)^2$$

$$= -\frac{26}{6} \times 0.01 \times 141.421 \qquad = \qquad\qquad 6.128$$

$$I = \overline{3.516.135 - 6.128}$$
$$\underline{6.128}$$
$$3.510.007$$

D'où :

$$\mathfrak{M} = \frac{RI}{m(h - y)} = \frac{900}{12 \times 52.1} \times 3.510.007$$

$$\mathfrak{M} = 50.528 \times 100.$$

$$r = \frac{Ry}{m(h - y)} = \frac{900 \times 23.9}{12 \times 52.1}$$

$$r = 34.4.$$

$$+ \qquad -$$

$$R = 800 : \quad b\varepsilon\left(y^2 - \varepsilon y + \frac{t^2}{3}\right)$$

$$= 210 \times \frac{14.172}{3} \qquad\qquad = \quad 992.040$$

$$+ \frac{a}{3}(y - \varepsilon)^3$$

$$= \frac{26}{3} \times 551 \qquad\qquad = \quad 4.775$$

$$\text{A reporter.} \quad . \quad . \quad 996.815$$

$$+$$ $$-$$

Report   .   .   996.815

$$+ mS'(y - u')^2$$
$$= 12 \times 4,62 \times 369 \qquad = \qquad 20.457$$

$$+ mS(h - y)^2$$
$$= 12 \times 64,5 \times 2.683 \qquad = 2.076.642$$

$$+ \frac{a}{2} \times xm(h - y)(h - y + u)^2$$

$$= \frac{26}{2} \times 0.24 \times 51,8 \times 3.226 = \quad 521.373$$

$$- \frac{a}{6} + x^2 m^2 (h - y)^3$$

$$= -\frac{26}{6} \times 0,011 \times 138.992 = \qquad\qquad 8.432$$

$$I = 3.615.287 - 8.432$$
$$8.432$$
$$3.606.855$$

D'où :

$$\mathfrak{M} = \frac{RI}{m(h - y)} = \frac{800}{12 \times 51,8} \times 3.606.855$$

$$\mathfrak{M} = 46.420 \times 100.$$

$$r = \frac{Ry}{m(h - y)} = \frac{800 \times 24.2}{12 \times 51,8}$$

$$r = 31.1.$$

$$+$$ $$-$$

$$R = 700 : b \times s \left(y^2 - sy + \frac{s^2}{3} \right)$$

$$= 210 \times \frac{14.092}{3} \qquad\qquad = 986.440$$

$$+ \frac{a}{3} (y - s)^3$$

$$= \frac{26}{3} \times 614 \qquad\qquad = \qquad 5.321$$

$$+ mS'(y - u')^2$$
$$= 12 \times 4.62 \times 380 \qquad = \quad 21.067$$

$$+ mS(h - y)^2$$
$$= 12 \times 64.50 \times 2.652 \qquad = 2.052.648$$

$$\frac{a}{2} \times xm(h - y)(h - y + u)^2$$

$$= \frac{26}{2} \times 0.274 \times 51.5 \times 3.192 \qquad 585.550$$

A reporter.   .   . 3.651.026

$$\text{Report.} \quad . \quad . \quad \overset{+}{3.651.026} \qquad \overset{-}{}$$

$$-\frac{a}{6} \times x^2 m^3 (h - y)^3$$

$$= -\frac{26}{6} \times 0,021 \times 136.591 = \qquad 12.430$$

$$\overline{}$$

$$1 = 3.651.026 - 12.430$$

$$12.430$$

$$\overline{3.638.596}$$

D'où :

$$\mathfrak{M} = \frac{R1}{m \, h - y)} = \frac{700}{12 \times 51,5} \times 3.638.596$$

$$\mathfrak{M} = 41.214 \times 100.$$

$$r = \frac{Ry}{m(h - y)} = \frac{700 \times 21.5}{12 \times 51,5}$$

$$r = 27,7.$$

$$\overset{+}{} \qquad \overset{-}{}$$

$$R = 600 : \quad b \times \varepsilon \left(y^2 - \varepsilon y + \frac{\varepsilon^2}{3} \right)$$

$$= 210 \times \frac{15.059}{3} \qquad = 1.054.130$$

$$+ \frac{a}{3} (y - \varepsilon)^3$$

$$= \frac{26}{3} \times 751 \qquad = 6.585$$

$$+ mS'(y - u')^2$$

$$= 12 \times 4.62 \times 404 \qquad = 22.398$$

$$+ mS(h - y)^2$$

$$= 12 \times 61,5 \times 2.591 \qquad = 2.005.434$$

$$+ \frac{a}{2} \times 2m'(h - y)(h - y + u')^2$$

$$= \frac{26}{2} \times 0.32 \times 50.9 \times 3.125 \qquad = 661.700$$

$$- \frac{a}{6} \times x'm'(h - y)^3$$

$$= \frac{26}{6} \times 0,033 \times 131.872 \qquad = 18.858$$

$$\overline{}$$

$$1 = 3.750.197 - 18.858$$

$$18.858$$

$$\overline{3.731.339}$$

D'où :

$$\mathfrak{M} = \frac{Rl}{m(h-y)} = \frac{600}{12 \times 50,9} \times 3.731.339$$

$$\mathfrak{M} = 36.653 \times 100.$$

$$r = \frac{Ry}{m(h-y)} = \frac{600 \times 25,1}{12 \times 50,9}$$

$$r = 24,6.$$

$$+ \qquad -$$

$R = 400:\ b \times z \left(y^2 - zy + \frac{z^2}{3} \right)$

$$= 210 \times \frac{17.452}{3} \qquad\qquad = 1.221.640$$

$$+ \frac{a}{3} (y - z)^3$$

$$= \frac{26}{3} \times 1.158 \qquad\qquad = \quad 10.036$$

$$+ mS (y - a')^2$$

$$= 12 \times 1.62 \times 462 \qquad = \quad 25.613$$

$$+ mS (h - y)^2$$

$$= 12 \times 61.5 \times 2.450 \qquad = 1.896.300$$

$$- \frac{a}{2} \times zm\, h - y (h - y \quad a)^2$$

$$\frac{26}{2} \times 0.48 \times 49.5 \times 2.970 = \quad 917.374$$

$$- \frac{a}{6} \times z^2 m^2 (h - y)^3$$

$$= \frac{26}{2} \times 0.11 \times 121.287 \qquad\qquad\qquad 57.813$$

$$\mathrm{I} \quad = 4.070.963 - 57.813$$

$$57.813$$

$$4.013.150$$

$$\mathfrak{M} = \frac{Rl}{m(h-y)} = \frac{400}{12 \times 49.5} \times 4.013.150$$

$$R = 27.021 \times 100.$$

$$r = \frac{Ry}{m(h-y)} = \frac{400 \times 26.5}{12 \times 49.5}$$

$$r = 17.9.$$

$$R = 173,6 : b\varepsilon\left(y^2 - \varepsilon y + \frac{\varepsilon^2}{3}\right)$$

$$= 210 \times \frac{21.394}{3} \qquad\qquad = 1.497.580$$

$$+ \frac{a}{3}(y - \varepsilon)^3$$

$$= \frac{26}{3} \times 2.000 \qquad\qquad = 17.333$$

$$+ mS'(y - u')^2$$

$$= 12 \times 4.62 \times 557 \qquad\qquad = 30.880$$

$$+ mS'(h - y)^2$$

$$= 12 \times 64.5 \times 2.247 \qquad\qquad = 1.739.178$$

$$+ \frac{a}{3} \times (h - y + u)'$$

$$= \frac{26}{3} \times 143.878 \qquad\qquad = 1.246.943$$

D'où :
$$I = \overline{4.531.914}$$

$$\mathfrak{M} = \frac{RI}{m(h - y)} = \frac{173,6}{12 \times 47,4} \times 4.531.914$$

$$\mathfrak{M} = 13.835 \times 100.$$

$$r = \frac{Ry}{m(h - y)} = \frac{173,6 \times 28,6}{12 \times 47,4}$$

$$r = 8,7.$$

valeur déjà trouvée directement plus haut.

Calcul par interpolation des valeurs de R et de r dans des sections déterminées. — Ayant calculé les moments de résistance M et les taux de travail r à la compression correspondant à diverses valeurs de R choisies arbitrairement, il sera facile par interpolation de déterminer les valeurs de R et r relatives aux moments des forces extérieures en des sections équidistantes permettant une sommation.

Considérant le moment maximum 48.800×100 dû aux charges totales et remplaçant la courbe limite des moments fléchissants, correspondant à la position de la surcharge roulante qui a donné le moment maximum sus-mentionné, par la parabole ayant pour ordonnée au sommet cette valeur de 48.800×100 ; suivant la même marche pour les charges permanentes dont le moment maximum a été trouvé de

TABLEAU II

	Charges totales $$p = \dfrac{M}{\left(\frac{l}{2}\right)^2} = \dfrac{48.800 \times 100}{16} = 3.050 \times 100$$	Charges permanentes $$p = \dfrac{M}{\left(\frac{l}{2}\right)^2} = \dfrac{22.644 \times 100}{16} = 1.415 \times 100$$
$c_0 = 0$	$p(4^2 - 0) = 3.050 \times 100 \times 16 = 48.800 \times 100$	$1.415 \times 100 \times 16 = 22.640 \times 100$
$c_1 = 0,50$	$p(4^2 - \overline{0,5}^2) = 3.050 \times 100 \times 15,75 = 48.038 \times 100$	$1.415 \times 100 \times 15,75 = 22.286 \times 100$
$c_2 = 1,00$	$p(4^2 - 1^2) = 3.050 \times 100 \times 15 = 45.750 \times 100$	$1.415 \times 100 \times 15 = 21.225 \times 100$
$c_3 = 1,50$	$p(4^2 - \overline{1,5}^2) = 3.050 \times 100 \times 13,75 = 41.938 \times 100$	$1.415 \times 100 \times 13,75 = 19.456 \times 100$
$c_4 = 2,00$	$p(4^2 - 2^2) = 3.050 \times 100 \times 12 = 36.600 \times 100$	$1.415 \times 100 \times 12,00 = 16.980 \times 100$
$c_5 = 2,50$	$p(4^2 - \overline{2,5}^2) = 3.050 \times 100 \times 9,75 = 29.738 \times 100$	$1.415 \times 100 \times 9,75 = 13.796 \times 100$
$c_6 = 3,00$	$p(4^2 - 3^2) = 3.050 \times 100 \times 7 = 21.350 \times 100$	$1.415 \times 100 \times 7 = 9.905 \times 100$
$c_7 = 3,50$	$p(4^2 - \overline{3,5}^2) = 3.050 \times 100 \times 3,75 = 11.438 \times 100$	$1.415 \times 100 \times 3,75 = 5.306 \times 100$
$c_8 = 4,00$	$p(4^2 - 4^2) = 0 = 0$	0

22.644 × 100, on obtiendra les moments successifs au droit
des diverses sections résultant de la division de la demi-portée
$\left(\dfrac{l}{2} = 4\ \text{m}\right)$ en 8 parties égales, chacune, à 0 m. 50.

Le tableau suivant résume les valeurs de R et r correspondant aux moments de résistance calculés dans le paragraphe précédent et les valeurs de R et de r obtenues par interpolation entre les premières marquées d'un astérisque. On se rappellera qu'à partir de R = 173.6 jusqu'à zéro, les taux de travail de l'acier et du béton sont proportionnels aux moments des forces extérieures.

TABLEAU III

M	R	r
• 50.528 × 100	900	34,4 •
48.800 × 100	858	33,0
48.038 × 100	840	32,0
• 46.420 × 100	800	31,1 •
45.750 × 100	787	30,7
41.938 × 100	713	28,1
• 41.214 × 100	700	27,7 •
• 36.653 × 100	600	24,6 •
36.600 × 100	599	24,5
29.738 × 100	456	19,8
• 27.024 × 100	400	17,9 •
22.640 × 100	326	14,9
22.286 × 100	319	14,0
21.350 × 100	303	13,9
21.225 × 100	301	13,8
19.456 × 100	279	12,6
16.980 × 100	228	10,9
• 13.835 × 100	174	8,7 •
13.796 × 100	174	8,7
11.438 × 100	144	7,2
9.905 × 100	125	6,2
5.306 × 100	67	3,3

Posant $A = \dfrac{R}{2 \times 10}$; $B = \dfrac{r}{2 \times 10}$, on aura les valeurs suivantes au droit des sections équidistantes sus-mentionnées :

TABLEAU IV

	M	R	r	$A \times 10^4$	$B \times 10^4$	$(A+B) \times 10^4 \times \dfrac{\frac{l}{2}-x}{10^2}$	$y = (A+B)\left(\dfrac{l}{2}-x\right)$
						Charges totales	
x_0	48.800×100	858	33,0	4,290	1,650	$5,940 \times 4,00$	$23,76 \times \dfrac{1}{100}$
x_1	48.038×100	840	32,0	4,200	1,600	$5,800 \times 3,50$	$20,30 \times \dfrac{1}{100}$
x_2	45.750×100	787	30,7	3,935	1,535	$5,470 \times 3,00$	$16,41 \times \dfrac{1}{100}$
x_3	41.938×100	713	28,1	3,565	1,405	$4,970 \times 2,50$	$12,42 \times \dfrac{1}{100}$
x_4	36.600×100	599	24,5	2,995	1,225	$4,220 \times 2,00$	$8,44 \times \dfrac{1}{100}$
x_5	29.738×100	456	19,8	2,280	0,990	$3,270 \times 1,50$	$4,90 \times \dfrac{1}{100}$
x_6	21.350×100	303	13,9	1,545	0,695	$2,240 \times 1,00$	$2,21 \times \dfrac{1}{100}$
x_7	11.438×100	116	7,2	0,720	0,360	$1,080 \times 0,50$	$0,54 \times \dfrac{1}{100}$
x_8	0	0	0	0	0	0	0
						Charges permanentes	
x_0	22.640×100	326	14,9	1,630	0,745	$2,375 \times 4,00$	$9,50 \times \dfrac{1}{100}$
x_1	22.286×100	319	14,0	1,595	0,700	$2,295 \times 3,50$	$8,03 \times \dfrac{1}{100}$
x_2	21.225×100	301	13,8	1,505	0,690	$2,195 \times 3,00$	$6,59 \times \dfrac{1}{100}$
x_3	19.446×100	279	12,6	1,395	0,630	$2,025 \times 2,50$	$5,06 \times \dfrac{1}{100}$
x_4	16.980×100	228	10,9	1,140	0,545	$1,685 \times 2,00$	$3,37 \times \dfrac{1}{100}$
x_5	13.700×100	174	8,7	0,870	0,435	$1,305 \times 1,50$	$1,96 \times \dfrac{1}{100}$
x_6	9.905×100	125	6,2	0,625	0,310	$0,935 \times 1,00$	$0,94 \times \dfrac{1}{100}$
x_7	5.300×100	67	4,3	0,435	0,165	$0,600 \times 0,50$	$0,25 \times \dfrac{1}{100}$
x_8	0	0	0	0	0	0	0

Posant, d'après le § 38, $F = \dfrac{\Sigma y \times \Delta}{3 \times h}$, on aura pour $\Delta = 50$ et $h = 76$, en appliquant la formule de Simpson :

$$F_t = [23,76 + (20,30 + 12,42 + 4,90 + 0,54) +$$
$$2(16,41 + 8,44 + 2,21 + 0)] \times \frac{50}{3 \times 76} \times \frac{1}{100}$$
$$F_t = \frac{230,52 \times 50}{3 \times 76 \times 100} = 0 \text{ cm. } 505$$
$$F_t = 0 \text{ m. } 00505.$$

On aura de même :

$$F_p = 9,50 + (8,03 + 5,06 + 1,96 + 0,25) +$$
$$2(6,59 + 3,37 + 0,94 + 0) \times \frac{50}{3 \times 76} \times \frac{1}{100}$$
$$F_p = \frac{92,50 \times 50}{3 \times 76 \times 100} = 0 \text{ cm. } 203$$
$$F_p = 0 \text{ m. } 00203.$$

Il conviendra donc de donner à cette poutre une contre-flèche de 3 mm. et la flèche apparente sera de $5,5 - 3 = 2,5$ mm.

Calcul des flèches en négligeant le béton tendu. — Si l'on négligeait le béton tendu, on aurait d'après le § 39 :

$$F_t = \frac{l^2 \times r}{9,6 \times 200.000\, y},$$

expression dans laquelle il faut faire ici : $r = 34$ et $y = 20$ (voir calcul de la poutre B du pont de 8 mètres, page 156).

Donc :

$$F_t = \frac{\overline{800}^2 \times 34}{9,6 \times 200.000 \times 20} = 0 \text{ cm. } 567$$
$$F_t = 0 \text{ m. } 00567.$$

On aurait :

$$F_p = F_t \times \frac{M_p}{M_t} = 0,00567 \times \frac{22.640}{48.800}$$
$$F_t = 0,00263.$$

Section VIII — MÉTRÉ DU PONT DE 8 MÈTRES

Désignation	Quantités		Volume de béton	Aciers						Recapitulation	
	surface ou section	longueur ou épaisseur		Désignation des barres	Diamètre	nombre de barres	longueur	poids partiel ou par mètre courant	poids total	béton	acier
	m. carrés	m. linéaires	m. cubes		m/m		mètres	kilog.	kilog.	m³	kilog.
Hourdis sous chaussée épaisseur 0,10	2,86 - 8,50 = 18,64	0,10	7,782	barres de résistance	12	34	8,20	0,880	245,34	7,782	386,11
				id. de répartition	8	63	5,70	0,392	140,77		
Hourdis sous trottoir épaisseur 0,10	2×8,39×1,46 = 24,23	0,10	2,423	barres de résistance	10	126	2,05	0,612	158,08	2,423	172,51
				id. de répartition	6	8	8,20	0,220	14,43		
Pièces de pont A (12 semblables) équarrissage 0,12×0,30	0,12 - 0,36 = 0,0432	12 - 2,54 = 30,48	1,316	barres inférieures	20	24	3,00	2,452	176,54	1,316	273,02
				— supérieures	12	12	3,00	0,880	31,68		
				étriers	8	156	1,06	0,392	64,80		
Poutre B équarrissage 0,26×0,65	0,26×0,65 = 0,169	9	1,521	barres inférieures	37	6	8,90	8,365	446,69	1,521	606,62
				id. supérieures	14	3	8,90	1,20	32,04		
				étriers	10	129	1,62	0,612	127,89		
Poutres C (2 semblables) équarrissage 0,26×0,95	0,26×0,095 = 0,234	2×9 = 18	4,392	barres inférieures	28	6	8,90	4,802	256,43	4,392	751,89
				id. id.	27	6	8,90	4,465	238,43		
				barres supérieures	14	6	8,90	1,200	64,08		
				— intermédiaires	12	6	8,90	0,880	47,00		
				étriers	8	174	2,14	0,392	145,96		
Poutres sous garde-corps (2 semblables) équarrissage 0,18×0,12	0,18×0,12 = 0,0216	2×8,50 = 17,00	0,367	barres longitudinales	12	6	8,50	0,880	44,35	0,367	44,35
Consoles (4 semblables) équarrissage 0,12×0,45	0,12 - 0,45 = 0,054	4×1,175 = 4,70	0,254	barres longitudinales	16	4	3,00	1,568	18,81	0,254	22,68
				étriers	4	16	1,10	0,220	3,87		
Garde-corps fer forgé	»	»	»	montants	»	22	»	11,20	246,40	»	707,90
				partie courante	»	2	9,50	22,50	427,50		
				rivets et boulons 5 0/0	»	»	»	»	34,00		
									Total	18,055	2965,08
											100

Feuilles de plomb, épaisseur 10 m/m : dimensions : 0,26 × 0,55 ; 6 feuilles semblables, poids total

CHAPITRE VIII

PONT DE 10 MÈTRES A UNE VOIE

Dosage du béton :

300 kg. de ciment Portland ;
0 m³ 400 de sable ;
0 m³ 800 de gravillon.

Section 1. — HOURDIS SOUS CHAUSSÉE

(Portée libre : 1 m. 135 ; épaisseur : 0 m. 16)

Charge uniformément répartie par mètre carré :

Empierrement :	$0.16 \times 2.100 =$	336 kg.
Sable :	$0.05 \times 1.600 =$	80 »
Chape :	$0.02 \times 2.200 =$	44 »
Poids propre :	$0,16 \times 2.500 =$	400 »
Épaisseur totale :	0.39 m.	
Poids total :		860 kg.

Moment dû à la charge uniformément répartie (parag. 26) :

$$M_1 = \frac{860 \times \overline{1,135}^2}{10} = 110,8 \text{ kgm.}$$

Charge roulante. — La roue de 1.000 kg. dans sa position défavorable, milieu de la portée, donne comme moment maximum (parag. 27) :

$$M_2 = 0.8 \times \frac{4.000}{4\left(\dfrac{1.135}{3} + 0.39\right)} \times \left(1.135 - \frac{0.39}{2}\right)$$
$$= 980,4 \text{ kgm.}$$

Moment fléchissant total :

$$M = M_1 + M_2 = 110,8 + 980,4 = 1.091,2 \text{ kgm.}$$

La hauteur théorique nécessaire pour obtenir à la fois comme travail du béton à la compression $r = 40$ kg. et comme travail du métal à l'extension $R = 1.100$ kg. est donnée par (parag. **22**) :

$$h = \sqrt{\frac{1.091,2 \times 100}{100 \times 5,46}} = 14,1 \text{ cm.}$$

on prendra comme épaisseur totale du hourdis :

$$\varepsilon = 14,1 + 1,9 = 16 \text{ cm.}$$

section de métal nécessaire à l'extension (parag. **22**) :

$$S = 0,552 \times 14,1 = 7 \text{ cm}^2 78.$$

On a prévu des ronds de **12** mm., section 1,13 à l'écartement de :

$$\frac{1,13 \quad 100}{7,78} = 14,5 \text{ cm.}$$

Section des barres de répartition :

$$S_1 = \frac{S}{2} = \frac{7,78}{2} = 3,89 \text{ cm}^2.$$

On a prévu des ronds de **8** mm., section 0,50 cm² à l'écartement de :

$$\frac{0,50 \times 100}{3,89} \quad 12 \text{ cm. 8.}$$

Section II.   POUTRES DE RIVE A

(Portée libre : 10 mètres ; équarrissage : 0 m. 28 × 0 m. 93)

Charge totale uniformément répartie par mètre courant :

Hourdis en porte à faux :

$$(0.385 - 0.28) \times 0.20 \times 2.500 = \quad 332.5 \text{ kg.}$$

Hourdis sous chaussée : $0.4575 \times 860 = \quad 393.5$ »

Chape sur trottoir :

$$(0.68 + 0,01) \times 0.02 \times 2.200 \quad 30,4 \quad »$$

Chape sous bordure en pierre :

$$0.16 \times 0,02 \times 2.200 = \quad 7 \quad »$$

Bordure en pierre : $0.16 \times 0.30 \times 2.200 = \quad 105,6$ »

Parapet en fer : 40 »

Poids propre : $0.28 \times 0.93 \times 2.500 = \quad 651$ »

$$+ \frac{0.63 \times 0,05}{2} \times 2.500 = \quad 39,4 \quad »$$

$$\text{Total :} \quad 1.599,4 \text{ kg.}$$

Moment fléchissant dû à la charge uniformément répartie :

$$M_1 = \frac{1.599,4 \times \overline{10}^2}{8} = 19.992,5 \text{ kgm.}$$

La surcharge de 400 kg. par mètre carré sur les trottoirs donne comme moment fléchissant :

$$M_2 = \frac{400 \times 0,75 \times \overline{10}^2}{8} = 3.750 \text{ kgm.}$$

Chariot de 16 tonnes. — Dans le sens transversal la position la plus défavorable du chariot de 16.000 kg. est indiquée par la figure 29, qui donne comme charges agissant sur la poutre A :

1° Au droit des essieux :

$$P = \frac{4.000 \times 1.25}{1.55} = 3.225 \text{ k. 8}$$

2° Au droit des chevaux :

$$P_1 = \frac{700 \times 1,25}{1,55} \quad 564 \text{ k. 5.}$$

Dans le sens longitudinal la position la plus défavorable des chariots de 16.000 kg. est donnée par la figure 30. On a dans ce cas :

réaction sur l'appui de gauche :

$$V = \frac{P(4,25 + 7,25) + P_1 \times 1,50}{10}$$
$$= \frac{3.225,8 \times 11,50 + 564,5 \times 1,50}{10}$$
$$= \frac{37.096,70 + 846,75}{10} = 3.794,4$$

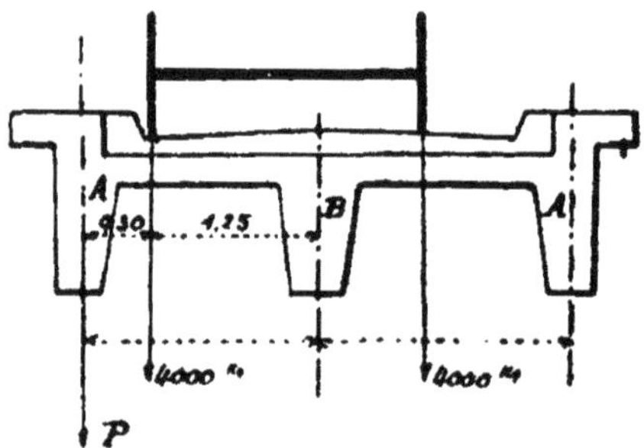

Fig. 29.

et le moment fléchissant par rapport à la roue X :

$$M_3 = V \times 5,75 - P \times 3$$
$$3.794,4 \times 5,75 - 3.225,8 \times 3$$
$$= 12.140,4 \text{ kgm.}$$

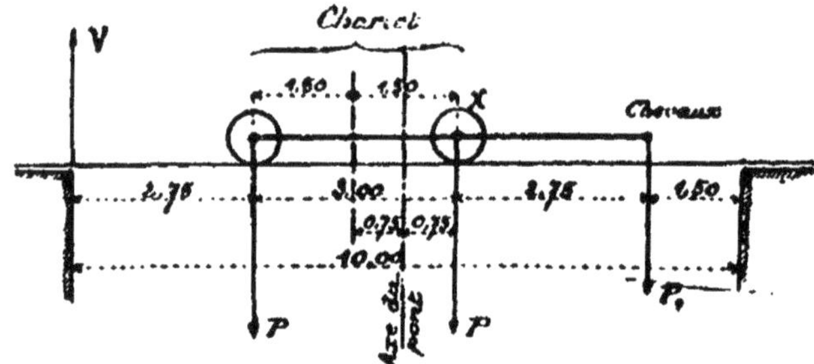

Fig. 30.

Moment fléchissant total :

$$M = M_1 + M_2 \quad M_3 = 19.992,5 + 3.750 + 12.140,4$$
$$= 35.882,9 \text{ kgm}.$$

La largeur de hourdis intéressée à la compression de la poutre est donnée par (parag. **25**) :

$$b = 0,75 \left(38,5 + \frac{28}{2} \right) + \frac{28}{2} = 53,4.$$

La hauteur théorique nécessaire pour obtenir $r < 40$ est donnée approximativement par excès par (parag. **17**) :

$$h = \frac{M}{b z r} + z \times \frac{2 + \dfrac{R}{m r}}{2}$$
$$\frac{25.882,9 \times 100}{53,4 \times 20 \times 40} + 20 \times 2,116$$
$$= 84 + 42,9 = 126,9.$$

On a prévu :

$$h = 93 + 20 - 5 = 108 \text{ cm}.$$

Le travail maximum du béton est alors donné pour $h = 108$ cm. par (parag. **18**) :

$$r = \frac{\dfrac{M}{b} + \dfrac{c R}{2 m} - \dfrac{c R}{3 m h}}{3 h + \dfrac{c^2}{3 h} - c^2}.$$

$$= \frac{\dfrac{35.882,9 \times 100}{53,4} + \dfrac{\overline{20} \times 1.100}{2 \times 12} - \dfrac{\overline{20} \times 1.100}{3 \times 12 \times 108}}{20 \times 108 + \dfrac{\overline{20}^2}{3 \times 108} - \overline{20}^2}$$

$$\frac{67.197 + 18.333 - 2.263}{2.160 + 24,6 - 400} = 46 \text{ kg. } 6.$$

Nous dépassons donc le maximum de 40 kg. imposé. Il y a lieu par suite de prévoir des armatures à la compression pour ramener le travail du béton à 40 kg. Nous avons vu que, dans le calcul des poutres comportant des barres à la compression, les sections de métal doivent être calculées par les formules suivantes (parag. **21**) :

A l'extension :

$$S = \frac{FD + BK}{CK + DH} \qquad (9)$$

A la compression :

$$S' = \frac{FC - BH}{CK + DH} \qquad (10)$$

dans lesquelles on a :

$$B = b\left(y - \frac{e}{2}\right) = 53,4 \times 20 \left(0,3038 \times 108 - \frac{20}{2}\right)$$
$$= 53,4 \times 20 \times 22,81 = 24.361.$$
$$C = mr = 12 \times (0,6962 \times 108) = 12 \times 75,19$$
$$= 902,3.$$
$$D = m(y - a) = 12 \times (0,3038 \times 108 - 5) = 12 \times 27,81$$
$$= 333,72.$$
$$F = \frac{My}{r} - \frac{b}{3}\left[y'^3 - (y - e)^3\right]$$
$$= \frac{35.882,9 \cdot 100 \times 32,81}{40} - \frac{53,4}{3}\left[\overline{32,81}^3 - \overline{12,81}^3\right]$$
$$2.943.295 - 591.217 = 2.352.078.$$
$$H = mr^2 = 12 \times \overline{75,19}^2 = 67.842,4.$$
$$K = m(y - a)^2 = 12 \times (32,81 - 5)^2 = 9.280,7.$$

En remplaçant dans (9) et (10) et en divisant tous les termes par 1.000, on trouve :

1° à l'extension :

$$S = \frac{2.352 \times 0,334 + 24,4 \times 9,28}{0,902 \times 9,28 + 0,334 \times 67,8}$$
$$= \frac{1.012}{31,02} = 32,62 \ \text{cm}^2.$$

On a prévu 3 ronds de 26 et 3 ronds de 27, section totale 33,10 cm².

2° à la compression :

$$S' = \frac{2.352 \times 0,902 - 24,4 \times 67,8}{31,02}$$
$$= \frac{467,2}{31,02} = 15,06 \ \text{cm}^2.$$

Les 3 ronds de 25 mm. prévus donnent une section de

14.80 cm² qui peut être considérée comme suffisante, car elle est renforcée par les barres de répartition du hourdis.

L'effort tranchant maximum est :

1° Pour la charge uniformément répartie :

$$T_1 = \frac{1.599,4 \times 10}{2} = 7.997 \text{ kg.}$$

2° Pour la surcharge des trottoirs :

$$T_2 = \frac{400 \times 0,75 \times 10}{2} = 1.500 \text{ kg.}$$

3° Pour la charge mobile suivant la position la plus défavorable donnée par la fig. 31, on a :

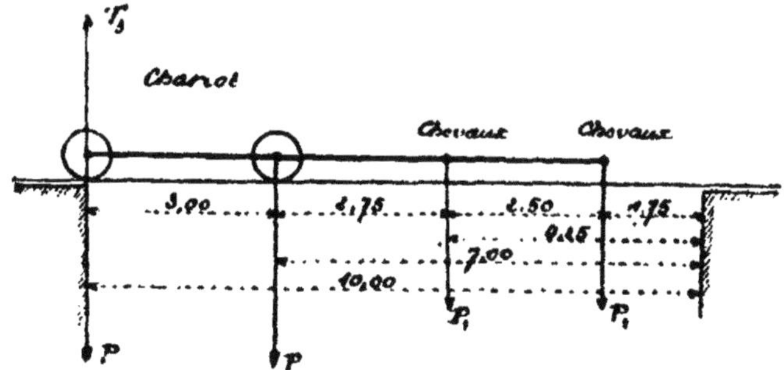

Fig. 31.

$$T_3 = \frac{P(10 + 7) + P_1(4.25 + 1.75)}{10}$$

$$\frac{3.225,8 \times 17 + 564.5 \times 6}{10}$$

$$= \frac{54.838,6 + 3.387}{10} = 5.822,6 \text{ kg.}$$

Effort tranchant total :

$$T = T_1 + T_2 + T_3 = 7.997 + 1.500 + 5.822,6 = 15.319,6$$

Le nombre des étriers à **2** branches de **8** mm. de diamètre, dont la section totale est $3 \times 2 \times 50 = 300$ mm², est pour la demi-portée (parag. **29**) :

$$N = \frac{5}{176} \times \frac{15.319,6}{300} \times \frac{10 \times 100}{103}$$
$$= 14.$$

La construction graphique indiquée planche (1) permet de déterminer les écartements successifs des étriers dans le sens longitudinal.

Pour l'adhérence, le périmètre total des 3 barres de 26 et 3 barres de 27 à l'extension étant : $3\pi \times 2,6 + 3\pi \times 2,7 = 24,5 + 25,11 = 49,91$ cm., le travail du béton est (parag. 28) :

$$c_2 = \frac{S \times R}{\dfrac{l}{2} \times 49,91}$$

$$\frac{32,62 \times 1.100}{500 \times 49,91} = 1 \text{ k. } 4 \text{ p. cm}^2.$$

Section III. — PARTIE EN PORTE-A-FAUX DE LA POUTRE A

La poutre A comprend à la partie supérieure un hourdis en encorbellement de 20 cm. d'épaisseur, destiné à supporter le trottoir et le parapet.

On a pour cette partie :

Porte-à-faux : 0 m. 385 ; épaisseur : 0 m. 20.

Charge uniformément répartie par mètre carré :

Surcharge du trottoir :		400 kg.
Poids propre : $0,20 \times 2.500 =$		500 »
Chape : $\quad 0,02 \times 2.200 =$		44 »
	Total :	944 kg.

Moment fléchissant :

$$M_1 = \frac{944 \times \overline{0,385}^2}{2} = 70 \text{ kgm.}$$

Charge due au parapet : 40 kg. par mètre courant agissant à 0,285 de l'appui ; d'où :

$$M_2 = 40 \times 0,285 = 11,5 \text{ kgm.}$$

Moment fléchissant total :

$$M = M_1 - M_2 = 70 + 11,5 = 81,5 \text{ kgm}.$$

La hauteur théorique nécessaire pour obtenir un travail du béton de $r = 10$ kg. et un travail du métal de $R = 1.100$ kg. serait (parag. 22) :

$$h = \sqrt{\frac{81,5 \times 100}{846}} = 3,8.$$

On a pris comme épaisseur totale : 20 cm., d'abord pour assurer un scellement suffisant au garde-corps et surtout pour utiliser la section de béton ainsi obtenue pour la compression de la poutre A.

La section de métal nécessaire serait pour $h = 18$ (par. 23) :

$$S = \frac{M}{990\,h} = \frac{81,5 \times 100}{990 \times 18} = 0,\!\text{cm}^2\,46.$$

on a prévu par mètre 5 ronds de 8 donnant une section totale de 2,5 cm².

Section IV. — POUTRES LONGITUDINALES B

(Portée libre : 10 mètres ; équarrissage : 0 m. 35 × 0 m. 65)

Charge totale uniformément répartie par mètre courant :

Hourdis sous chaussée	$(1,135 + 0,15) \times 860 =$	1.363,1
Poids propre :	$0,35 \times 0,65 \times 2.500 =$	568,7
	$\dfrac{2 \times 0,05 \times 0,65 \times 2.500}{2} =$	81,3
	Total :	2.013,1

Moment fléchissant dû à la charge uniformément répartie :

$$M_1 = \frac{2.013,1 \times \overline{10}^2}{8} = 25.164 \text{ kgm}.$$

Chariot de 16 tonnes :

Dans le sens transversal, la position la plus défavorable des essieux du chariot de 16.000 kg. est donnée par la figure 82, pour laquelle on a comme charge totale agissant sur la poutre B :

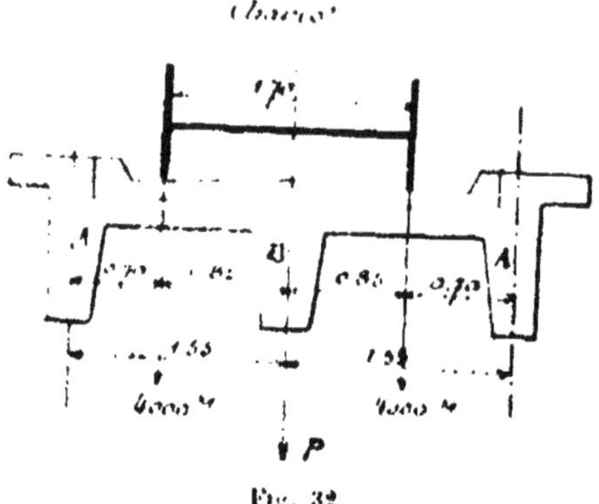

Fig. 32

1° Au droit des essieux :

$$P = \frac{2 \times 4.000 \times 0,70}{1,55} = 3.612 \text{kg}.9$$

2° Au droit des chevaux :

$$P_1 = \frac{2 \times 700 \times 0,70}{1,55} = 632 \text{ kg}.3.$$

Dans le sens longitudinal, la position la plus défavorable du chariot est celle de la figure 30 précédente, pour laquelle on avait trouvé comme réaction sur l'appui de gauche :

$$V = \frac{P(4,25 + 7,25) + P_1 \times 1,50}{10}$$

$$= \frac{3.612,9 \times 11,50 + 632,3 \times 1,50}{10} = 4.249,7.$$

Moment fléchissant par rapport à la roue N :

$$M_2 = V \times 5,75 - P \times 3$$
$$4.249,7 \times 5,75 - 3.612,9 \times 3 = 24.435,8 - 10.838,7$$
$$= 13.597,1 \text{ kgm}.$$

Moment fléchissant total :

$$M = M_1 + M_2 = 25.164 + 13.597,1 = 38.761,1 \text{ kgm}.$$

Largeur de hourdis intéressée à la compression de la poutre (parag. 25) :

$$b = 0,75\,(113,5 + 45) = 118,9.$$

La hauteur théorique de la poutre, pour obtenir $r < 40$, est donnée approximativement par (parag. 17) :

$$h = \frac{M}{br} + z \times 2,116$$

$$\frac{38.761,1 \times 100}{118,9 \times 16 \times 40} + 16 \times 2,116$$

$$= 50,9 + 31,4 = 85,3.$$

On a prévu :

$$h = 65 + 16 - 5 = 76\ \text{cm}.$$

Le travail maximum du béton est alors donné pour $h = 76$ cm. (parag. 18) :

$$r = \frac{\dfrac{M}{b} + \dfrac{cB}{2m} - \dfrac{cB}{3mh}}{zh + \dfrac{z^3}{3h} - z}$$

$$\frac{\dfrac{38.761,1 \times 100}{118,9} + \dfrac{16 \times 1.100}{2 \times 12} - \dfrac{16^2 \times 1.100}{3 \times 12 \times 76}}{16 \times 76 + \dfrac{16^3}{3 \times 76} - 16^2}$$

$$\frac{32.598 + 17.33 - 1.047}{1.216 + 18 - 256} = \frac{42.684}{978}$$

$$= 43\ \text{kg. } 6.$$

Nous dépassons la limite imposée $r = 40$ kg. ce qui indique que nous devons prévoir une section d'acier à la compression pour ramener ce taux de travail à 40 kg.

Nous avons vu que, dans le calcul des poutres comportant des barres à la compression, les sections de métal doivent être calculées par les formules suivantes (parag. 21) :

A l'extension :

$$S = \frac{FD + BK}{CK + DH} \tag{9}$$

À la compression :

$$S = \frac{FC - BH}{CK + DH} \qquad (10)$$

dans lesquelles :

$$y = 0,3038 \times 76 = 23,09.$$

$$B = b\varepsilon \left(y - \frac{\varepsilon}{2} \right) = 118,9 \times 16 \left(0,3038 \times 76 - \frac{16}{2} \right)$$
$$= 118,9 \times 16 \times 15,09 = 28.707.$$
$$C = mx = 12 \times 0,6962 \times 76 = 634,9.$$
$$D = m(y - a) = 12(0,3038 \times 76 - 5) = 12 \times 18,09 = 217,08.$$
$$F = \frac{My}{2} - \frac{b}{3} \left[y'^3 - (y - \varepsilon)^3 \right]$$
$$= \frac{38.764,1 \times 100 \times 23,09}{10} - \frac{118,9}{3} \left[\overline{23,09}^3 - \overline{7,09}^3 \right]$$
$$= 2.237.484 - 473.777 = 1.763.707.$$
$$H = mx^2 = 12 \times \overline{52,91}^2 = 33.593,5.$$
$$K = m(y - a)^2 = 12 \times \overline{18,09}^2 = 3.926,9.$$

En remplaçant dans (9) et (10) et en divisant tous les termes par 1.000, on trouve :

1° A l'extension :

$$S = \frac{1.763,7 \times 0,247 + 28,7 \times 3,927}{0,635 \times 3,927 + 0,247 \times 33,6}$$
$$= \frac{382,7 + 112,7}{2,5 + 7,3} = \frac{95,4}{9,8} = 50,55 \text{ cent. carrés.}$$

On a prévu 4 ronds de 28 et 4 ronds de 29, section totale : 51,04 cm².

2° A la compression :

$$S = \frac{1.763,7 \times 0,635 - 28,7 \times 33,6}{9,8}$$
$$= \frac{1.119,9 - 964,3}{9,8} = \frac{155,6}{9,8} = 15,9 \text{ cm}^2.$$

On a prévu 4 ronds de 23, section totale 16,60 cm². L'effort tranchant maximum est :

1° Pour la charge uniformément répartie :

$$T_1 = \frac{2.013,1 \times 10}{2} = 10.565,5.$$

2° Pour la charge roulante dans la position la plus défavorable donnée pour la poutre A, fig. 31, où l'on a trouvé :

$$T_2 = \frac{P(10 + 7) + P_1(4,25 + 1,75)}{10}$$

$$= \frac{3.612,9 \times 17 + 632,3 \times 6}{10}$$

$$= \frac{61.419,3 + 3.793,8}{10} = 6.521,3.$$

Effort tranchant total :

$$T = T_1 + T_2 = 10.565,5 + 6.521,3 = 17.086,8$$

Le nombre d'écartements des étriers à deux branches de 8 mm. de diamètre, dont la section totale est $4 \times 2 \times 50 = 400$ mm², est pour la 1/2 portée de la poutre (parag. 29) :

$$N = \frac{5}{176} \times \frac{17\,086,8}{400} \times \frac{10 \times 100}{71}$$
$$= 17.$$

La construction graphique indiquée planche (4) permet de déterminer les écartements successifs des étriers dans le sens longitudinal.

Pour l'adhérence, le périmètre total des barres prévues à l'extension étant $4\pi \times 2,8 + 4\pi \times 2,9 = 35.16 \cdot 36.11 = 71,60$, le travail moyen du béton sera donné par (parag. 28) :

$$r_2 = \frac{S \times R}{\dfrac{l}{2} \times 71,60}$$

$$= \frac{50.64 \times 1.100}{500 \times 71,60} = 1\ \text{k. } 55 \text{ par cm}^2 < 4.$$

Section V. — APPUIS SUR LES CULÉES

Poutres A. — On a trouvé comme effort tranchant maximum : $T = 15\ 319,6$. L'appui prévu sur les culées ayant une surface de $50 \times 35 = 1.750$ cm², le travail de la maçonnerie au-dessous des poutres A sera au maximum de :

$$\frac{15.319,6}{1.750} = 8\ \text{k. } 75 \text{ par cent. carré.}$$

Poutres B. — On a trouvé comme effort tranchant maximum : $T = 17.086,8$. L'appui prévu sur les culées ayant une surface de $50 \times 35 = 1.750$ cm², le travail de la maçonnerie au-dessous des poutres B sera au maximum :

$$\frac{17.086,8}{1.750} = 9 \text{ k. } 76 \text{ par cent. carré.}$$

Section VI. — CALCUL DES FLÈCHES

Poutre B.

Données : $a = 35$
$$b = 118,9$$
$$\varepsilon = 16$$
$$h = 76$$
$$u = 5 ; u' = 5$$
$$S = 51,04 ; S' = 16,60$$
$$M_l = 38.761 \times 100 ; M_y = 25.161 \times 100.$$

Détermination de la fibre neutre pendant la période de proportionnalité. — On a vu au § 33 que la position de la fibre neutre est déterminée dans toute la période de proportionnalité et jusqu'à sa limite correspondant à $r = h + u - y$, par la valeur de y donnée par l'équation 25 :

$$y = \frac{1}{2} \frac{\varepsilon(b - a) + 2m(S'u' + Sh) + a(h + u)^2}{\varepsilon(b - a) + m(S' + S) + a(h + u)}.$$

On calculera préalablement les valeurs suivantes :

$\varepsilon(b - a)$	$= 16(118.9 - 35)$	$= 1.342,4$
$\varepsilon^2(b - a)$	$= 16 \times 1.342,4$	$= 21.478,4$
$a(h + u)$	$= 35(76 + 5)$	$= 2.835$
$a(h + u)^2$	$35(76 + 5)$	$= 229.635$
$m.S' + S$	$= 12(16,60 + 51,04)$	$= 811,7$
$2m(S'u' + Sh)$	$= 2 \times 12(16,60 \times 5 + 51,04 \times 76)$	$= 95.089$

D'où :

$$y = \frac{1}{2} \frac{21.478,4 + 95.089 + 229.635}{1.342,4 + 811,7 + 2.835} = \frac{1}{2} \frac{346.202,4}{4.989,4}$$

$$y = 34,7.$$

On en déduit immédiatement d'après le § 35 en faisant $t = 16$ ou le dixième de 160 kgr., résistance à l'écrasement du béton non armé au dosage de 300 kgr. :

$$r = \frac{ty}{h + u - y} = \frac{16 \times 34,7}{76 + 5 - 34,7} = \frac{555,2}{46,3}$$
$$r = 12.$$

On en déduit également, d'après le § 35 :

$$R = \frac{mr(h - y)}{y} = \frac{12 \times 12(76 - 34,7)}{34,7}$$
$$R = 171,4.$$

Détermination de la fibre neutre en dehors de la limite de proportionnalité. — On a vu au § 36 que la position de la fibre neutre en dehors de la limite de proportionnalité s'obtient par la résolution de l'équation du second degré (21), qui peut être modifiée légèrement comme suit :

$$(1 - m\alpha)^2 y^2 + 2 \left\{ \frac{\varepsilon(b - a) + m(S + S')}{a} : (u \times m\alpha) + \right.$$
$$\left. + m\alpha(2 - m\alpha) \times h \right\} y$$
$$- \frac{\varepsilon^2(b - a) + 2m(S'u' + Sh)}{a} - 2hu \times m\alpha$$
$$- m\alpha(2 - m\alpha)h^2 = 0.$$

Les fonctions de ε, de S et de S' ont été calculées plus haut; les valeurs de α et de ses diverses fonctions pour $t = 16$, valeur correspondant au dosage de 300 kgr., sont données par le tableau I (voir calcul du pont de 4 m. section VI, page 108).

Remarquant que :

$$\frac{\varepsilon(b - a) + m(S + S')}{a} : \frac{1.342,4 + 811.7}{35} = 61,5$$
$$\frac{\varepsilon^2(b - a) + 2m(S'u' + Sh)}{a} = \frac{21.478,4 + 95.089}{35} = 3.330,5$$

et que ces valeurs s'appliquent à toutes valeurs de R, on aura, en consultant le tableau des fonctions de α sus-mentionné, pour :

$R = 900$: Coefficient de $y^2 = 0{,}619$.

1/2 Coefficient de y : $61{,}5 + 5 \times 0{,}213 + 0{,}381 \times 76 =$ 91,5

Terme indépendant :

$$- (3.330{,}5 + 2 \times 76 \times 5 \times 0{,}213 + 0{,}381 \times \overline{76^2}) = - 5.693$$

D'où : $y = \dfrac{- 91{,}5 + \sqrt{91{,}5^2 + 0{,}619 \times 5.693}}{0{,}619}$

$$y = 28{,}4.$$

$R = 800$: Coefficient de $y^2 = 0{,}578$.

1/2 Coefficient de y : $61{,}5 + 5 \times 0{,}24 + 0{,}422 \times 76 =$ 94,8

Terme indépendant :

$$- (3.330{,}5 + 2 \times 76 \times 5 \times 0{,}24 + 0{,}422 \times \overline{76^2}) = - 5.950{,}4$$

D'où : $y = \dfrac{- 94{,}8 + \sqrt{94{,}8^2 + 0{,}578 \times 5.950{,}4}}{0{,}578}$

$$y = 28{,}9.$$

$R = 700$: Coefficient de $y^2 = 0{,}527$.

1/2 Coefficient de y : $61{,}5 + 5 \times 0{,}274 + 0{,}473 \times 76 =$ 98,8

Terme indépendant :

$$- (3.330{,}5 + 2 \times 76 \times 5 \times 0{,}274 + 0{,}473 \times \overline{76^2}) = 6.270{,}8$$

D'où : $y = \dfrac{- 98{,}8 + \sqrt{98{,}8^2 + 0{,}527 \times 6.270{,}8}}{0{,}527}$

$$y = 29{,}4.$$

$R = 600$: Coefficient de $y^2 = 0{,}462$.

1/2 Coefficient de y : $61{,}5 + 5 \times 0{,}32 + 0{,}538 \times 76 =$ 104,0

Terme indépendant :

$$- (3.330{,}5 + 2 \times 76 \times 5 \times 0{,}32 + 0{,}538 \times \overline{76^2}) = - 6.681{,}2$$

D'où : $y = \dfrac{- 104 + \sqrt{104^2 + 0{,}462 \times 6.681{,}2}}{0{,}462}$

$$y = 30{,}1.$$

$R = 400$: Coefficient de $y^2 = 0{,}27$.

1/2 Coefficient de y : $61{,}5 + 5 \times 0{,}48 + 0{,}73 \times 76 =$ 119,4

Terme indépendant .

$$- (3.330{,}5 + 2 \times 76 \times 5 \times 0{,}48 + 0{,}73 \times \overline{76^2}) = - 7.911{,}8$$

D'où : $y = \dfrac{- 119{,}4 \pm \sqrt{119{,}4^2 + 0{,}27 \times 7.911{,}8}}{0{,}27}$

$$y = 31{,}80.$$

Moments de résistance correspondant aux diverses valeurs de R choisies. — Pour calculer les moments de résistance correspondant aux diverses valeurs de R choisies, on effectuera les expressions des moments d'inertie, voir § 31, et à cet effet on calculera préalablement les fonctions suivantes de y.

TABLEAU I

$R =$	900	800	700	600	500	171,4
y	28,4	28,9	29,4	30,1	31,8	34,7
$h-y=76-y$	47,6	47,1	46,6	45,9	44,2	41,3
$y-\varepsilon\;\;y-16$	12,4	12,9	13,4	14,1	15,8	18 7
$(h-y)^2$	2 265,8	2.218,4	2.171,6	2.106,8	1.953,6	1.703,7
$(h-y)^3$	107.850	104.587	101.195	96.703	86.351	70.445
$(y-u')\;\;y-5$	23,4	23,9	24,4	25,1	26,8	29,7
$(y-u')^2\;\;(y-5)^2$	547,6	571,2	595,4	630,0	718,2	882,1
y^3	22.906,3	24 137,6	25.412,2	27.270,9	32.157,4	41.781,9
$(y-u)^3$	1.906,6	2.146,7	2.408,1	2.804,2	3.946,3	6.549,2
$b\left(y^3-\left(y+\frac{c}{3}\right)\right)\;y^3\;(y-u)^3$	20.999,7	21.990,9	23.600,1	24.467,7	28.213,1	35.242,7
$(h\;y+u)\;76\;y-5$	52,6	52,1	54,6	56,0	44,2	46,3
$(h\;y+u)^2$	2.706,8	2.714,4	2.602,6	2.590,8	2.420,4	2.143,7
$(h-y+u)^3$	—	—	—	—	—	99.253,6

D'où successivement pour :

$$R = 900 : b\left(y^2 - \varepsilon y + \frac{c}{3}\right)$$

$$118,9 - \frac{20\,999,7}{3} \qquad\qquad 832.288$$

$$+\;\frac{a}{3}\,(y-\varepsilon)^3$$

$$-\frac{35}{3} \times 1.906,6 \qquad\qquad 22.211$$

$$+\;mS(y-u')^2$$

$$12 \times 16,6 \times 547,6 \qquad\qquad 109.082$$

$$+\;mS(h-y)^2$$

$$12 \times 51,04 \times 2.265,8 \qquad\qquad 1.387.757$$

$$\text{À reporter . . .} \qquad 2.351\,371$$

$$+ \qquad -$$

$$\text{Report} \ . \ . \ . \qquad 2.351.371$$

$$+\frac{u}{2}\times xm(h-y)(h-y+u)^2$$

$$=\frac{35}{2}\times 0,213\times 47,6\times 2.766,8= \qquad 490.911$$

$$-\frac{u}{6}\times x'm'\times (h-y)^3$$

$$=-\frac{35}{6}\times 0,01\times 107.850 \qquad = \qquad\qquad 6.291$$

$$1 \qquad = 2.842.282 - 6.291$$
$$6.291$$
$$2.835.991$$

D'où :

$$\mathfrak{M} \qquad \frac{84}{m(h-y)} \cdot \frac{900}{12\times 47,6}\times 2.835.991$$

$$\mathfrak{M} = 41.685 \times 100.$$

$$r = \frac{8y}{m(h-y)} \qquad \frac{900\times 28,4}{12\times 47,6}$$

$$r \qquad 11,7.$$

$$R=800: \ bz\left(y''-zu+\frac{u'}{3}\right)$$

$$= 118,9 \times\frac{21.000,0}{3} \qquad = 871.573$$

$$+\frac{u}{3}(y-u)^2$$

$$\frac{35}{3}\times 2.116,7 \qquad 25.015$$

$$+mS(y-u)^2$$

$$12\times 16,6\times 571,2 \qquad 113.783$$

$$mS(h-y)^2$$

$$12\times 51,04\times 2.218,4 \qquad 1.358.726$$

$$+\frac{u}{2}\times xm(h-y)(h-y+u)^2$$

$$\frac{35}{2}\times 0,21\times 047,1\times 2.714,1 \qquad 536.063$$

$$\text{A reporter.} \ . \ . \qquad 2.906.090$$

	+	—
Report. . .	2.906.090	

$$- \frac{a}{6} \times x'm''(h - y)^3$$

$$= - \frac{35}{6} \times 0,014 \times 104.487 \qquad = \qquad\qquad 8.533$$

		2.906.090 — 8.533
		8.533
		2.897.557

D'où :

$$\mathcal{K} = \frac{R1}{m(h -)} = \frac{800}{12 \times 47,1} \times 2,897.557$$

$$\mathcal{K} = - 11.013 \times 100.$$

$$r = \frac{Ry}{m(h \quad y'} \cdot \frac{800 \times 28,9}{12 \times 57,1}$$

$$r = 40,9.$$

$$R = 700 : \; b_2\left(y^2 - \varepsilon y + \frac{\varepsilon^2}{3}\right) \qquad\qquad + \qquad\qquad —$$

$$= 118,0 \times \frac{23.006,4}{3} \qquad\qquad — \quad 911.808$$

$$+ \frac{a}{3}(y - \varepsilon)^3$$

$$= \frac{35}{3} \times 2.406,4 \qquad\qquad = \quad 28.071$$

$$+ mS'(y - a')^2$$

$$= 12 \times 16,6 \times 595,4 \qquad\qquad = \quad 118.604$$

$$+ mS(h - y)^2$$

$$= 12 \times 54,04 \times 2.171,6 \qquad\qquad 1.330.062$$

$$+ \frac{a}{2} \times zm(h \quad y)(h - y \quad a)^2$$

$$= \frac{35}{2} \cdot 0,271 \times 16,6 \times 2.662,6 \qquad 594.950$$

$$- \frac{a}{6} \times r'm(h - y)^3$$

$$= - \frac{35}{6} \times 0,021 \times 104.195 \qquad\qquad\qquad 12.396$$

		2.083.105 — 12.396
		12.396
		2.071.099

D'où :

$$\mathfrak{M} = \frac{Rl}{m(h-y)} = \frac{700}{12 \times 46,6} \times 2.971.099$$

$$\mathfrak{M} = 37.191 \times 100.$$

$$r = \frac{Ry}{m(h-y)} = \frac{700 \times 29,4}{12 \times 46,6}$$

$$r = 36,8.$$

$R = 600: \quad b_z\left(y^2 - \varepsilon y + \frac{\varepsilon^2}{3}\right)$

$$-\ 118,9 \times \frac{24.467,7}{3} \qquad\qquad = 969.737$$

$$+\ \frac{a}{3}(y-\varepsilon)^3$$

$$-\ \frac{35}{3} \times 2.803,2 \qquad\qquad -\ 32.701$$

$$m S'(y-u')^2$$

$$12 \times 16,6 \times 630 \qquad\qquad = 125.496$$

$$m S(h-y)^2$$

$$= 12 \times 51,04 \times 2.106,8 \qquad -1.290.373$$

$$+\ \frac{a}{2} \times \varepsilon m(h-y)(h-y+u)^2$$

$$= \frac{35}{2} \times 0,32 \times 45,9 \times 2.590,8 = 665.939$$

$$-\ \frac{a}{6} \times \varepsilon^3 m'(h-y)^3$$

$$= \frac{35}{6} \times 0,033 \times 96.703 \qquad = 18\ 615$$

$$\qquad\qquad\qquad\qquad | \qquad \overline{3.084.219-18.615}$$

$$\qquad\qquad\qquad\qquad 18.615$$

$$\qquad\qquad\qquad\qquad \overline{3.065.634}$$

D'où :

$$\mathfrak{M} = \frac{Rl}{m(h-y)} = \frac{600}{12 \times 45,9} \times 3.065.634$$

$$\mathfrak{M} = 33.394 \times 100.$$

$$r = \frac{Ry}{m(h-y)} = \frac{600 \times 30,1}{12 \times 45,9}$$

$$r = 32,8.$$

$$h = 100 : b\left(y^2 - zy + \frac{z^2}{3}\right)$$

$$= 118,9 \times \frac{28.243,4}{3} \qquad\qquad -1.118.178$$

$$+\frac{a}{3}(y - z)^3$$

$$= \frac{35}{3} \times 3.944,3 \qquad\qquad\qquad 46.017$$

$$\quad mS'(y - a')^2$$

$$= 12 \times 46,6 \times 718,2 \qquad = \quad 143.065$$

$$\quad mS(h - y)^2$$

$$= 12 \times 51,04 \times 1.933,6 \qquad = 1.196.544$$

$$\frac{a}{2} \times 2m(h - y)(h - y + a)^2$$

$$= \frac{35}{2} \times 0,48 \times 44,2 \times 2.420,6 = \quad 898.720$$

$$-\frac{a}{6} \times z^2 m'(h - y)^2$$

$$= -\frac{35}{6} \times 0,11 \times 86.354 \qquad = \qquad\qquad 55.409$$

$$\mathbf{I} \qquad -3.402.521 - 55.409$$

$$55.409$$

$$\overline{3.347.112}$$

$$\mathfrak{M} \qquad \frac{M}{m t b - y)} = \frac{100}{12 \times 44,2} \times 3.347.112$$

$$\mathfrak{M} \quad 25.242 \times 100.$$

$$r \quad \frac{Ry}{m(b - y)} = \frac{100 \times 31,8}{12 \times 44,2}$$

$$r = 24,0.$$

$$h = 171,4 : b\left(y^2 - zy + \frac{z^2}{3}\right) \qquad\qquad +$$

$$118,9 \times \frac{35.242,7}{3} \qquad\qquad -1.396.790$$

$$\frac{a}{3}(y - z)^3$$

$$\frac{35}{3} \times 6.530,2 \qquad\qquad = - \quad 76.201$$

$$\text{À reporter . . .} \qquad \overline{1.473.081}$$

$$\text{Report} \ldots \ldots \ldots \quad 1.473.081$$

$$+ mS'(y - a')^2$$
$$= 12 \times 16,6 \times 882,1 \qquad = \quad 175.714$$
$$+ mS(h - y)^2$$
$$= 12 \times 51,04 \times 1.705,7 \qquad = 1.044.707$$
$$+ \frac{a}{3}(h - y + a)^3$$
$$= \frac{35}{3} \times 99.253 \qquad = 1.157.952$$
$$\text{I} \qquad = 3.851.454$$

D'où :

$$\mathfrak{M} = \frac{RI}{m(h - y)} = \frac{171,4}{12 \times 41,3} \times 3.851.454$$

$$\mathfrak{M} = 13.320 \times 100.$$

$$r = \frac{Ry}{m(h - y)} = \frac{171,4 \times 31,7}{12 \times 41,3}$$

$$r = 12,$$

valeur déjà trouvée directement plus haut.

Calcul par interpolation des valeurs de R et de r dans les sections déterminées. — Ayant calculé les moments de résistance M et les taux de travail r à la compression correspondant à diverses valeurs de R choisies arbitrairement, il sera facile par interpolation de déterminer les valeurs de R et r relatives au moment des forces extérieures en des sections équidistantes permettant une sommation.

Considérant le moment maximum 38.761×100 dû aux charges totales et remplaçant la courbe limite des moments fléchissants, correspondant à la position de la surcharge roulante qui a donné le moment maximum sus-mentionné, par la parabole ayant pour ordonnée au sommet cette valeur de 38.761×100; suivant la même marche pour les charges permanentes dont le moment maximum a été trouvé de 25.164×100, on obtiendra tableau II) les moments successifs au droit des diverses sections résultant de la division de la demi-portée $\left(\frac{l}{2} = 5 \text{ m.}\right)$, en 10 parties, égales chacune à 0 m. 50.

TABLEAU II

	Charges totales $p=\dfrac{M}{\left(\frac{l}{2}\right)^2}=\dfrac{33.761\times100}{25}=1.550\times100$	Charges permanentes $p'=\dfrac{M}{\left(\frac{l}{2}\right)^2}\quad\dfrac{25.164\times100}{25}=1.007\times100$
$x_0=0$	$p\,(5^2-0)=1.550\times100\times25=38.750\times100$	$1.007\times100\times25=25.175\times100$
$x_1=0,50$	$p\,(5^2-0,5^2)=1.550\times100\times24,75=38.363\times100$	$1.007\times100\times24,75=24.923\times100$
$x_2=1,00$	$p\,(5^2-1^2)=1.550\times100\times24=37.200\times100$	$1.007\times100\times24=24.168\times100$
$x_3=1,50$	$p\,(5^2-1,5^2)=1.550\times100\times22,75=35.263\times100$	$1.007\times100\times22,75=22.909\times100$
$x_4=2,00$	$p\,(5^2-2^2)=1.550\times100\times21=32.550\times100$	$1.007\times100\times21=21.147\times100$
$x_5=2,50$	$p\,(5^2-2,5^2)=1.550\times100\times18,75=29.063\times100$	$1.007\times100\times18,75=18.881\times100$
$x_6=3,00$	$p\,(5^2-3^2)=1.550\times100\times16=24.800\times100$	$1.007\times100\times16=16.112\times100$
$x_7=3,50$	$p\,(5^2-3,5^2)=1.550\times100\times12,75=19.763\times100$	$1.007\times100\times12,75=12.839\times100$
$x_8=4,00$	$p\,(5^2-4^2)=1.550\times100\times9=13.950\times100$	$1.007\times100\times9=9.063\times100$
$x_9=4,50$	$p\,(5^2-4,5^2)=1.550\times100\times4,75=7.363\times100$	$1.007\times100\times4,75=4.783\times100$
$x_{10}=5,00$	$p\,(5^2-5^2)=0$	0

Le tableau suivant résume les valeurs de R et *r* correspondant aux moments de résistance calculés dans le paragraphe précédent et les valeurs de R et de *r* obtenues par interpolation entre les premières, marquées d'un astérisque. On se rappellera qu'à partir de R = 178,4 jusqu'à zéro, les taux de travail de l'acier et du béton sont proportionnels aux moments des forces extérieures.

$\overline{M}$	$\overline{R}$	$\overline{r}$
* 44.685 × 100	900	44,7 *
* 41.013 × 100	800	40,9 *
38.750 × 100	741	38,5
38.363 × 100	731	38,1
37.200 × 100	700	36,8
* 37.191 × 100	700	36,8 *
35.263 × 100	650	34,8
* 33.394 × 100	600	32,8 *
32.550 × 100	579	31,9
29.063 × 100	494	28,1
* 25.242 × 100	400	24,0 *
25.175 × 100	399	24,0
24.923 × 100	394	23,7
24.800 × 100	392	23,5
24.468 × 100	379	22,9
22.909 × 100	355	21,7
21.147 × 100	321	19,9
19.763 × 100	295	18,5
18.881 × 100	278	17,6
16.112 × 100	224	14,8
13.050 × 100	183	12,6
* 13.320 × 100	171,4	12,0 *
12.839 × 100	164	11,6
9.063 × 100	117	8,2
7.363 × 100	95	6,7
4.783 × 100	64	4,3
0	0	0

Posant $A = \dfrac{R}{2 \times 10^6}$; $B = \dfrac{r}{2 \times 10^5}$, on aura les valeurs suivantes au droit des sections équidistantes sus-mentionnées :

TABLEAU III

	M	R	r	$A \times 10^4$	$B \times 10^4$	$(A+B) \times 10^4 \times \dfrac{\frac{l}{2}-r}{10^2}$	$y=(A+B)\left(\dfrac{l}{2}-r\right)$
					Charges totales		
x_0	38,750×100	741	38,5	3,705	1,925	$5,630 \times 5,00 \times \frac{1}{100}$	$28,15 \times \frac{1}{100}$
x_1	38,363×100	731	38,1	3,655	1,905	$5,560 \times 4,50 \times \frac{1}{100}$	$25,02 \times \frac{1}{100}$
x_2	37,200×100	700	36,8	3,500	1,840	$5,340 \times 4,00 \times \frac{1}{100}$	$21,36 \times \frac{1}{100}$
x_3	35,263×100	650	34,8	3,250	1,740	$4,990 \times 3,50 \times \frac{1}{100}$	$17,46 \times \frac{1}{100}$
x_4	32,550×100	579	31,9	2,843	1,595	$4,49 \times 3,00 \times \frac{1}{100}$	$13,47 \times \frac{1}{100}$
x_5	29,063×100	494	28,1	2,470	1,405	$3,875 \times 2,50 \times \frac{1}{100}$	$9,68 \times \frac{1}{100}$
x_6	24,800×100	392	23,5	1,91	1,175	$3,085 \times 2,00 \times \frac{1}{100}$	$6,17 \times \frac{1}{100}$
x_7	19,763×100	295	18,5	1,175	0,925	$2,400 \times 1,50 \times \frac{1}{100}$	$3,60 \times \frac{1}{100}$
x_8	13,950×100	183	12,6	0,915	0,64	$1,545 \times 1,00 \times \frac{1}{100}$	$1,55 \times \frac{1}{100}$
x_9	7,363×100	95	6,7	0,473	0,35	$0,840 \times 0,50 \times \frac{1}{100}$	$0,61 \times \frac{1}{100}$
x_{10}	0	0	0	0	0	0	0
					Charges permanentes		
x_0	25,075×100	399	24	1,995	1,200	$3,195 \times 5,00 \times \frac{1}{100}$	$15,98 \times \frac{1}{100}$
x_1	24,923×100	394	23,7	1,970	1,185	$3,155 \times 4,50 \times \frac{1}{100}$	$14,20 \times \frac{1}{100}$
x_2	24,168×100	379	22,9	1,893	1,165	$3,040 \times 4,00 \times \frac{1}{100}$	$12,16 \times \frac{1}{100}$
x_3	22,009×100	355	21,7	1,775	1,085	$2,86 \times 3,50 \times \frac{1}{100}$	$10,01 \times \frac{1}{100}$
x_4	21,107×100	321	19,9	1,605	0,975	$2,600 \times 3,00 \times \frac{1}{100}$	$7,80 \times \frac{1}{100}$
x_5	18,881×100	278	17,6	1,390	0,880	$2,270 \times 2,50 \times \frac{1}{100}$	$5,68 \times \frac{1}{100}$
x_6	16,112×100	224	14,8	1,120	0,740	$1,860 \times 2,00 \times \frac{1}{100}$	$3,72 \times \frac{1}{100}$
x_7	12,849×100	168	11,6	0,820	0,580	$1,400 \times 1,50 \times \frac{1}{100}$	$2,10 \times \frac{1}{100}$
x_8	9,004×100	117	8,2	0,585	0,420	$0,995 \times 1,00 \times \frac{1}{100}$	$1,00 \times \frac{1}{100}$
x_9	4,783×100	61	4,3	0,320	0,215	$0,535 \times 0,50 \times \frac{1}{100}$	$0,27 \times \frac{1}{100}$
x_{10}	0	0	0	0	0	0	0

Posant, d'après le §38, $F = \dfrac{\Sigma y \times \Delta}{3h}$, on aura pour $\Delta = 50$ et $h = 76$, en appliquant la formule de Simpson :

$$F = [28,15 + 4(25,02 + 17,16 + 9,68 + 3,60 + 0,41) + 2(21,36 + 13,47 + 6,17 + 1,55 + 0)] \times \frac{50}{3 \times 76} \times \frac{1}{100}$$

$$F_t = \frac{337,93 \times 50}{3 \times 76 \times 100} = 0 \text{ cm. } 74$$

$$F_t = 0 \text{ m. } 0074.$$

On aura de même :

$$F_p = [15,98 + 4(14,20 + 10,01 + 5,68 + 2,10 + 0,27) + 2(12,16 + 7,80 + 3,72 + 1,00 + 0)] \times \frac{50}{3 \times 76} \times \frac{1}{100}$$

$$F_p = \frac{194,38 \times 50}{3 \times 76 \times 100} = 0 \text{ cm. } 426$$

$$F_p = 0 \text{ m. } 00426.$$

Calcul des flèches en négligeant le béton tendu. — Si l'on négligeait le béton tendu on aurait, d'après le § 39 :

$$F_t = \frac{\ell^2 r}{9,6 \times 200.000 \, y},$$

expression dans laquelle il faut faire ici (voir section IV, calcul de la poutre B, pages 188 et 189) :

$$r = 40$$
$$y = 23,09.$$

Donc :

$$F_t = \frac{1000^2 \times 40}{9,6 \times 200.000 \times 23,09} = 0 \text{ cm. } 904$$
$$F_t = 0 \text{ m. } 0,00904$$

et par suite :

$$F_p = F_t \times \frac{M_p}{M_t} = 0,00904 \times \frac{25.175}{38.750}$$

$$F_p = 0 \text{ m. } 00587.$$

Désignation	Quantités		Volume de béton	Aciers						Récapitulation	
	surface ou section	longueur ou épaisseur		Désignation des barres	Diamètre	nombre de pièces	longueur	poids partiel ou par mètre courant	poids total	béton	acier
	m. carrés	m. linéaires	m. cubes		m/m		mètres	kilog.	kilog.	m³	kilog.
Hourdis *sous chaussée* (épaisseur 0,16)	10,30×3,38 =34,81	0,16	5,570	barres de résistance	12	72	3,30	0,880	209,09		
				id. de répartition	8	36	5,50	0,392	77,62		
				barres supérieures au droit des poutres A	6	40	0,80	0,220	7,04	5,570	293,75
Poutres A (2 semblables) (équarrissage moyen 0,305×0,93)	0,305×0,93 =0,284	2×11=22	6,248	barres inférieures	27	6	10,90	4,435	292,		
				id. id.	26	6	10,90	4,140	270,75		
				id. supérieures	25	6	10,90	3,828	250,35		
				id. intermédiaires	10	6	10,90	0,612	46,02		
				étriers	8	198	2,26	0,392	175,42	6,248	1028,54
Poutres B (2 semblables) (équarrissage moyen 0,40×0,65)	0,40×0,65 =0,260	11	2,86	barres inférieures	29	4	10,90	5,151	221,58		
				id. id.	28	4	10,90	4,802	209,37		
				id. supérieures	23	4	10,90	3,24	141,26		
				étriers	8	156	1,62	0,392	90,06	2,86	674,27
Rebord formant trottoir (épaisseur 0,20,	2×11×0,66 =14,52	0,20	2,904	barres transversales	8	110	1,45	0,392	62,52		
				id. longitudinales	11	2	11	1,20	26,40	2,904	88,92
Garde-corps (fer forgé)	»	»	»	montants	»	26	»	11,20	291,2		
				partie courante	»	2	101,75	22,50	483,75		
				rivets et boulons 5 0/0	»	»	»	»	39	»	813,95
								Total		17,582	2899,4

Feuilles de plomb. épaisseur 10 m/m. dimensions : 2 feuilles de 0,35 × 0,35 ; 4 feuilles de 0,28 × 0,55, poids total ... 111 k.

CHAPITRE IX

PONT DE 15 MÈTRES A DEUX VOIES

Dosage prévu :
400 kgr. de ciment Portland ;
0,400 de sable :
0,800 de gravillon.

Section I. — HOURDIS SOUS CHAUSSÉE

Portée libre : 1 m. 54 : épaisseur : 0 m. 15.

Charge uniformément répartie par mètre carré :

Empierrement :	$0,16 \times 2.100 =$	336 kgs.
Sable :	$0,05 \times 1.600 =$	80 »
Chape :	$0,02 \times 2.200 =$	44 »
Poids propre :	$0,15 \times 2.500 =$	375 »

Épaisseur totale : $\overline{0,38}$
Poids total : 835 kg.

Moment dû à la charge uniformément répartie (parag. 26) :

$$M_1 = \frac{835 \times 1,54^2}{10} = 198 \text{ kgm.}$$

Chariots de 16 tonnes. — La roue de 4.000 k. dans sa position défavorable, milieu de la portée, donne comme moment maximum (parag. 27) :

$$M_2 = 0,8 \times \frac{1.000}{4\left(\frac{1,54}{3} + 0,38\right)} \times \left(1,54 - \frac{0,38}{2}\right)$$

$$= 1\ 210\ \text{kgm.}$$

Moment fléchissant total :

$$M = M_1 + M_2 = 198 + 1.210 = 1.408\ \text{kgm.}$$

Hauteur théorique nécessaire pour obtenir à la fois comme travail du béton à la compression $r = 50$ kg. et comme travail du métal à l'extension $R = 1.100$ (parag. 22) :

$$h = \sqrt{\frac{1.408 \times 100}{100 \times 7,78}} = 13,4.$$

On prendra comme épaisseur totale du hourdis :

$$z = 13,4 + 1,6 = 15\ \text{cm.}$$

La section de métal nécessaire à l'extension est (parag. 22) :

$$S = 0,802 \times 13,4 = 10,75\ \text{cm}^2.$$

On a prévu des ronds de 12 mm., section $1,13$ cm² à l'écartement de :

$$\frac{1,13 \times 100}{10,75} = 10,5\ \text{cm.}$$

Section des barres de répartition :

$$S_1 = \frac{S}{2} = \frac{10,75}{2} = 5,38\ \text{cm}^2.$$

On a prévu des ronds de 8 mm., section $0,50$ cm² à l'écartement de :

$$\frac{0,50 \times 100}{5,38} = 9\ \text{cm. 3.}$$

Section II. — POUTRES LONGITUDINALES A

(Portée libre : 15 m. ; équarrissage : 0,35 × 1,05).

Charge uniformément répartie par mètre courant :

Hourdis sous chaussée : $(1,54 + 0,35) \times 835 =$ 1.578 k.,2
Poids propre : $0,35 \times 1,05 \times 2.500 =$ 918   7
Poids des entretoises : $4 \times \dfrac{0,12 \times 10 \times 1,54 \times 2.500}{15} =$ 49   3

$$\text{Total} = \quad \overline{2.546 \text{ k.,2}}$$

Moment fléchissant dû à la charge uniformément répartie (parag. 26) :

$$M_1 = \frac{2.546,2 \times 15^2}{8} = 71.612 \text{ kgm.}$$

Chariot de 16 tonnes.

Dans le sens transversal, la position la plus défavorable des chariots de 16.000 kg. est donnée par la fig. 33. On a comme charge agissant sur la poutre A :

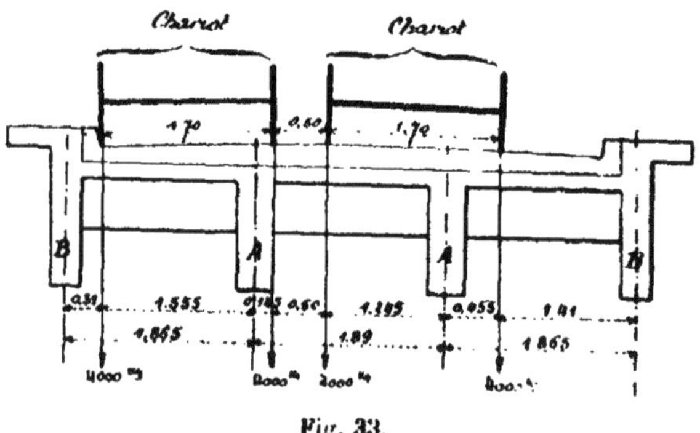

Fig. 33.

1° Au droit des essieux :

$$P = \frac{4.000 \times 0,31}{1,865} + \frac{4.000 \times (1,245 + 1,745)}{1,89}$$
$$= 664,9 + 6.328 = 6.992,9 \text{ kg.}$$

2° Au droit des chevaux :

$$P_1 = \frac{700 \times 0,31}{1.865} + \frac{700 \times (1.245 + 1.745)}{4,89}$$

$$= 116,4 + 1.107,4 = 1.223,8 \text{ kg.}$$

Dans le sens longitudinal, la position la plus défavorable des chariots est donnée par la fig. 34, dans laquelle le milieu C de la portée partage en deux parties égales la distance comprise entre la résultante du poids du chariot et la roue X considérée.

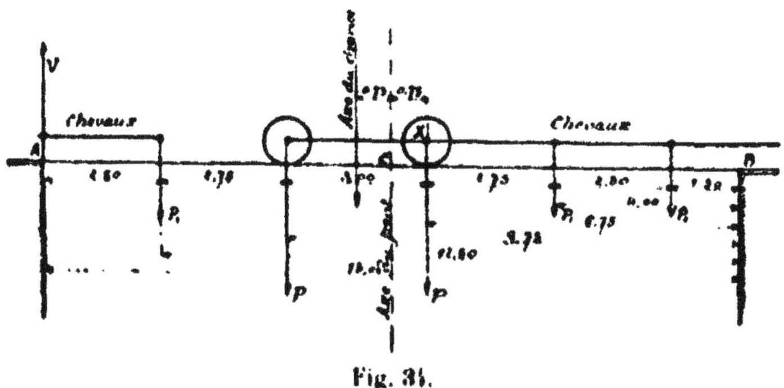

On a dans ce cas :

$$V = \frac{P (6,75 + 9,75) + P_1 (1,50 + 4,00 + 12,50)}{15}$$

$$= \frac{6.092,9 \times 16,50 + 1.223,8 \times 18}{15} = \frac{137.411,2}{15}$$

$$= 9.161 \text{ kg.,}$$

et le moment fléchissant par rapport à la roue X :

$$M_2 = V \times 8,25 - (P \times 3 + P_1 \times 5,75).$$
$$9.161 \times 8,25 - (6.092,9 \times 3 + 1.223,8 \times 5,75)$$
$$= 75.578 - 28.015 = 47.563 \text{ kgm.}$$

Moment fléchissant total :

$$M = M_1 + M_2 = 71.612 + 47.563 = 119.175 \text{ kgm.}$$

Largeur de hourdis intéressée à la compression de la poutre (parag. 23) :

$$b = 0,75\left(\frac{1,805 + 1,89}{2}\right) = 141 \text{ cm.}$$

La hauteur théorique nécessaire pour obtenir $r < 50$ serait donnée approximativement et par excès par (parag. 17) :

$$h = \frac{M}{br} + \frac{2 + \dfrac{mr}{R}}{2} \times \varepsilon$$

$$= \frac{119.175 \times 100}{141 \times 15 \times 50} ; \quad \frac{2 + \dfrac{1.100}{12 \times 50}}{2} \times 15$$

$$= 113,5 + 28,8 = 142,3 \text{ cm.} ;$$

or nous avons prévu :

$$h = 105 + 15 - 7 = 113 \text{ cm.}$$

Le travail maximum du béton est alors donné pour $h = 113$ cm. par (parag. 18) :

$$r = \frac{\dfrac{M}{b} + \dfrac{\varepsilon R}{2m} - \dfrac{\varepsilon R}{3mh}}{\varepsilon h + \dfrac{\varepsilon^2}{3h} - \varepsilon'} \tag{6}$$

$$= \frac{\dfrac{119.175 \times 100}{141} + \dfrac{15^2 \times 1.100}{2 \times 12} - \dfrac{15^2 \times 1.100}{3 \times 12 \times 113}}{15 \times 113 + \dfrac{15^2}{3 \times 113} - 15^2}$$

$$= \frac{84.621 + 10.313 - 913}{1.695 + 10 - 225} = \frac{93.921}{1.480}$$

$$= 63 \text{ k. environ.}$$

Ainsi qu'on le voit, nous dépassons la limite imposée $r = 50$ kg., ce qui indique que nous devons prévoir une section d'acier à la compression pour ramener ce taux de travail à 50.

Nous avons vu que, pour des poutres comportant des barres à la compression, les sections de métal doivent être calculées par les formules suivantes (parag. 21) :

à l'extension :

$$S = \frac{FD + BK}{CK + DH} \qquad (9)$$

à la compression :

$$S' = \frac{FC - BH}{CK + DH} \qquad (10)$$

dans lesquelles, si $r = 50$ et $R = 1.100$, on a :

$$y = \frac{mr}{R + mr} \times h = 0{,}353 \times 113 = 39{,}9 \text{ cm.}$$

$$x = \frac{R}{R + mr} \times h = 0{,}647 \times 113 = 73{,}1 \text{ cm.}$$

$$B = b\left(y - \frac{4}{2}\right) = 141 \times 15\left(39,9 - \frac{15}{2}\right)$$
$$= 2.115 \times 32,4 = 68.526.$$
$$C = mx = 12 \times 73,1 = 877,2.$$
$$D = m(y - n') = 12 \times (39,9 - 5) = 418,8.$$
$$F = \frac{My}{2} - \frac{h}{3}\left[y^2 - (y - z)\right]$$
$$= \frac{119.175 \times 100 \times 39,9}{50} - \frac{141}{3}\left[39,9^2 - 24,9^2\right]$$
$$= 9.510.165 - 2.259.898 = 7.250.267.$$
$$H = mx^2 = 12 \times 73,1 = 64.123.$$
$$K = m(y - n')^2 = 12 \times 34,9^2 = 14.616.$$

En remplaçant dans (9) et (10) et divisant tous les membres
par 1.000, on obtient avec une approximation suffisante :
1° A l'extension :

$$S = \frac{7.250 \times 0,419 + 68,5 \times 14,6}{0,877 \times 14,6 + 0,419 \times 64,1}$$
$$= \frac{3.037,8 + 1.000,1 = 4.037,9}{12,84 + 26,9 = 39,97} = 101 \text{ cm}^2.$$

On a prévu 12 ronds de 33, section totale : 102,60 cm².
2° A la compression :

$$S = \frac{7.250 \times 0,877 + 68,5 \times 64,1}{0,877 \times 14,6 + 0,419 \times 64,1}$$
$$= \frac{6.358 + 1.294 = 1.965}{12,84 + 26,9 = 39,7} = 19,50 \text{ cm}^2.$$

On a prévu 8 ronds de 28, section totale : 19,3 cm².

L'effort tranchant maximum est :

1° Pour le poids propre :

$$T_1 = \frac{2.546,2 \times 15}{2} = 19.097 \text{ kg.}$$

2° Pour la charge roulante dans la position la plus défavorable indiquée par la fig. 35 :

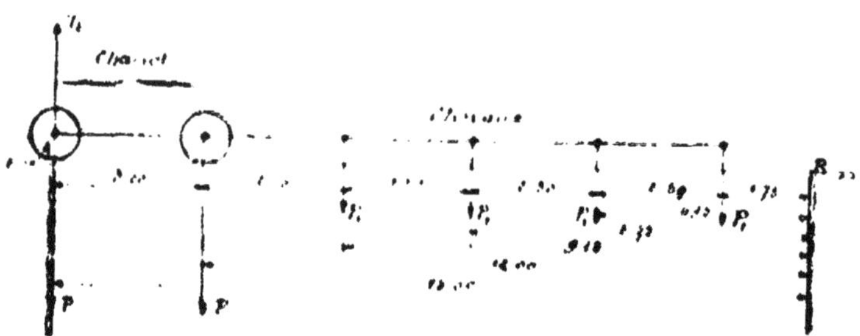

Fig. 35.

$$T_2 = \frac{P_1 \cdot 0,75 + 4,25 + 6,75 + 9,25 + P(12 + 15)}{15}$$

$$= \frac{1.423,8 \cdot 22 + 6.082,9 \times 27}{15}$$

$$= \frac{26.923,6 + 188.808,3}{15} = \frac{215.731,9}{15} = 11.382 \text{ kg.}$$

Effort tranchant total :

$$T = T_1 + T_2 = 19.097 + 11.382 = 33.179 \text{ kgs.}$$

Le nombre d'intervalles des étriers à deux branches de $35 \times 2,5$ dont la section totale est $1 \times 2 \times 35 \times 2,5 = 700$, sera pour la 1/2 portée (parag. 29) :

$$N = \frac{6}{175} \times \frac{33.179}{700} \times \frac{6 \times 100}{108} = 18,8.$$

On prendra N = 19.

La construction graphique donnée planche 6 permet de déterminer les écartements successifs des étriers dans le sens longitudinal.

Pour l'adhérence, le périmètre total des 12 ronds de 33, prévus à l'extension, étant $12 \times \pi \times 3,3 = 124,44$ cm., le travail moyen du béton sera donné par (parag. 28 :

$$r_i = \frac{S \times R}{\frac{l}{2} \times 124,44}$$

$$= \frac{101,7 \times 1.100}{750 \times 124,44} = 1 \text{ k } 2 < 3 \text{ k}.$$

Section III. — POUTRES LONGITUDINALES B

Portée libre : 12 m. ; équarrissage 0,30 × 1,32)

Charge uniformément répartie par mètre courant :

Hourdis sous trottoir : $(0,10 + 0,30) \times 0,20 \times 2.500 = 350,0$

Chape sur trottoir : $0,68 \times 0,02 \times 2.200 = $ 30,0

Parapet :   40,0

Chape verticale : $0,01 \times 0,30 \times 2.200$ 6,6

Hourdis sous chaussée : $\dfrac{1,54}{2} \times 835$ 642,9

Entretoises : $4 \cdot \dfrac{0,12 \times 0,50 \times 0,77 \times 2.500}{13}$ 24,6

Poids propre : $0,30 \times 1,32 \times 2.500$ 990,0

Total . . .   <u>2.081,1</u>

Moment fléchissant dû à la charge uniformément répartie :

$$M_1 = \frac{2.081,1 \times 12^2}{8} = 38.615,3 \text{ kgm.}$$

Chariot de 16 tonnes. — Dans le sens transversal, la position la plus défavorable des chariots de 16.000 k. est donnée par la fig. 33 précédente ; on a alors comme charge maxima agissant sur les poutres B :

1° Au droit des essieux :

$$P = \frac{4.000 \times 1,55}{1.865} = 3.325,1 \text{ kg.}$$

2° Au droit des chevaux :

$$P_1 = \frac{700 \times 1.555}{1.865} = 583,6 \text{ kg.}$$

Dans le sens longitudinal, la position la plus défavorable des chariots est donnée par la fig. 31 précédente, pour laquelle on a trouvé :

$$V = \frac{P(6.75 + 0.75) + P_1(1.50 + 4 + 12.50)}{15},$$

expression dans laquelle :

$$P = 3.335,1 \text{ et } P_1 = 583,6.$$

On a donc :

$$V = \frac{3.335,1 \times 16.50 + 583,6 \times 18}{15} = \frac{65.534}{15}$$
$$= 4.368,9 \text{ kg.}$$

Quant au moment fléchissant par rapport à la roue X, c'est :

$$M_2 = V \times 8.25 - (P \times 3 + P_1 \times 5.75)$$
$$= 4.368,9 \times 8.25 - (3.335,1 \times 3 + 583,6 \times 5.75)$$
$$36.043,4 - 13.361,2 = 22.682,2 \text{ kgm.}$$

Surcharge des trottoirs.

La surcharge des trottoirs est par mètre courant de poutre 400 × 0,75 = 300 kg, et donne comme moment fléchissant maximum :

$$M_3 = \frac{300 \times 15}{8} = 8.437,5 \text{ kgm.}$$

Moment fléchissant total :

$$M = M_1 + M_2 + M_3 = 58.615,3 + 22.682,2 + 8.437,5$$
$$= 89.735 \text{ kgm.}$$

Largeur de hourdis intéressée à la compression de la poutre (parag. 25) :

$$b = 0,75 \times 55 + \frac{30}{2} = 56.2,$$

soit 56 en chiffres ronds.

La hauteur théorique nécessaire pour obtenir $r < 50$ serait donnée approximativement et par excès par (parag. 17) :

$$h = \frac{M}{br} + \frac{2 + \dfrac{R}{mr}}{2} \times \varepsilon$$

$$\frac{89\ 735 \times 100}{56 \times 20 \times 50} + \frac{2 + \dfrac{1.100}{12 \times 50}}{2} \times 20$$

$$= \frac{8.973\ 500}{56.000} + 1.917 \times 20 = 160.2 + 38.3 = 198.5$$

or nous avons prévu $h = 132 \cdot 20 - 6 = 146$ cm.

Nous aurons donc à prévoir des armatures comprimées et nous calculerons les sections de métal S et S' nécessaires par les formules (parag. 21) :

à l'extension :

$$S = \frac{FD + BK}{CK + DH}$$

à la compression :

$$S' = \frac{FC - BH}{CK + DH}$$

dans lesquelles, si $r = 50$ et $R = 1.100$, on a :

$$y = \frac{mr}{R + mr} \times h = 0.353 \times 146 = 51.5 \text{ env.}$$

et :

$$x = 146 - 51.5 = 94.5.$$

$$B = br\left(y - \frac{\varepsilon}{2}\right) = 56 \times 20 \times (51.5 - 10) = 46.480.$$

$$C = mx = 12 \times 94.5 = 1.134.$$

$$D = m(y - \omega) = 12 \times (51.5 - 6) = 546.$$

$$F = \frac{My}{r} - \frac{b}{3}\left[y'^3 - (y - \varepsilon)^3\right]$$

$$\frac{89\ 735 \times 100 \times 51.5}{50} - \frac{56}{3}\left[51.5^3 - 31.5^3\right]$$

$$= 9.242.705 - 1.966.250 = 7.276.455.$$

$$H = mx^2 = 12 \times 94.5^2 = 107.160.$$

$$K = m(y - \omega)^2 = 12 \times 45.6^2 = 24.052.$$

En remplaçant les coefficients par leurs valeurs dans les expressions précédentes de S et S' et en divisant tous les termes par 1.000, on trouve :

1° A l'extension :

$$S = \frac{7.276 \times 0,546 + 46,5 \times 25}{1,13 \times 25 + 0,546 \times 107}$$

$$= \frac{3.973 + 1.158}{28,2 + 58,4} = \frac{5.136}{85,9} = 59,3 \text{ cm}^2.$$

On a prévu 6 ronds de 36 ; section totale 61,02 cm².

2° à la compression :

$$S' = \frac{7.276 \times 1,13 - 46,5 \times 107}{1,13 \times 25 + 0,546 \times 107}$$

$$= \frac{8.222 - 4.975}{86,6} = \frac{3.247}{86,6} = 37,50 \text{ cm}^2.$$

On a prévu trois ronds de 28 et 3 ronds de 29 ; section totale 38,25 cm².

L'effort tranchant maximum est :

1° Pour le poids propre :

$$T_1 = \frac{2.084,1 \times 15}{2} = 15.630 \text{ kg. ;}$$

2° Pour la charge roulante dans la position de la fig. 35 précédente, pour laquelle on a trouvé :

$$T_2 = \frac{P_1 (1,75 + 4,25 + 6,75 + 9,25) + P (12 + 15)}{15}$$

$$= \frac{583,6 \times 22 + 3.335,1 \times 27}{15}$$

$$= \frac{12.839,2 + 90.047,7}{15} = 6.859 \text{ kg.}$$

3° Pour la surcharge des trottoirs :

$$T_3 = \frac{300 \times 15}{2} = 2.250 \text{ kg.}$$

Effort tranchant total :
$$T = T_1 + T_2 + T_3 = 15.630 + 6.859 + 2.250 = 24.739.$$
Le nombre d'intervalles des étriers à deux branches de

$35 \times 2,5$, dont la section totale est $3 \times 2 \times 35 \times 2,5 = 525$ mm²., sera pour la 1/2 portée de la poutre (parag. 29) :

$$N = \frac{5}{176} \times \frac{24.739}{525} \times \frac{15 \times 100}{140}$$

On prendra $N = 15$.

La construction graphique donnée planche (5) permet de déterminer les écartements successifs des étriers dans le sens longitudinal.

Pour l'adhérence, le périmètre total des 6 ronds de 36 prévus à l'extension étant $6 \times \pi \times 3,6 = 67,86$ cm., le travail moyen du béton sera donné par (parag. 28) :

$$c_2 = \frac{S \times R}{\frac{l}{2} \times 67,86}$$

$$= \frac{39,30 \times 1.100}{750 \times 67,86} = 1\,k.3 < 5\,k.$$

Section IV. — ENTRETOISES C

Ces poutres prévues tous les 3 mètres ne servent qu'à relier entre elles, dans le sens transversal, les poutres principales A et B qui ont une hauteur relativement grande. Elles n'ont donc aucun effort vertical à supporter ; on a prévu un équarrissage de $0,12 \times 0,40$, une armature longitudinale composée de deux ronds de 18, dont un à la partie supérieure et un à la partie inférieure et une armature transversale composée de ronds de 6 mm., espacés de 25 cm.

Section V. — APPUIS SUR LES CULÉES

L'effort tranchant maximum a été trouvé pour la poutre A égal à 33.179 kg. La longueur d'appui de la poutre est de 50 cm. et celle-ci repose sur la maçonnerie des culées par l'intermédiaire d'un sommier de 55 × 80 et 0,30 d'épaisseur.

Le travail imposé au sommier en pierre dure est donc :

$$\frac{33.479}{50 \times 35} = 19,1 \text{ kg. p. cm}^2$$

et celui imposé aux maçonneries, le poids du sommier étant
$0,55 \times 0,80 \times 0,30 \times 2.100 = 3.168$ kg. :

$$\frac{33.479 + 3.168}{80 \times 55} = 8 \text{ k. } 3 \text{ p. cm}^2 \text{ environ.}$$

Section VI. — CALCUL DES FLÈCHES

Poutre A

Données : $a = 35$
$b = 141$
$\varepsilon = 15$
$h = 113$
$u = 5 ; u' = 5$
$S = 102,6 ; S' = 49,3$
$M_t = 119.175 \times 100 ; M_p = 47.563 \times 100.$

**Détermination de la fibre neutre pendant la période
de proportionnalité.** — On a vu au § 33 que la position de la
fibre neutre est déterminée dans toute la période de proportionnalité et jusqu'à sa limite correspondant à $r = h + u - y$,
par la valeur de y donnée par l'équation (25) :

$$y = \frac{1}{2} \frac{\varepsilon^2(b - a) + 2m(S'u' + Sh) + a(h + u)^2}{\varepsilon(b - a) + m(S' + S) + a(h + u)}.$$

On calculera préalablement les valeurs suivantes :

$$\varepsilon(b - a) = 15(141 - 35) = 1.590$$
$$\varepsilon^2(b - a) = 1.590 \times 15 = 23.850$$
$$a(h + u) = 35(113 + 5) = 4.130$$
$$a(h + u)^2 = 35 \times 118^2 = 487.310$$
$$m(S + S') = 12(102,6 + 49,3) = 1.822,8$$
$$2m(S'u' + Sh) = 2 \times 12(49,3 \times 5 + 102,6 \times 113) = 281.167,2$$

D'où :

$$y = \frac{1}{2}\; \frac{23.850 + 284.167,2 + 487.340}{1.590 + 1\,822,8 + 4.130} = \frac{1}{2}\; \frac{795.357,2}{7.542,8}$$

$$y = 52,7.$$

On en déduit immédiatement, d'après le § 35, en faisant $l = 20$ ou le dixième de 200 kg., résistance à l'écrasement du béton non armé au dosage de 400 kg. :

$$r = \frac{ly}{h + u - y} = \frac{20 \times 52,7}{113 + 5 - 52,7} = \frac{1.054}{65,3}$$

$$r = 16,1.$$

On en déduit également, d'après le § 35 :

$$R = \frac{mr(h - y)}{y} = \frac{12 \times 16,1\,(113 - 52,7)}{52,7}$$

$$R = 221.$$

Détermination de la fibre neutre en dehors de la limite de proportionnalité. — On a vu au § 36 que la position de la fibre neutre en dehors de la limite de proportionnalité s'obtient par la résolution de l'équation du second degré (21), qui peut être modifiée légèrement comme suit :

$$(1 - m\alpha)^2 y^2 + 2\left\{ \frac{u(b - a) + m'S + S'}{a} + (u \times m\alpha) \right.$$
$$\left. + m\alpha\,(2 - m\alpha)\,h \right\} y$$
$$- \frac{u^2(b - a) + 2m'S'u' + Sh)}{a} - 2hu \times m\alpha$$
$$- m\alpha\,(2 - m\alpha)h^2 = 0.$$

Les fonctions de u, de S et de S' ont été calculées plus haut ; les valeurs de $\alpha = \dfrac{l}{R} = \dfrac{20}{R}$ et de ses diverses fonctions sont calculées au tableau suivant qui répond au dosage de 400 kg. :

TABLEAU I

Fonctions de $\alpha = \dfrac{\ell}{R}$ ($\ell = 20$ pour le dosage de 400 kg.).

R =	900	800	700	600	400 kg.
α	0,0222	0,0250	0,0286	0,0333	0,0500
$m\alpha = 12\alpha$	0,267	0,300	0,343	0,400	0,600
$(1-m\alpha)$	0,733	0,700	0,657	0,600	0,400
$(1-m\alpha)^2$	0,537	0,490	0,432	0,360	0,160
$2-m\alpha$	1,733	1,700	1,657	1,600	1,400
$m\alpha(2-m\alpha)$	0,46	0,51	0,57	0,64	0,84
$m^3\alpha^3$	0,019	0,027	0,040	0,064	0,216

Remarquant que :

$$\frac{s(b-a) + m(S + S')}{a} = \frac{1.590 + 1.822,8}{35} = 97,5$$

$$\frac{\ell^2(b-a) + 2m(S'u' + Sh)}{a} = \frac{23.850 + 284.167,2}{35} = 8.800$$

et que ces valeurs s'appliquent à toutes valeurs de R, on aura en consultant le tableau I :

$R = 900$: Coefficient de y^2 : 0,537.

    1/2 Coefficient de y : $97,5 + 5 \times 0,267 + 0,46 \times 113 = 150,8$

    Terme indépendant :

$$-(8\,800 + 2 \times 113 \times 5 \times 0,267 + 0,46 \times \overline{113^2}) = -14.975$$

$$\text{D'où} : y = \frac{-150,8 + \sqrt{150,8^2 + 0,537 \times 14.975}}{0,537}$$

$$y = 45,4.$$

$R = 800$: Coefficient de y^2 : 0,49.

    1/2 Coefficient de y : $97,50 + 5 \times 0,3 + 0,51 \times 113 = 156,6$

    Terme indépendant :

$$-(8.800 + 2 \times 113 \times 5 \times 0,3 + 0,51 \times \overline{113^2}) = -15.651$$

$$\text{D'où} : y = \frac{-156,6 + \sqrt{156,6^2 + 0,49 \times 15.651}}{0,49}$$

$$y = 46,3.$$

$R = 700$: Coefficient de y^2 : 0,432.

1/2 Coefficient de y : $97,5 + 5 \times 0,343 + 0,57 \times 113 =$ 163,6

Terme indépendant :

$$- (8.800 + 2 \times 113 \times 5 \times 0,343 + 0,57 \times \overline{113^2}) = - 16.406$$

D'où : $y = \dfrac{- 163,6 + \sqrt{163,6^2 + 0,432 \times 16.406}}{0,432}$

$$y = 47,2.$$

$R = 600$: Coefficient de y^2 : 0,36.

1/2 Coefficient de y : $97,5 + 5 \times 0,4 + 0,64 \times 113 =$ 171,8

Terme indépendant :

$$- (8.800 + 2 \times 113 \times 5 \times 0,4 + 0,64 \times \overline{113^2}) = - 17.424$$

D'où : $y = \dfrac{- 171,8 + \sqrt{174,8^2 + 0,36 \times 17.424}}{0,36}$

$$y = 48,1.$$

$R = 400$: Coefficient de y^2 : 0,16.

1/2 Coefficient de y : $97,5 + 5 \times 0,6 + 0,84 \times 113 =$ 195,4

Terme indépendant :

$$- (8.800 + 2 \times 113 \times 5 \times 0,6 + 0,84 \times \overline{113^2}) = - 20.204$$

D'où : $y = \dfrac{- 195,4 + \sqrt{195,4^2 + 0,16 \times 20.204}}{0,16}$

$$y = 50,6.$$

Moment de résistance correspondant aux diverses valeurs choisies. — Pour calculer les moments de résistance correspondant aux diverses valeurs de R choisies, on effectuera les expressions des moments d'inertie, voir § 34, et à cet effet on calculera préalablement les fonctions suivantes de y :

Tableau II

$R =$	900	800	700	600	400	221
y	45,4	46,3	47,2	48,1	50,6	52,7
$h-y=113-y$	67,6	66,7	65,8	64,9	62,4	60,3
$y-\varepsilon=y-15$	30,4	31,3	32,2	33,1	35,6	37,7
$(h-y)^2$	4.570	4.449	4.330	4.212	3.894	3.636
$(h-y)^3$	308.916	296.740	284.890	273.360	242.970	219.256
$(y-u')=(y-5)$	40,4	41,3	42,2	43,1	45,6	47,7
$(y-u')^2$	1.632	1.706	1.781	1.858	2.079	2.275
y^3	93.576,0	99.252,8	105.154,0	111.284,6	129.554,2	146.363,2
$(y-\varepsilon)^3$	28.094,5	30.664,3	33.386,2	36.264,7	45.118	53.582,6
$3\varepsilon\left(y^2-\varepsilon y+\dfrac{\varepsilon^2}{3}\right)=y^3-(y-\varepsilon)^3$	65.482,1	68.588,5	71.767,8	75.019,9	84.436,2	92.780,6
$(h-y+u)=(113-y+5)$	72,6	71.7	70,8	69.9	67,4	65,3
$(h-y+u)^2$	5.271	5.140	5.013	4.886	4.543	4.264
$(h-y+u)^3$	—	—	—	—	—	278.445

D'où successivement pour :

$$R = 900 : \quad b\varepsilon\left(y^2 - \varepsilon y + \frac{\varepsilon^2}{3}\right)$$

		$+$	$-$

$$= 141 \times \frac{65.482,1}{3} \qquad = 3.077.659$$

$$+ \frac{a}{3}(y-\varepsilon)^3$$

$$= \frac{35}{3} \times 28.094,5 \qquad = 327.768$$

$$+ mS'(y-u')^2$$

$$= 12 \times 49,3 \times 1.632 \qquad = 965.491$$

$$+ mS(h-y)^2$$

$$= 12 \times 102,6 \times 4.570 \qquad = 5.626.584$$

A reporter. . . . 9.997.502

$$\qquad\qquad\qquad\qquad\qquad\qquad\qquad\qquad +\qquad\qquad -$$

$$\text{Report} \quad . \quad . \quad . \quad . \quad 9.997.502$$

$$+ \frac{a}{2} \times am(h-y)(h-y+n)^2$$

$$= \frac{35}{2} \times 0.267 \times 67,6 \times 5.271 = 1.664.903$$

$$- \frac{a}{6} \times x'm'(h-y)^2$$

$$= - \frac{35}{6} \times 0,019 \times 308.916 = \qquad\qquad 34.238$$

$$| = \overline{11.662.405 - 34.238}$$

$$34.238$$

$$\overline{11.628.167}$$

D'où :

$$\mathcal{M} = \frac{Rl}{m(h-y)} = \frac{900}{12 \times 67,6} \times 11.628.167$$

$$\mathcal{M} = 129.011 \times 100.$$

$$r = \frac{Ry}{m(h-y)} = \frac{900 \times 45,4}{12 \times 67,6}$$

$$r = 50,4.$$

$$R = R(I) : \; bz\left(y^2 - zy + \frac{a}{3}\right) \qquad\qquad + \qquad -$$

$$= 141 \times \frac{68.588,5}{3} \qquad\qquad = 3.223.659$$

$$+ \frac{a}{3}(y-z)^2$$

$$= \frac{35}{3} \times 30.664,3 \qquad\qquad = 357.730$$

$$\cdot \quad mS'(y-n')^2$$

$$12 \times 49,3 \times 1.706 \qquad\qquad 1.009.269$$

$$+ Sm(h-y)^2$$

$$= 12 \times 102,6 \times 4.449 \qquad\qquad = 5.477.609$$

$$+ \frac{a}{2} \times am(h-y)(h-y+n)^2$$

$$= \frac{35}{2} \times 0,3 \times 66,7 \times 5.140 = 1.800.000$$

$$\text{A reporter.} \quad . \quad . \quad \overline{11.868.287}$$

$$\qquad\qquad\qquad\qquad\qquad\qquad + \qquad\qquad -$$

$$\text{Report} \quad . \quad . \quad . \quad . \qquad 11.868.287$$

$$- \frac{a}{6} \times x^2 m^2 (h - y)^2$$

$$= - \frac{35}{6} \times 0,027 \times 296.740 \quad = \qquad\qquad\qquad 46.736$$

$$\overline{}$$

$$| \quad = 11.868.287 - 46.736$$

$$46.736$$

$$\overline{}$$

$$11.821.551$$

D'où :

$$\mathfrak{R} = \frac{Rt}{m(h - y)} = \frac{800}{12 \times 66,7} \times 11.821.551$$

$$\mathfrak{R} = 118.156 \times 100.$$

$$r = \frac{Ry}{m(h - y)} \cdot \frac{800 \times 46,3}{12 \times 66,7}$$

$$r = 46,3.$$

$$R = 700 : \quad b \times \varepsilon \left(y^2 - \varepsilon y + \frac{\varepsilon^2}{3} \right)$$

$$= 111 \times \frac{71.767,8}{3} \qquad\qquad -\ 3.373.087$$

$$+ \frac{a}{3} (y - \varepsilon)^2$$

$$= \frac{35}{3} \times 33.386,2 \qquad\qquad = \quad 389.506$$

$$+ mS (y - u)^2$$

$$= 12 \times 49,3 \times 1.781 \qquad - \quad 1.053.640$$

$$mS (h - y)^2$$

$$= 12 \times 102,6 \times 4.330 \qquad = 5.331.096$$

$$+ \frac{a}{2} \times am(h - y)(h - y + u)^2$$

$$= \frac{35}{2} \times 0,343 \times 65,8 \times 5.013 = 1.979.957$$

$$- \frac{a}{6} \times x^2 m^2 (h - y)^2$$

$$= - \frac{35}{6} \times 0,01 \times 284.890 \qquad - \qquad\qquad 66.478$$

$$\overline{}$$

$$| \quad = 12.127.286 - 66.478$$

$$66.478$$

$$\overline{}$$

$$12.060.808$$

D'où :

$$\mathfrak{M} = \frac{RI}{m(h-y)} = \frac{700}{12 \times 65,8} \times 12.060.808$$

$$\mathfrak{M} = 106.922 \times 100.$$

$$r = \frac{Ry}{m(h-y)} = \frac{700 \times 47,40}{12 \times 65,8}$$

$$r = 11,8.$$

$$\begin{array}{lr} & + \qquad -\\[4pt]
R = 600 : \; h\left(y^2 - \varepsilon y + \dfrac{\varepsilon^2}{3}\right) & \\[10pt]
\qquad = 111 \times \dfrac{75.049,9}{3} & 3.525.933 \\[14pt]
+ \dfrac{a}{3}(y-\varepsilon)^3 & \\[10pt]
= \dfrac{35}{3} \times 36.264,7 & 423.088 \\[10pt]
+ mS'(y-a')^2 & \\[6pt]
= 12 \times 49,3 \times 1.858 & 1.099.493 \\[6pt]
+ mS(h-y)^2 & \\[6pt]
= 12 \times 102,6 \times 4212 & = 5.185.811 \\[6pt]
+ \dfrac{a}{2} \times 2m(h-y)(h-y+a')^2 & \\[10pt]
= \dfrac{35}{2} \times 0,4 \times 64,9 \times 4.886 & = 2.219.710 \\[10pt]
- \dfrac{a}{6} \times 2m'(h-y)^2 & \\[10pt]
= - \dfrac{35}{6} \times 0,064 \times 273.360 = & 102.051 \\
\end{array}$$

$$I = 12.453.740 - 102.051$$
$$102.051$$
$$12.351.686$$

$$\mathfrak{M} = \frac{RI}{m(h-y)} = \frac{600}{12 \times 64,9} \times 12.351.686$$

$$\mathfrak{M} = 95.150 \times 100.$$

$$r = \frac{Ry}{m(h-y)} = \frac{600 \times 48,1}{12 \times 64,9}$$

$$r = 37,1.$$

$$+\qquad\qquad -$$

$$R = 400 : \quad b\varepsilon\left(y^2 - \varepsilon y + \frac{\varepsilon^2}{3}\right)$$

$$= 141 \times \frac{844.302}{3} \qquad\qquad = 3.968.501$$

$$+ \frac{a}{3}(y - \varepsilon)^2$$

$$= \frac{35}{3} \times 45.118 \qquad\qquad = 526.377$$

$$+ mS'(y - u')^2$$

$$= 12 \times 19.3 \times 2.079 \qquad = 1.229.936$$

$$+ mS(h - y)^2$$

$$= 12 \times 102.6 \times 3.894 \qquad = 1.704.293$$

$$+ \frac{a}{2} \times am(h - y)(h - y + u)^2$$

$$= \frac{35}{2} \times 0.6 \times 62.4 \times 4.513 = 2.976.574$$

$$- \frac{a}{6} \times x'm'(h - y)^2$$

$$= \frac{35}{6} \times 0.216 \times 242.970 \qquad\qquad 306.142$$

$$I \qquad = 13.495.681 - 306.142$$
$$306.142$$
$$13.189.539$$

D'où :

$$\mathcal{R} = \frac{M}{m(h - y)} = \frac{100}{12 \times 62.4} \times 13.189.539$$

$$\mathcal{R} = 69.897 \times 100.$$

$$r = \frac{My}{m(h - y)} = \frac{400 \times 39.6}{12 \times 62.4}$$

$$r = 27.$$

$$+$$

$$R = 221 : \quad b\varepsilon\left(y^2 - \varepsilon y + \frac{\varepsilon^2}{3}\right)$$

$$= 141 \times \frac{92.780.6}{3} \qquad\qquad = 4.360.688$$

$$\frac{a}{3}(y - \varepsilon)^2$$

$$\frac{35}{3} \times 53.582.6 \qquad\qquad = 625.130$$

$$\text{A reporter.} \quad . \quad . \quad . \quad 4.985.818$$

$$
\begin{aligned}
\text{Report} \quad . \quad . \quad . \quad . \quad & 4.985.818 \\
+\, mS(y - a')^2 & \\
= 12 \times 49{,}3 \times 2.275 \quad & = 1.345.890 \\
+\, mS(h - y)^2 & \\
= 12 \times 102{,}6 \times 3\,636 \quad & = 1.476.643 \\
+\, \frac{a}{3}(h - y \quad a) & \\
= \frac{35}{3} \times 278.115 \quad & \quad 3.248.525 \\
\cline{2-2}
I \quad & = 11.056.876
\end{aligned}
$$

D'où :

$$
\mathfrak{R} \cdot \frac{I}{m(h - y)} = \frac{221}{12 \times 60{,}3} \times 11.056.876
$$

$$
\mathfrak{R} = 42.932 \times 100,
$$

$$
r \quad \frac{I y}{m(h - y)} = \frac{221 \times 52{,}7}{12 \times 60{,}3}
$$

$$
r \quad 16{,}1.
$$

valeurs déjà trouvées directement plus haut.

Calcul par interpolation des valeurs de R et r dans des sections déterminées. — Ayant calculé les moments de résistance M et les taux de travail r à la compression correspondant à diverses valeurs de R choisies arbitrairement, il sera facile par interpolation de déterminer les valeurs de R et r relatives aux moments des forces extérieures en des sections équidistantes permettant une sommation.

Considérant le moment maximum 119.175 × 100 dû aux charges totales et remplaçant la courbe limite des moments fléchissants correspondant à la position de la surcharge roulante qui a donné le moment maximum sus-mentionné, par la parabole ayant pour ordonnée au sommet cette valeur de 119.175 × 100 ; suivant la même marche pour les charges permanentes, dont le moment maximum a été trouvé de 71.612 × 100, on obtiendra les moments successifs au droit des diverses sections résultant de la division de la demi-portée $\left(\dfrac{l}{2} \quad 7{,}50\right)$ en 10 parties, égales chacune à 0,75.

Tableau III

	Charges totales $$p = \dfrac{M}{\left(\frac{l}{2}\right)^2} = \dfrac{119{,}175 \times 100}{56{,}25} = 2{,}118 \times 100$$	Charges permanentes $$p' = \dfrac{M}{\left(\frac{l}{2}\right)^2} = \dfrac{71{,}612 \times 100}{56{,}25} = 1{,}273 \times 100$$
$x_0 = 0$	$p\left(\overline{7,5}^2 - 0\right) = 2{,}118 \times 100 \times 56{,}25 = 119{,}134 \times 100$	$1{,}273 \times 100 \times 56{,}25 = 71{,}606 \times 100$
$x_1 = 0,75$	$p\left(\overline{7,5}^2 - \overline{0,75}^2\right) = 2{,}118 \times 100 \times 55{,}69 = 117{,}951 \times 100$	$1{,}273 \times 100 \times 55{,}69 = 70{,}893 \times 100$
$x_2 = 1,50$	$p\left(\overline{7,5}^2 - \overline{1,5}^2\right) = 2{,}118 \times 100 \times 54{,}00 = 114{,}372 \times 100$	$1{,}273 \times 100 \times 54{,}00 = 68{,}742 \times 100$
$x_3 = 2,25$	$p\left(\overline{7,5}^2 - \overline{2,25}^2\right) = 2{,}118 \times 100 \times 51{,}19 = 108{,}420 \times 100$	$1{,}273 \times 100 \times 51{,}19 = 65{,}165 \times 100$
$x_4 = 3,00$	$p\left(\overline{7,5}^2 - \overline{3}^2\right) = 2{,}118 \times 100 \times 47{,}25 = 100{,}075 \times 100$	$1{,}273 \times 100 \times 47{,}25 = 60{,}149 \times 100$
$x_5 = 3,75$	$p\left(\overline{7,5}^2 - \overline{3,75}^2\right) = 2{,}118 \times 100 \times 42{,}19 = 89{,}358 \times 100$	$1{,}273 \times 100 \times 42{,}19 = 53{,}708 \times 100$
$x_6 = 4,50$	$p\left(\overline{7,5}^2 - \overline{4,5}^2\right) = 2{,}118 \times 100 \times 36{,}00 = 76{,}248 \times 100$	$1{,}273 \times 100 \times 36{,}00 = 45{,}828 \times 100$
$x_7 = 5,25$	$p\left(\overline{7,5}^2 - \overline{5,25}^2\right) = 2{,}118 \times 100 \times 28{,}69 = 60{,}765 \times 100$	$1{,}273 \times 100 \times 28{,}69 = 36{,}522 \times 100$
$x_8 = 6,00$	$p\left(\overline{7,5}^2 - \overline{6,00}^2\right) = 2{,}118 \times 100 \times 20{,}25 = 42{,}890 \times 100$	$1{,}273 \times 100 \times 20{,}25 = 25{,}778 \times 100$
$x_9 = 6,75$	$p\left(\overline{7,5}^2 - \overline{6,75}^2\right) = 2{,}118 \times 100 \times 10{,}69 = 22{,}641 \times 100$	$1{,}273 \times 100 \times 10{,}69 = 13{,}608 \times 100$
$x_{10} = 7,50$	$p\left(\overline{7,5}^2 - \overline{7,50}^2\right) \quad 0 \quad 0$	$0 \quad 0$

Le tableau suivant résume les valeurs de R et de r correspondant aux moments de résistance calculés dans le paragraphe précédent, et les valeurs de R et r obtenues par interpolation entre les premières, marquées d'un astérisque. On se rappellera qu'à partir de R = 221, jusqu'à zéro, les taux de travail de l'acier et du béton sont proportionnels aux moments des forces extérieures.

M	R	r
* 120.011 × 100	900	50,4 *
119.138 × 100	809	46,7
* 118.156 × 100	800	46,3 *
117.951 × 100	798	46,2
114.372 × 100	766	44,8
108.420 × 100	713	42,4
* 106.922 × 100	700	41,8 *
100.075 × 100	642	39,1
* 95.159 × 100	600	37,1 *
89.358 × 100	554	34,7
76.248 × 100	450	29,5
71.606 × 100	413	27,7
70.893 × 100	408	27,4
* 69.897 × 100	400	27 *
68.742 × 100	393	26,6
65.165 × 100	362	24,7
60.765 × 100	339	23,3
60.149 × 100	335	23,0
53.708 × 100	292	20,5
45.828 × 100	240	17,3
* 42.032 × 100	221	16,1 *
42.800 × 100	220	16,0
30.522 × 100	187	13,6
25.778 × 100	132	9,7
22.041 × 100	116	8,5
13.608 × 100	70	5,1

Posant $A = \dfrac{R}{2 \times 10^?}$; $B = \dfrac{r}{2 \times 10^?}$, on aura les valeurs suivantes au droit des sections équidistantes sus-mentionnées :

TABLEAU IV

	M	R	r	$A\times10^4$	$B\times10^4$	$(A+B)\times10^4\times\dfrac{\frac{l}{2}-r}{10^4}$	$y=(A+B)\left(\dfrac{l}{2}-r\right)$
					Charges totales		
x_0	$119{,}138\times100$	809	46,7	4,045	2,335	$6{,}380\times7{,}50\times\frac{1}{100}$	$17{,}85\times\frac{1}{100}$
x_1	$117{,}951\times100$	798	46,2	3,990	2,310	$6{,}300\times6{,}75\times\frac{1}{100}$	$12{,}52\times\frac{1}{100}$
x_2	$114{,}372\times100$	766	44,8	3,830	2,240	$6{,}070\times6{,}00\times\frac{1}{100}$	$30{,}12\times\frac{1}{100}$
x_3	$108{,}620\times100$	713	42,4	3,565	2,120	$5{,}685\times5{,}25\times\frac{1}{100}$	$29{,}84\times\frac{1}{100}$
x_4	$100{,}075\times600$	642	39,1	3,210	1,955	$3{,}165\;4{,}50\times\frac{1}{100}$	$23{,}24\times\frac{1}{100}$
x_5	$89{,}358\quad100$	555	35,7	2,770	1,735	$4{,}505\;3{,}75\times\frac{1}{100}$	$16{,}89\;\frac{1}{100}$
x_6	$76{,}218\times100$	450	24,5	2,250	1,475	$3{,}725\;3{,}00\times\frac{1}{100}$	$11{,}18\;\frac{1}{100}$
x_7	$60{,}765\times100$	339	23,3	1,600	1,165	$2{,}860\;2{,}25\times\frac{1}{100}$	$6{,}44\;\frac{1}{100}$
x_8	$42{,}890\times100$	220	16,0	1,100	0,800	$1{,}600\;1{,}50\times\frac{1}{100}$	$2{,}85\times\frac{1}{100}$
x_9	$22{,}041\times100$	114	8,5	0,580	0,425	$1{,}005\;0{,}75\times\frac{1}{100}$	$0{,}76\;\frac{1}{100}$
x_{10}	0	0	0	0	0	0	0
					Charges permanentes		
x_0	$71{,}696\times100$	413	27,7	2,065	1,385	$3{,}450\times7{,}50\times\frac{1}{100}$	$25{,}88\;\frac{1}{100}$
x_1	$70{,}893\times100$	604	27,4	2,040	1,370	$3{,}410\times6{,}75\times\frac{1}{100}$	$24{,}02\times\frac{1}{100}$
x_2	$68{,}712\times100$	393	26,6	1,965	1,350	$3{,}295\times6{,}00\times\frac{1}{100}$	$19{,}77\;\frac{1}{100}$
x_3	$65{,}165\times100$	362	25,7	1,810	1,245	$3{,}045\times5{,}25\times\frac{1}{100}$	$15{,}90\;\frac{1}{100}$
x_4	$60{,}149\times100$	335	23	1,675	1,150	$2{,}825\times4{,}50\times\frac{1}{100}$	$12{,}71\;\frac{1}{100}$
x_5	$53{,}708\times100$	292	20,5	1,460	1,025	$2{,}485\times3{,}75\times\frac{1}{100}$	$9{,}32\;\frac{1}{100}$
x_6	$45{,}828\times100$	240	17,3	1,200	0,865	$2{,}065\;3{,}00\times\frac{1}{100}$	$6{,}19\;\frac{1}{100}$
x_7	$36{,}522\times100$	187	14,6	0,930	0,680	$1{,}615\;2{,}25\times\frac{1}{100}$	$3{,}63\;\frac{1}{100}$
x_8	$25{,}778\times100$	132	9,7	0,640	0,483	$1{,}145\;1{,}50\times\frac{1}{100}$	$1{,}72\;\frac{1}{100}$
x_9	$13{,}608\times100$	70	5,1	0,350	0,268	$0{,}615\times0{,}75\times\frac{1}{100}$	$0{,}46\;\frac{1}{100}$
x_{10}	0	0	0	0	0	0	0

Posant, d'après le § 38, $F = \dfrac{\Sigma y \delta}{3h}$, on aura pour $\delta = 75$ et $h = 113$, en appliquant la formule de Simpson :

$$F_t = [47,85 + 4(42,52 + 29,84 + 16,89 + 6,11 + 0,76) + 2(36,12 + 23,21 + 11,18 + 285 + 0)] \times \frac{75}{3 \times 113} \times \frac{1}{100}$$

$$F_t = \frac{581,03 \times 75}{3 \times 113 \times 100} = 1 \text{ cm. } 286$$

$$F_t = 0 \text{ m. } 01286.$$

On aura de même :

$$F_p = [25,88 + 4(23,02 + 15,99 + 9,32 + 3,63 + 0,46) + 2(19,77 + 12,71 + 6,19 + 1,72 + 0) \times \frac{75}{3 \times 43} \times \frac{1}{100}$$

$$= \frac{316,31 \times 75}{3 \times 113 \times 100} = 0 \text{ cm. } 699$$

$$F_p = 0 \text{ m. } 00699.$$

Il conviendra donc de donner à cette poutre une contre-flèche de 7 mm. et la flèche apparente sera voisine de $12,86 - 7 = 5$ mm. 86.

Calcul des flèches en négligeant le béton tendu. — On a, d'après le § 39 :

$$F_t = \frac{Pr}{9,6 \times 200.000 \, y}$$

dans laquelle $r = 50$ et $y = 39,9$ (voir calcul de la poutre A) d'où :

$$F_t = \frac{1.500^2 \times 50}{9,6 \times 200.000 \times 39,9} = 1 \text{ cm. } 468$$

$$= 0 \text{ m. } 01468$$

et par suite :

$$F_p = F_t \times \frac{M_p}{M_t} = 0,01468 \times \frac{71.602}{119.475} = 0 \text{ m. } 00882.$$

Désignation	Quantités — surface ou section	Quantités — longueur ou épaisseur	Volume de béton	Aciers — désignation des barres	Aciers — Diamètre	Aciers — nombre de pièces	Aciers — longueur	Aciers — poids partiel ou par mètre courant	Aciers — poids total	Récapitulation — béton	Récapitulation — acier
	m. carrés	m. linéaires	m. cubes		m/m		mètres	kilog.	kilog.	m³	kilog.
Hourdis sous chaussée (épaisseur 0,15)	1,50×5,07 =76,05	0,15	11,406	barres de résistance	12	156	5,30	0,880	680,9		
				barres de répartition	8	156	5,70	0,392	321,8		
				barres au droit des poutres A	6	120	0,70	0,220	18,5	11,406	1.021,2
Poutres A (2 semblables) équarrissage 0,35×1,05	0,35×1,05 =0,367	2×16 =32	11,755	barres inférieures	33	24	15,90	6,668	2 544,5		
				barres supérieures	28	16	15,90	4,802	1.221,6		
				barres intermédiaires	19	8	15,90	0,614	77,8		
				étriers	35×2,5	344	2,30	0,682	553,7		
				barres transversales	12	90	0,30	0,880	24,8	11,755	4.421,4
Poutres B (2 semblables) équarrissage 0,30×1,32	0,30×1,32 =0,396	2×16 =32	12,672	barres inférieures	36	12	15,90	7,920	1.511,1		
				barres supérieures	29	6	15,90	5,151	491,3		
				et. ni	28	6	15,90	4,802	158,1		
				barres intermédiaires	19	6	15,90	0,612	58,4		
				étriers	35×2,5	210	3,00	0,682	429,7		
				barres transversales	12	60	0,25	0,880	13,2	12,672	2.961,9
Entretoises C (2 sembl.) équarrissage 0,12×0,60	0,12×0,60 =0,068	12×1,55 =18,58	0,887	barres infér. et supér.	18	24	1,85	1,584	88,1		
				étriers	6	72	1,80	0,220	15,8	0,887	103,9
Porte-à-faux formant trottoir (épaisseur 0,25)	2×16×0,70 =22,4	0,20	4,480	barres transversales	6	150	1,65	0,220	47,9		
				barres longitudinales	8	4	15,90	0,392	24,93	4,480	72,8
Garde-corps (fer forgé)	»	2×16=32	»	montants	»	36	»	11,25	405		
				partie courante	»	32	»	22,50	720		
				rivets et boulons 500	»	»	»	»	56	»	1.181
									Total	41,180	9.762,2

Feuilles de plomb : épaisseur 10 m/m : 4 feuilles de 0,55 × 0,35 : 4 feuilles de 0,55 × 0,30 : poids total 163 kg.

CHAPITRE X

PONT DE 20 MÈTRES A UNE VOIE

Dosage prévu :
  400 kg. de ciment Portland ;
  0,400 de sable ;
  0,800 de gravillon.

Section 1. — HOURDIS SOUS CHAUSSÉE

(Portée libre : 1 m. 318 ; épaisseur : 0 m. 15)

Charge uniformément répartie par mètre carré.

Empierrement :	0,16 $\times$ 2.100 =	336	kg.
Sable :	0,05 $\times$ 1.600 =	80	»
Chape :	0,02 $\times$ 2.200 =	44	»
Poids propre :	0,15 $\times$ 2.500 =	375	»
Epaisseur totale :	0,38		
Poids total :		835	kg.

Moment de la charge uniformément répartie :

$$M_1 = \frac{835 \times 1.318^2}{10} = 145\,\text{kgm.}$$

Chariots de 16 tonnes.
La roue de 4.000 kg. dans sa position défavorable, milieu

de la portée, donne comme moment maximum (parag. 27) :

$$M_2 = 0,8 \times \frac{4.000}{4 \times \left(\frac{1,318}{3} + 0,38\right)} \times \left(1,318 - \frac{0,38}{2}\right)$$
$$= 1.101,8 \text{ kgm.}$$

Moment fléchissant total :

$$M = M_1 + M_2 = 145 + 1.101,8 = 1.246,8 \text{ kgm.}$$

Hauteur théorique nécessaire pour obtenir à la fois comme travail du béton à la compression $r = 50$ et comme travail du métal à l'extension : $R = 1.100$ (parag. 22) :

$$h = \sqrt{\frac{1.246,8 \times 100}{100 \times 7,78}} = 12,65 ;$$

on prendra comme épaisseur totale du hourdis :

$$\iota = 12,65 + 2,35 = 15 \text{ cm.}$$

Section de métal à l'extension (parag. 22) :

$$S = 0,802 \times 12,65 = 10,14 \text{ cm}^2.$$

On a prévu des ronds de 12 mm., section 1 cm² 13 à l'écartement de :

$$\frac{1,13 \times 100}{10,14} = 11 \text{ cm.}$$

Section des barres de répartition :

$$S_1 = \frac{S}{2} = \frac{10,14}{2} = 5,07 \text{ cm}^2.$$

On a prévu des ronds de 8 mm., section 0 cm² 50 à l'écartement de :

$$\frac{0,50 \times 100}{5,07} = 9 \text{ cm. 8.}$$

Section II/ — POUTRES TRANSVERSALES A
(Pièces de pont)

(Portée libre : 2 m. 84 ; équarrissage : 0,12 × 0,40)

Charge uniformément répartie par mètre courant :

Chaussée : (1,318 + 0,12) × 835 =   1.200 k. 7
Poids propre : 0,12 × 0,40 × 2.500 =   120   0

Total :   1.320 k. 7

Moment fléchissant dû à cette charge uniformément répartie :

$$M_1 = \frac{1.320\ 7 \times \overline{2,84}^2}{10} = 1.065,2 \text{ kgm.}$$

Chariot de 16 tonnes. — Un essieu du chariot de 16 tonnes peut occuper la position défavorable de la fig. 36 ; il donne comme réaction sur l'appui de gauche :

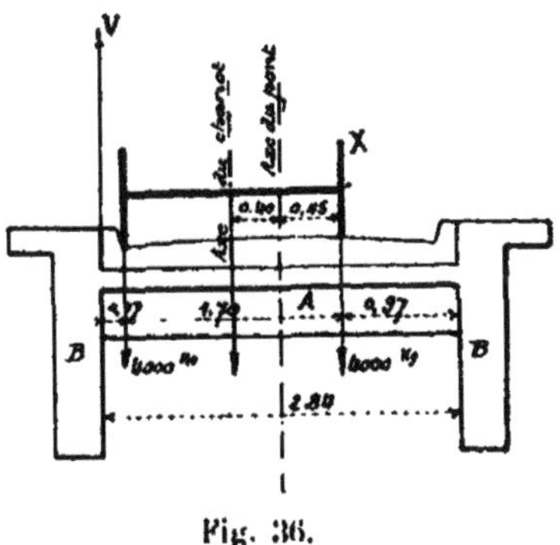

Fig. 36.

$$V = \frac{4.000\ (0,97 + 2.67)}{2,84} = 5.127$$

Moment fléchissant par rapport à la roue X :

$$M_2 = 0.8\ (5.127 \times 1,87 — 4.000 \times 1,70)$$
$$= 2.787,5 \text{ kgm}$$

Moment fléchissant total :

$$M = M_1 + M_2 = 1.065,2 + 2.787,5 = 3.852 \text{ kgm}. 7.$$

Largeur de hourdis intéressée à la compression de la poutre (1/3 de la portée de la poutre ou 0,75 de leur distance d'axe en axe (parag. 25) :

$$b = \frac{284}{3} = 94,7, \text{ soit } 95 \text{ cm. en chiffres ronds.}$$

La hauteur théorique pour obtenir $r < 50$ est donnée approximativement et par excès par (parag. 17) :

$$h = \frac{M}{br} + \varepsilon \times \frac{2 + \frac{R}{mr}}{2}$$

$$= \frac{3.852,7 \times 100}{95 \times 15 \times 50} + 15 \times 1,917 = 5,4 + 28,8$$

$$= 34,2 \text{ cm.}$$

On a prévu :

$$h = 40 + 15 - 5 = 50 \text{ cm.}$$

Le travail maximum du béton est donné pour $h = 50$ par (par. 18) :

$$r = \frac{\dfrac{M}{b} + \dfrac{\varepsilon R}{2m} - \dfrac{\varepsilon^2 R}{3mh}}{\varepsilon h + \dfrac{\varepsilon^3}{3h} - \varepsilon^2} \qquad (1)$$

$$= \frac{\dfrac{3.852,7 \times 100}{95} + \dfrac{\overline{15}^2 \times 1.100}{2 \times 12} - \dfrac{\overline{15}^3 \times 1.100}{3 \times 12 \times 50}}{15 \times 50 + \dfrac{\overline{15}^3}{3 \times 50} - \overline{15}^2}$$

$$= \frac{4.055 + 10.313 - 2.002}{750 + 22,5 - 225} = \frac{12.306}{547,5}$$

$$= 22 \text{ k. } 5 \text{ environ.}$$

Nous devons vérifier maintenant si, pour cette valeur de r, la fibre neutre passe bien à l'extérieur du hourdis par la formule (parag. 20) :

$$y = \frac{mr}{R + mr} \times h$$

$$= \frac{12 \times 22,5}{1.100 + 12 \times 22,5} \times 50 = 10 \text{ cm. environ.}$$

Or nous avons ε = 15.

La fibre neutre passe donc à l'intérieur du hourdis et nous avons vu que dans ce cas on doit rechercher sa position par la résolution d'une équation du 3ᵉ degré (parag. 20) ou par approximations successives. Prenons par exemple y_1 = 9 cm. et déterminons alors r en remplaçant dans (1) ε par y_1 = 9, on a :

$$r = \frac{\dfrac{3.852,7 \times 100}{95} + \dfrac{9^2 \times 1.100}{2 \times 12} - \dfrac{9^3 \times 1.100}{3 \times 12 \times 50}}{9 \times 50 + \dfrac{9^3}{3 \times 50} - 9^2}$$

$$= \frac{4.055 + 3.712 - 445}{450 + 4,8 - 81} = \frac{7.322}{373,8}$$

$$= 19 \text{ kg. } 5 \text{ environ.}$$

La valeur exacte de y serait alors donnée pour r = 19,5 (parag. 19) :

$$y = \frac{mr}{R + mr} \times h = \frac{12 \times 19,5}{1.100 \times 12 \times 19,5} \times 50$$

$$= 8,7.$$

Or nous avons pris y_1 = 9.

Une deuxième approximation donnerait pour y_2 = 8,7 :

$$r = \frac{\dfrac{3.852,7 \times 100}{95} + \dfrac{\overline{8,7}^2 \times 1.100}{2 \times 12} - \dfrac{\overline{8,7}^3 \times 1.100}{3 \times 12 \times 50}}{8,7 \times 50 + \dfrac{\overline{8,7}^3}{3 \times 50} - \overline{8,7}^2}$$

$$= \frac{4.055 + 3.469 - 402}{435 + 4,4 - 75,7} = \frac{7.122}{363,7}$$

$$= 19,6 \text{ kg. par cm}^2.$$

La valeur exacte de y serait alors, pour r = 19,6 :

$$y = \frac{mr}{R + mr} \cdot h = \frac{12 \times 19,6}{1.100 + 12 \times 19,6} \times 50 = 8,7.$$

On a ensuite (parag. 19) :

$$S = \frac{b s r}{2R}\left(2 - \frac{s}{h} \times \frac{mr + R}{mr}\right),$$

expression dans laquelle on remplacera s par $y = 8,7$:

$$S = \frac{95 \times 8,7 \times 19,6}{2 \times 1.100}\left(2 - \frac{8,7}{50} \times \frac{12 \times 19,6 + 1.100}{12 \times 19,6}\right)$$
$$= 7,36 \times 1,01 = 7,43 \text{ cm}^2.$$

On a prévu 2 ronds de **22**, section totale 7,60 cm².

A la compression on a prévu 2 ronds de **12** mm. pour assurer la liaison des étriers verticaux.

L'effort tranchant maximum est :
1° Pour la charge uniformément répartie :

$$T_1 = \frac{1.320,7 \times 2,84}{2} = 1.875 \text{ kg. 4.}$$

2° Pour la charge roulante dans la position défavorable de la fig. 36 précédente :

$$T_2 = R = 5.127 \text{ kg.}$$

Effort tranchant total :

$$T = T_1 + T_2 = 1.875,4 + 5.127 = 7.002 \text{ kg. 4.}$$

Le nombre d'intervalles des étriers à deux branches de 8 mm. de diamètre, dont la section totale est $2 \times 2 \times 50 = 200$ mm²., sera pour la 1/2 portée de la poutre (parag. 29) :

$$N = \frac{5}{176} \times \frac{7.002,4}{200} \times \frac{2,84 \times 100}{45}$$
$$= 6,3.$$

On prendra $N = 7$. La construction graphique donnée pl. (6) permet de déterminer les écartements successifs des étriers dans le sens longitudinal.

Pour l'adhérence, le périmètre total des deux barres de **22** étant $2 \pi \times 2.2 = 13,82$, le travail moyen du béton sera donné par (parag. 28) :

$$r_2 = \frac{S \times R}{\frac{l}{2} \times 13,82}$$

$$= \frac{7.43 \times 1.100}{142 \times 13,82} = 1 \text{ k}. 2 \text{ environ} < 5.$$

Section III. — POUTRES LONGITUDINALES B

(Portée libre : 20 m. ; équarrissage : 0 m. 35 × 1 m. 53).

Charge uniformément répartie par mètre courant :

Partie en porte-à-faux : $0.35 \times 0.20 \times 2.500 =$	175
Parapet :	40
Chape sur trottoir : $0.70 \times 0.02 \times 2.200 =$	30,8
Chape verticale : $0.01 \times 0.30 \times 2.200 =$	6 6
Hourdis sous chaussée $\dfrac{2.83}{2} \times 835 =$	1.185,7
Poids propre des poutres A : $\dfrac{120 \times 13}{20} =$	78
Poids propre des poutres B :	
$0.35 (1,53 + 0.20) \times 2.500 =$	1.513,7
Total :	3.029,8

Moment fléchissant dû à cette charge :

$$M_1 = \frac{3.029,8 \times 20^2}{8} = 151.490 \text{ kgm.}$$

La surcharge de 400 kg. par mètre carré sur le trottoir donne, par mètre courant de poutre, une charge de :

$$0,75 \times 400 = 300 \text{ kg.}$$

et un moment de flexion maximum :

$$M_2 = \frac{300 \times 20^2}{8} = 15.000 \text{ kgm.}$$

Chariot de 16 tonnes.

Dans le sens transversal, la position la plus défavorable est donnée par la fig. 37 ; on a comme charge totale agissant sur la poutre de rive la plus fatiguée :

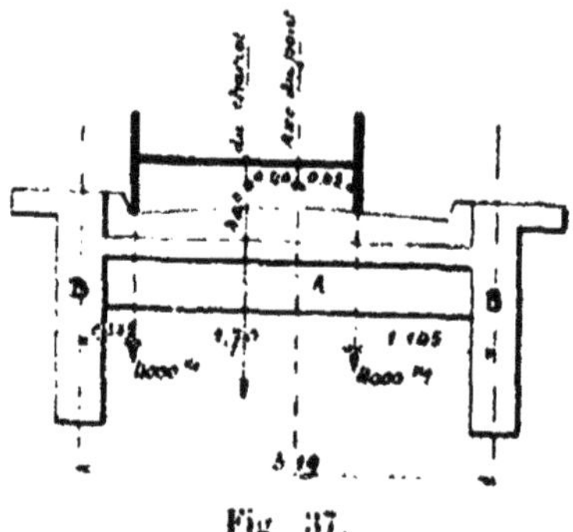

Fig. 37.

1° Au droit des essieux :

$$P = \frac{4.000\,(1,145 + 2,845)}{3,19} = 5.003 \text{ kg. } 1.$$

2° Au droit des chevaux :

$$P_1 = \frac{700\,(1,145 + 2,845)}{3,19} = 875 \text{ kg. } 5.$$

Dans le sens longitudinal, la position la plus défavorable des

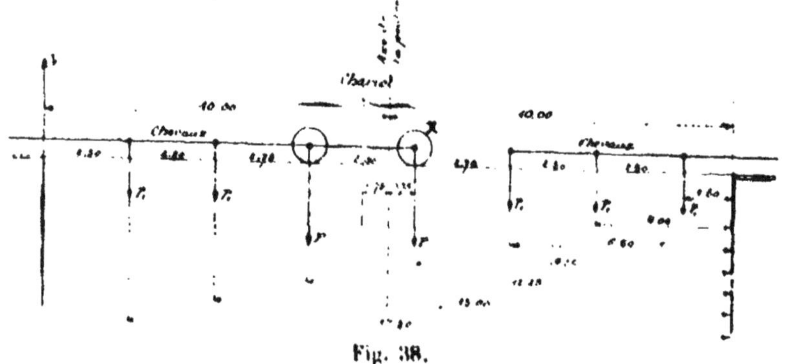

Fig. 38.

chariots est donnée par la fig. 38, dans laquelle le milieu C de la portée partage en deux parties égales la distance comprise entre la résultante du poids du chariot et la roue X considérée.

On a alors comme réaction sur l'appui de gauche :

$$V = \frac{5.003,1 \times (9,25 + 12,25) + 875,5 (1,50 + 4 + 6,50 + 15 + 17,50)}{20}$$

$$= \frac{107.566,6 + 38.959,7}{20} = 7.326 \,kg.3$$

et comme moment par rapport à la roue X :

$$M_3 = 7.326,3 \times 10.75 - 5.003,1 \times 3 - 875,5 \times (5,75 + 8,25)$$
$$78.757,7 - 27.266,3 = 51.491 \,kgm. 1.$$

Moment fléchissant total :

$$M = M_1 + M_2 + M_3 = 151.490 + 15.000 + 51.491,4$$
$$= 217.981,4 \,kgm.$$

Nous remarquerons que, la poutre ayant la section de la

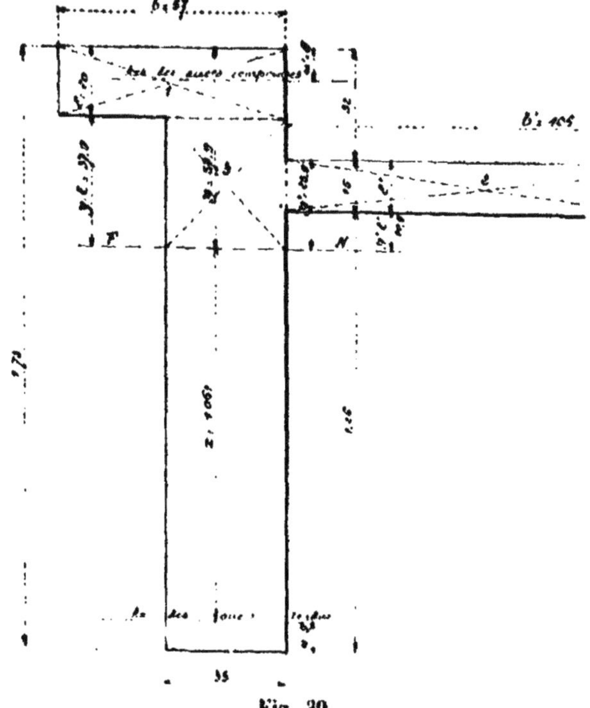

Fig. 39.

fig. 39, et comportant deux hourdis ε et ε' placés à des hauteurs différentes, nous aurons à appliquer les formules énoncées à la remarque III du paragraphe 21.

Nous avons :

Largeur de hourdis intéressée à la compression de la poutre (parag. 25) ;

Hourdis supérieur : $b = 0{,}75 \times 76 = 57$ cm. environ.

$$\text{Id.} \quad \text{inférieur} : b' = 0{,}75 \times \frac{284}{2} = 106 \quad \text{id.}$$

Nous calculerons les sections S et S' de métal nécessaires par les formules (parag. 21) :

$$S = \frac{FD + BK}{CK + DH}$$

et

$$S' = \frac{FC - BH}{CK + DH}$$

dans lesquelles on a, pour :

$$r = 50 ; \quad R = 1.100 ; \quad h = 173 - 9 = 164,$$

$$y = \frac{mr}{R + mr} \times h = \frac{12 \times 50}{1.100 + 12 \times 50} \times 164 = 57{,}9,$$

$$B = \frac{b\varepsilon(2y - \varepsilon)}{2} + \frac{b'\varepsilon'(2y' - \varepsilon')}{2} + \frac{a(y - \varepsilon)^2}{2}$$

$$= \frac{57 \times 20(115{,}8 - 20) + 106 \times 15(51{,}8 - 15) + 35 \times \overline{37{,}9}^2}{2}$$

$$= \frac{109.212 + 58.512 + 50.274}{2} = 108.999.$$

$$C = mr = 12 \times 106{,}1 = 1.273.$$

$$D = m(y - u') = 12 \times (57{,}9 - 9) = 586{,}8.$$

$$F = \frac{My}{r} - \frac{b}{3}\left[y^3 - (y - \varepsilon)^3\right] - \frac{b'}{3}\left[y'^3 - (y' - \varepsilon)^3\right] - \frac{a}{3}(y -$$

$$= \frac{217.983{,}5 \times 100 \times 57{,}9}{50} - \frac{57}{3}(\overline{57{,}9}^3 - \overline{37{,}9}^3)$$

$$- \frac{106}{3}(\overline{25{,}9}^3 - \overline{10{,}9}^3) - \frac{35}{3} \times 37{,}9^3$$

$$= 25.212.246 - 2.653.627 - 568.123 - 635.133.$$

$$= 21.385.363.$$

$$H = mx'^2 = 12 \times \overline{106{,}1}^2 = 135.087.$$

$$K = m(y - u')^2 = 12 \times \overline{18{,}9}^2 = 28.694.$$

En remplaçant ces coefficients par leurs valeurs dans les expressions précédentes de S et S' et en divisant tous les termes par 1.000 on trouve :

1° A l'extension :

$$S = \frac{21.385 \times 0.587 + 109 \times 28.7}{1.27 \times 28.7 + 0.587 \times 135} = \frac{12.553 + 3.128}{36.4 + 79.2}$$

$$= \frac{15.681}{36.4 + 79.2} = \frac{15.681}{115.6} = 135,7 \text{ cm}^2.$$

On a prévu 12 ronds de 38, section totale 136.09 cm².

2° A la compression :

$$S' = \frac{21.385 \times 1.27 - 109 \times 135}{1.27 \times 28.7 + 0.587 \times 135} = \frac{27.159 - 14.715}{36.4 + 79.2}$$

$$= 107,7 \text{ cm}^2.$$

On a prévu 12 ronds de 34, section totale 108,9 cm².

L'effort tranchant maximum est :

1° Charge uniformément répartie :

$$T_1 = \frac{3.029,8 \times 20}{2} = 30.298 \text{ kg}.$$

2° Surcharge des trottoirs :

$$T = \frac{300 \times 20}{2} = 3.000 \text{ kg}.$$

3° Charge roulante dans la position la plus défavorable donnée par la fig. 40 :

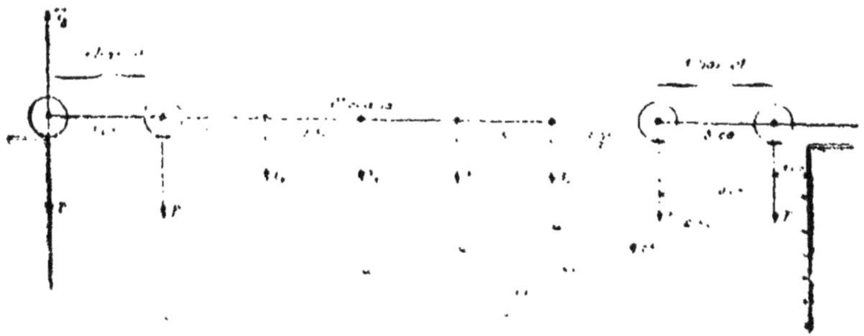

Fig. 40.

$$T_3 \quad \frac{5\,083.1 \; (1+4+17+20) + 875.5(6.75 + 9.25 + 11.75 + 14.25)}{20}$$

$$\frac{210\,150 + 36.771}{20} \quad 12.345 \text{ kg.}$$

Effort tranchant total :

$$T \quad T_1 \quad T_2 - T_3 \quad 30.298 \quad 3.000 + 12.345$$
$$45\,643 \text{ kgs.}$$

Le nombre d'intervalles des étriers à **2** branches de
45 × 3, dont la section totale est $2 \times 45 \times 3 \times 4 = 1.080$ mm².
dans la demi-portée de la poutre, est (parag. 29) :

$$N \quad \frac{5}{176} \times \frac{45\,643}{1.080} \times \frac{20 \times 100}{155} \quad 15.5.$$

On prendra N   16.

La construction graphique indiquée planche (5) permet de
déterminer les écartements successifs des étriers dans le
sens longitudinal.

Pour l'adhérence, le périmètre total des barres tendues
étant $12 \times \pi \times 3.8 = 143.3$ cm, le travail moyen du béton
sera donné par (parag. 28) :

$$\tau \quad \frac{S \quad R}{\frac{l}{2} \times 143.3}$$

$$\frac{135.7 \times 1.000}{1.000 \times 143.3} \quad 1 \text{ k. environ} \quad .5 \text{ k.}$$

Section IV. — APPUIS SUR LES CULÉES

L'effort tranchant maximum a été trouvé pour la poutre de
rive la plus chargée :

$$T \quad 45.643 \text{ kgs.}$$

La longueur d'appui de la poutre est de 75 cm, et celle-ci
repose sur la maçonnerie des culées par l'intermédiaire d'un

sommier en pierre dure de 80×70 de section et 30 cm. de hauteur.

Le travail imposé au sommier est donc :

$$\frac{45.643}{75 \times 35} = 17,4 \text{ kgs par cm}^2.$$

et celui imposé aux maçonneries, le poids propre du sommier étant :

$$0,80 \times 0,70 \times 0,30 \times 2.400 = 403 \text{ kgs}$$
$$\frac{45.643 + 403}{80 \times 70} = 8,2 \text{ kgs par cm}^2.$$

Section V. — CALCUL DES FLÈCHES

Poutre B.

Données : $a = 35$
$b = 57$
$z = 20$
$h = 164$
$n = 9 ; n' = 9$
$S = 136.09 ; S' = 108,9$
$M_l = 217.981 \times 100 ; M_p = 151.490 \times 100.$

Ce type présente une particularité dont on a tenu compte pour le calcul des dimensions, c'est qu'il comprend deux hourdis. On pourrait modifier en conséquence les équations donnant la position de la fibre neutre et les moments de résistance, comme il a été fait dans l'hypothèse que le béton tendu n'a aucune action ; mais le calcul de la flèche deviendrait plus complexe encore, sans autre avantage que de réduire un peu l'estimation de la valeur de cette dernière. On supposera donc que le second hourdis n'intervient que pour répartir les charges sur les poutres B et on négligera le supplément de résistance qu'il peut apporter à ces poutres, supplément relativement peu considérable en raison du peu de distance entre ce hourdis et la fibre neutre.

Détermination de la fibre neutre pendant la période de proportionnalité. — On a vu § 33 que la position de la fibre neutre est déterminée dans toute la période de proportionnalité et jusqu'à sa limite correspondant à $v = h + u - y$ par la valeur de y donnée par l'équation (25) :

$$y = \frac{1}{2} \frac{\varepsilon(b-a) + 2m(S'u' + Sh) + a(h+u)^2}{\varepsilon(b-a) + m(S'+S) + a'h + u)}.$$

On calculera préalablement les valeurs suivantes :

$$
\begin{aligned}
\varepsilon(b-a) &= 20(57-35) &&= 440 \\
\varepsilon^2(b-a) &= 440 \times 20 &&= 8.800 \\
a(h+u) &= 35(164+9) &&= 6.055 \\
a(h+u)^2 &= 35(164+9)^2 &&= 1.047.515 \\
m(S+S') &= 12(136,09 + 108.9) &&= 2.940 \\
2m(S'u' + Sh) &= 2 \times 12(108.9 \times 9 \cdot 136,09 \times \\
& \qquad\qquad \times 164 &&= 559.174
\end{aligned}
$$

D'où :

$$y = \frac{1}{2} \frac{8.800 + 559.174 + 1.047.515}{440 + 2.940 + 6.055} = \frac{1}{2} \frac{1.615.489}{9.435}$$

$$y = 85,6.$$

On en déduit immédiatement, d'après le § 35 en faisant $t = 20$ k., ou le dixième de 200 kgr., résistance à l'écrasement du béton non armé au dosage de 400 kg. :

$$r \cdot \frac{ty}{h+u-y} = \frac{20 \times 85,6}{164+9-85,6} = \frac{1.712}{87.4}$$

$$r \cdot 19,6.$$

On en déduit également, d'après le § 35 :

$$R = \frac{mr(h-y)}{y} \cdot \frac{12 \times 19,6 \, (164 - 85,6)}{85,6}$$

$$R = 215,1.$$

Détermination de la fibre neutre en dehors de la limite de proportionnalité. — On a vu § 36 que la position de la fibre neutre en dehors de la limite de proportionnalité, s'obtient par la résolution de l'équation du second degré (21) qui peut être modifiée comme suit :

$$(1 - m\alpha)^2 y^2 + 2 \left\{ \frac{\varepsilon(b - a) + m (S + S')}{a} + (u \times m\alpha) + \right.$$
$$\left. + m\gamma (2 - m\alpha) h \right\} \times y$$
$$- \frac{\varepsilon^2(b - a) + 2m(S'u' + Sh)}{a} - 2hu \times m\alpha - m\alpha(2 - m\alpha) \times h^2 = 0.$$

Les fonctions de ε, de S et de S' ont été calculées plus haut, les valeurs de $\alpha = \dfrac{l}{R} = \dfrac{20}{R}$ et de ses diverses fonctions ont été calculées au tableau I (voir pont de 15 m. section VI, page 219) qui répond au dosage de 400 kg.

Remarquant que :

$$\frac{\varepsilon(b - a) + m.S + S')}{a} = \frac{440 + 2.940}{35} = 96,6$$
$$\frac{\varepsilon^2(b - a) + 2m(S'u' + Sh)}{a} = \frac{8.800 + 559.174}{35} \cdot 16.228$$

et que ces valeurs s'appliquent à toutes valeurs de R, on aura en consultant le tableau sus-mentionné :

$R = 900$: Coefficient de y^2 : 0.537.

   $+ 2$ Coefficient de y : $96,6 + 9 \times 0.267 + 0,46 \times 164 = $ 174,4

   Terme indépendant :

   $(16.228 + 2 \times 164 \times 9 \times 0.267 + 0,46 \times \overline{164}^2) = - $ 29.388

   D'où : $y \quad \dfrac{-174.4 - \sqrt{174.4^2 + 0.537 \times 29.388}}{0.547}$

   $y - 75,4$.

$R = 800$: Coefficient de y^2 : 0.49.

   $+ 2$ Coefficient de y : $96.6 + 9 \times 0.3 + 0.51 \times 164$ 182,9

   Terme indépendant :

   $(16.228 + 2 \times 164 \times 9 \times 0.3 + 0.51 \times \overline{164}^2)$ 30.828

   D'où : $y \quad \dfrac{-182.9 + \sqrt{182.9^2 + 0.49 \times 30.824}}{0.49}$

   $y \quad 76.3$.

$R = 700$: Coefficient de y^2 : 0.632.

   $+ 2$ Coefficient de y : $96.6 + 9 \quad 0.333 + 0.57 \quad 164$ 193.2

   Terme indépendant :

   $(16.228 + 2 \times 164 \times 9 \times 0.333 + 0.57 \times \overline{164}^2)$ 32.571

   D'où : $y \quad \dfrac{193.2 + \sqrt{193.2^2 + 0.432 \times 32.571}}{0.432}$

   $y \quad 77.3$.

$R = 600$: Coefficient de y^2 : 0,36.

    1/2 Coefficient de y : $96,6 + 9 \times 0,4 + 0,64 \times 164 = 205,3$

    Terme indépendant :

$$-(16.228 + 2 \times 164 \times 9 \times 0,4 + 0,64 \times \overline{164^2}) = -\,34.622$$

D'où : $y = \dfrac{-205,3 + \sqrt{205,3^2 + 0,36 \times 34.622}}{0,36}$

$$y = 78,8.$$

$R = 400$: Coefficient de y^2 : 0,16.

    1/2 Coefficient de y : $96,6 + 9 \times 0,6 + 0,84 \times 164 = 239,8$

    Terme indépendant :

$$-(16.228 + 2 \times 164 \times 9 \times 0,6 + 0,84 \times \overline{164^2}) = -\,40.592$$

D'où : $y = \dfrac{239,8 + \sqrt{239,8^2 + 0,16 \times 40.592}}{0,16}$

$$y = 81,9.$$

Moments de résistance correspondant aux diverses valeurs choisies — Pour calculer les moments de résistance correspondant aux diverses valeurs de R choisies, on effectuera les expressions des moments d'inertie, voir § 34, et à cet effet on calculera préalablement les fonctions suivantes de y.

TABLEAU I

R	900	800	700	600	400	215,4
y	75,4	76,3	77,3	78,8	81,9	85,6
$h - y = 164 - y$	88,6	87,7	86,7	85,2	82,1	78,4
$y - i = y - 20$	55,4	56,3	57,3	58,8	61,9	65,6
$(h - y)^2$	7.850	7.692	7.517	7.259	6.740	6.146,6
$(h - y)^3$	695.300	674.526	651.714	618.470	553.388	481.890
$(y - u') \; y - 9$	66,4	67,3	68,3	69,8	72,9	76,6
$y - u'$	4.400	4.520	4.665	4.872	5.314	5.867,6
y'	428.661	444.195	464.800	480.304	549.353	627.222
$(y - i)^3$	170.031	178.453	188.134	204.297	237.177	282.300
$3i\left(y^2 - iy + \dfrac{i^2}{3}\right) \; y^3 - (y - i)^3$	258.630	265.741	274.757	286.007	312.176	344.922
$(h - y + u) = (164 - y + 9)$	97,6	96,7	95,7	94,2	91,1	87,4
$(h - y + u)^2$	9.526	9.344	9.158	8.874	8.299	7.639
$(h - y + u)^3$	—	—	—	—	—	667.628

D'où successivement pour :

$R = 900 : b\,\varepsilon\left(y^2 - \varepsilon y + \dfrac{\varepsilon^2}{3}\right)$ $+$ $-$

$$= 57 \times \frac{258.630}{3} \qquad = \; 4.913.970$$

$$+ \frac{a}{3}(y - \varepsilon)^3$$

$$= \frac{35}{3} \times 170.031 \qquad = \; 1.983.695$$

$$+ mS'(y - u')^2$$

$$= 12 \times 108,9 \times 4.409 = \; 5.761.680$$

$$+ mS(h - y)^2$$

$$= 12 \times 136,09 \times 7.850 = \; 12.819.678$$

$$+ \frac{a}{2} \times um\,(h - y)(h - y + u)^2$$

$$= \frac{35}{2} \times 0,267 \times 88,6 \times$$

$$\times 9.526 \qquad = \; 3.943.607$$

$$- \frac{a}{6} \times u^2 m^2 (h - y)^3$$

$$= -\frac{35}{6} \times 0,019 \times 695.506 = \qquad\qquad 77.085$$

$$I = 29.422.630 - 77.085$$
$$77.085$$
$$\overline{29.345.545}$$

D'où :

$$\mathfrak{R} = \frac{RI}{m(h - y)} = \frac{900}{12 \times 88,6} \times 29.345.545$$

$$\mathfrak{R} = 248.410 \times 100.$$

$$r = \frac{Ry}{m(h - y)} = \frac{900 \times 75,4}{12 \times 88,6}$$

$$r = 63,8$$

$R = 800 : b\,\varepsilon\left(y^2 - \varepsilon y + \dfrac{\varepsilon^2}{3}\right)$ $+$ $-$

$$= 37 \times \frac{205.741}{3} \qquad = \; 5.049.079$$

A reporter. . . $\quad 5.049.079$

$$+ \qquad -$$

$$\text{Report} \ . \ . \ . \qquad 5.049.079$$

$$+ \frac{a}{3}(y - \varepsilon)^3$$

$$= \frac{35}{3} \times 178.454 \qquad = \quad 2.081.963$$

$$+ mS'(y - u')^2$$

$$= 12 \times 108,9 \times 4.529 \qquad = \quad 5.918.497$$

$$+ mS(h - y)^2$$

$$= 12 \times 136,09 \times 7.692 \qquad = 12.561.651$$

$$+ \frac{a}{2} \times am(h - y)(h - y + u)^2$$

$$= \frac{35}{2} \times 0,3 \times 87,7 \times 9.351 \quad = \quad 4.305.434$$

$$- \frac{a}{6} \times \alpha^3 m^3 (h - y)^3$$

$$= - \frac{35}{6} \times 0,027 \times 674.526 = \qquad\qquad 106.238$$

$$I = 29.916.624 - 106.238$$
$$106.238$$
$$\overline{29.810.386}$$

D'où :

$$\mathfrak{M} = \frac{RI}{m(h - y)} = \frac{800}{12 \times 87,7} \times 29.810.386$$

$$\mathfrak{M} = 226.608 \times 100$$

$$r = \frac{Ry}{m(h - y)} = \frac{800 \times 76,3}{12 \times 87,7}$$

$$r = 58.$$

$$\perp \qquad -$$

$$R = 700 : h\varepsilon \left(y^2 - \varepsilon y + \frac{\varepsilon^2}{3} \right)$$

$$= 57 \times \frac{273\ 757}{3} \qquad\qquad = \quad 5.201.383$$

$$+ \frac{a}{3}(y - \varepsilon)^3$$

$$= \frac{35}{3} \times 188.133 \qquad\qquad = \quad 2.194.885$$

$$+ mS'(y - u')^2$$

$$= 12 \times 108,9 \times 4.665 \qquad = \quad 6.096.222$$

$$\text{A reporter.} \ . \ . \qquad \overline{13.492.490}$$

$$+ \qquad \qquad -$$

$$\text{Report} \quad . \quad . \qquad 13.492.490$$

$$+ mS(h - y)^2$$
$$= 12 \times 136,09 \times 7.517 \quad = \qquad 12.275.862$$

$$+ \frac{a}{2} \times 2m'h - y)(h - y + u)^2$$
$$- \frac{35}{2} \times 0,343 \times 86,7 \times 9.158 = 4.765.977$$

$$- \frac{a}{6} x^3 m'(h - y)^3$$
$$= - \frac{35}{6} \times 0,04 \times 651.714 \qquad = \qquad\qquad 152.067$$

$$I = 30.534.329 - 152.067$$
$$152.067$$
$$30.382.262$$

D'où :

$$\mathfrak{M} = \frac{RI}{m(h - y)} \qquad \frac{700}{12 \times 86,7} \times 30.382.262$$
$$\mathfrak{M} = 204.417 \times 100.$$
$$r = \frac{Ry}{m(h - y)} = \frac{700 \times 77,3}{12 \times 86,7}$$
$$r = 52.$$

$$R = 600 : b \left(y^2 - 2y + \frac{c^2}{3} \right)$$
$$= 57 \times \frac{286.007}{3} \qquad\qquad 5.434.143$$
$$+ \frac{a}{3} (y - 3)$$
$$- \frac{35}{3} \times 203.297 \qquad\qquad 2.371.798$$
$$= mS(y - u')^2$$
$$12 \times 108,9 \times 4.872 \qquad = \quad 6.366.730$$
$$+ mS(h - y)^2$$
$$12 \times 136,09 \times 7.259 \qquad - \quad 11.854.528$$
$$+ \frac{a}{2} 2m(h - y)(h - y + u)^2$$
$$\frac{35}{2} \times 0,4 \times 85,2 \times 8.871 \qquad 5.292.154$$

$$\text{A reporter} \quad . \quad . \quad . \qquad 31.319.643$$

$$+ \qquad\qquad -$$

$$\text{Report.} \quad . \quad . \qquad 31.319.643$$

$$-\frac{a}{6}\,\alpha^2 m^2 (h-y)^3$$

$$= -\frac{35}{6}\times 0.061\times 618.470 \quad = \qquad\qquad 230.895$$

$$1 = \overline{31.319.643 - 230.895}$$
$$230.895$$
$$\overline{31.088.748}$$

D'où :

$$\mathfrak{R} = \frac{R1}{m(h-y)} = \frac{600}{12\times 85,2}\times 31.088.748$$
$$\mathfrak{R} = 182.445\times 100.$$

$$r = \frac{Ry}{m(h-y)} = \frac{600\times 78,8}{12\times 85,2}$$
$$r = 46.2.$$

$$+ \qquad\qquad -$$

$$R = 100 : b\mathbf{z}\left(y^2 - zy - \frac{z^2}{3}\right)$$

$$= 57\times\frac{312\ 176}{3} \qquad\qquad 5.931.344$$

$$+\frac{a}{3}\,(y-z)^3$$

$$= \frac{35}{3}\times 237.177 \qquad\qquad = \quad 2.767.065$$

$$+ mS'(y-u')^3$$
$$= 12\times 108,9\times 5.314 \qquad = \quad 6.944.335$$

$$+ mS\,(h-y)^2$$
$$= 12\times 136,09\times 6.740 \qquad = 11.006.959$$

$$\frac{a}{2}\times \alpha m(h-y)(h-y+u)^2$$

$$= \frac{35}{2}\times 0,6\times 82,1\times 8.299 \qquad = \quad 7.154.153$$

$$-\frac{a}{6}\times \alpha^3 m^3(h-y)^3$$

$$= -\frac{35}{6}\times 0,216\times 533.388 \qquad\qquad 697.269$$

$$1 \quad \overline{33.803.856 - 697.269}$$
$$697.269$$
$$\overline{33.106.587}$$

D'où :

$$\mathcal{M} = \frac{RI}{m(h-y)} = \frac{400}{12 \times 82,1} \times 33.106.587$$

$$\mathcal{M} = 134.415 \times 100.$$

$$r = \frac{Ry}{m(h-y)} = \frac{400 \times 81,9}{12 \times 82,4}$$

$$r = 33,2.$$

$$R \quad 215,4 : h\varepsilon \left(y^2 - \varepsilon y + \frac{\varepsilon^2}{3} \right)$$

$$57 \times \frac{344.922}{3} \qquad\qquad = 6.553.518$$

$$+ \frac{a}{3}(y-\varepsilon)^3$$

$$= \frac{35}{3} \times 282.300 \qquad\qquad = 3.293.500$$

$$+ mS'(y-u')^2$$

$$= 12 \times 108.9 \times 5.867,6 \qquad = 7.667.780$$

$$+ mS(h-y)^2$$

$$= 12 \times 136,09 \times 6.146,6 \qquad = 10.037.890$$

$$+ \frac{a}{3}(h-y+u)'$$

$$= \frac{35}{3} \times 667.628 \qquad\qquad = 7.788.993$$

$$I = \overline{35.341.681}$$

D'où :

$$\mathcal{M} = \frac{RI}{m(h-y)} = \frac{215,4}{12 \times 78,4} \times 35.341.681$$

$$\mathcal{M} = 80.916 \times 100.$$

$$r = \frac{Ry}{m(h-y)} = \frac{215,4 \times 85,6}{12 \times 78,4}$$

$$r \quad 19,6,$$

valeur déjà trouvée directement plus haut.

Calcul par interpolation des valeurs de R et r dans des sections déterminées. — Ayant calculé les moments de résistance M et les taux de travail r à la compression correspondant à diverses valeurs de R choisies arbitrairement, il sera facile, par interpolation, de déterminer des valeurs de R et de r relatives aux moments des forces extérieures en des sections équidistantes, permettant une sommation.

TABLEAU II

	Charges totales $p=\dfrac{M}{\left(\frac{l}{2}\right)^2}\ \dfrac{217.981\times100}{100}\ 2.180\times100$	Charges permanentes $p=\dfrac{M}{\left(\frac{l}{2}\right)^2}\ \dfrac{151.490\times100}{100}\ 1.515\times100$
$x_0 = 0$	$p\,(\overline{10^2-0}) = 2.180 \times 100 \times 100 = 218.000 \times 100$	$1.515 \times 100 \times 100 = 151.500 \times 100$
$x_1 = 1$	$p\,(\overline{10^2-1^2}) = 2.180 \times 100 \times 99 = 215.820 \times 100$	$1.515 \times 100 \times 99 = 149.985 \times 100$
$x_2 = 2$	$p\,\overline{10^2-2^2} = 2.180 \times 100 \times 96 = 209.280 \times 100$	$1.515 \times 100 \times 96 = 145.140 \times 100$
$x_3 = 3$	$p\,(\overline{10^2-3^2}) = 2.180 \times 100 \times 91 = 198.380 \times 100$	$1.515 \times 100 \times 91 = 137.865 \times 100$
$x_4 = 4$	$p\,(\overline{10^2-4^2}) = 2.180 \times 100 \times 84 = 183.120 \times 100$	$1.515 \times 100 \times 84 = 127.260 \times 100$
$x_5 = 5$	$p\,(\overline{10^2-5^2}) = 2.180 \times 100 \times 75 = 163.500 \times 100$	$1.515 \times 100 \times 75 = 113.625 \times 100$
$x_6 = 6$	$p\,(\overline{10^2-6^2}) = 2.180 \times 100 \times 64 = 139.520 \times 100$	$1.515 \times 100 \times 64 = 96.960 \times 100$
$x_7 = 7$	$p\,(\overline{10^2-7^2}) = 2.180 \times 100 \times 51 = 114.180 \times 100$	$1.515 \times 100 \times 51 = 77.265 \times 100$
$x_8 = 8$	$p\,(\overline{10^2-8^2}) = 2.180 \times 100 \times 36 = 78.480 \times 100$	$1.515 \times 100 \times 36 = 54.540 \times 100$
$x_9 = 9$	$p\,(\overline{10^2-9^2}) = 2.180 \times 100 \times 9 = 19.620 \times 100$	$1.515 \times 100 \times 9 = 13.635 \times 100$
$x_{10} = 10$	$p\,(\overline{10^2-10^2}) = 2.180 \times 100 \times 0 = 0$	$1.515 \times 100 \times 0 = 0$

Considérant le moment maximum 217.981 × 100 dû aux
charges totales et remplaçant la courbe limite des moments
fléchissants correspondant à la position de la surcharge roulante, qui a donné le moment maximum sus-mentionné, par
la parabole ayant pour ordonnée au sommet cette valeur de
217.981 × 100 : suivant la même marche pour les charges
permanentes dont le moment maximum a été trouvé de
151.490 × 100, on obtiendra les moments successifs au droit
des diverses sections résultant de la division de la demi-
portée ($\frac{l}{2} = 10$) en dix parties, égales chacune à 1 m.
(tableau II):

Le tableau suivant résume les valeurs de R et de r correspondant aux moments de résistance calculés dans le paragraphe précédent et les valeurs de R et de r obtenues par
interpolation entre les premières, marquées d'un astérisque.
On se rappellera qu'à partir de R = 215.4 jusqu'à zéro les taux
de travail de l'acier et du béton, sont proportionnels aux
moments des forces extérieures.

M	R	r
*218.410	900	63,8 *
*226.608	800	58,8 *
218.000	761	56,2
215.820	751	55,5
209.280	722	53,5
*204 417	700	52,0 *
198.380	673	50,5
183.120	604	46,4
*182.445	600	46,2 *
163 500	521	41,1
151.500	471	37,8
149.985	465	37,4
145.440	446	36 2
139.520	421	34,6
137.865	414	34,1
*134.445	400	33,2 *
127.260	375	31,4
113.625	328	27,9
111.180	320	27,3

M	R	r
96.960	271	23,7
80.916	215,4	19,6
78.480	209	19,0
77.265	206	18,7
54 540	145	13,2
19.620	52	4,8
13.635	35	3,3

Posant $A = \dfrac{R}{2 \times 10^6}$; $B = \dfrac{r}{2 \times 10^6}$, on aura les valeurs suivantes (tableau III), au droit des sections équidistantes sus-mentionnées

Posant, d'après le § 38, $F = \dfrac{\Sigma y \Delta}{3h}$, on aura pour $\Delta = 10$ et $h = 164$, en appliquant la formule de Simpson :

$$F_t = [66,15 + (58,77 + 41,23 + 23,30 + 8,90 + 0,50) +$$
$$+ 2(50,28 + 32,04 + 15,31 + 3,99 + 0)] \times \frac{100}{3 \times 164} \times \frac{1}{100}$$
$$F_t = \frac{800,25}{3 \times 164} = 1 \text{ cm. } 62$$
$$F_t = 0 \text{ m. } 0162.$$

On aura de même :

$$F_p = [12 45 + 4 37,76 + 26,13 + 15,18 + 5,90 + 0,34) +$$
$$+ 2(32,32 + 20,67 + 10,16 + 2,77] \times \frac{100}{3 \times 164} \times \frac{1}{100}$$
$$F_p = \frac{516,73}{3 \times 164} = 1 \text{ cm. } 05$$
$$F_p = 0 \text{ m. } 0105$$

Il conviendra donc de donner a cette poutre une contre-flèche de 10 mm 5, et la flèche apparente sera voisine de :

$$16.2 - 10,5 = 5.7 \text{ mm.}$$

Calcul des flèches en négligeant le béton tendu. — Si on négligeait le béton tendu on aurait d'après le paragraphe 39 :

$$F_t = \frac{Pr}{9,6 + 200.000 \, y}$$

Tableau III

	M	R	r	$A \times \overline{10^4}$	$B \times \overline{10^4}$	$(A+B)\times\overline{10^4}\times\dfrac{\frac{l}{2}-r}{10^2}$	$y=(A+B)\left(\dfrac{l}{2}-r\right)$
				Charges totales			
x_0	218.000×100	761	56,2	3,805	2,810	$6,615 \times 10 \times \frac{1}{100}$	$66,15 \times \frac{1}{100}$
x_1	215.820×100	751	55,5	3,755	2,775	$6,530 \times 9 \times \frac{1}{100}$	$58,77 \times \frac{1}{100}$
x_2	209.280×100	722	53,5	3,610	2,675	$6,285 \times 8 \times \frac{1}{100}$	$50,28 \times \frac{1}{100}$
x_3	198.380×100	673	50,5	3,365	2,525	$5,890 \times 7 \times \frac{1}{100}$	$41,23 \times \frac{1}{100}$
x_4	183.120×100	605	46,4	3,020	2,320	$5,340 \times 6 \times \frac{1}{100}$	$32,04 \times \frac{1}{100}$
x_5	163.500×100	521	41,1	2,605	2,055	$4,660 \times 5 \times \frac{1}{100}$	$23,30 \times \frac{1}{100}$
x_6	139.520×100	421	34,6	2,105	1,730	$3,835 \times 4 \times \frac{1}{100}$	$15,34 \times \frac{1}{100}$
x_7	111.180×100	320	27,3	1,600	1,365	$2,965 \times 3 \times \frac{1}{100}$	$8,90 \times \frac{1}{100}$
x_8	78.480×100	209	19,0	1,045	0,950	$1,995 \times 2 \times \frac{1}{100}$	$3,99 \times \frac{1}{100}$
x_9	19.620×100	52	4,8	0,260	0,240	$0,500 \times 1 \times \frac{1}{100}$	$0,50 \times \frac{1}{100}$
x_{10}	0	0	0	»		0	0
				Charges permanentes			
x_0	151.500×100	471	37,8	2,355	1,890	$4,215 \times 10 \times \frac{1}{100}$	$42,15 \times \frac{1}{100}$
x_1	149.985×100	465	37,4	2,325	1,870	$4,195 \times 9 \times \frac{1}{100}$	$37,76 \times \frac{1}{100}$
x_2	145.440×100	456	36,2	2,230	1,810	$4,040 \times 8 \times \frac{1}{200}$	$32,32 \times \frac{1}{100}$
x_3	137.865×100	414	34,1	2,070	1,705	$3,775 \times 7 \times \frac{1}{100}$	$26,43 \times \frac{1}{100}$
x_4	127.260×100	375	31,4	1,875	1,570	$3,445 \times 6 \times \frac{1}{100}$	$20,67 \times \frac{1}{100}$
x_5	113.625×100	328	27,9	1,650	1,395	$3,035 \times 5 \times \frac{1}{100}$	$15,18 \times \frac{1}{100}$
x_6	96.960×100	271	23,7	1,355	1,185	$2,540 \times 4 \times \frac{1}{100}$	$10,16 \times \frac{1}{100}$
x_7	77.265×100	206	18,7	1,030	0,935	$1,965 \times 3 \times \frac{1}{100}$	$5,90 \times \frac{1}{100}$
x_8	54.540×100	145	13,2	0,725	0,660	$1,385 \times 2 \times \frac{1}{100}$	$2,77 \times \frac{1}{100}$
x_9	13.635×100	35	3,3	0,175	0,165	$0,340 \times 1 \times \frac{1}{100}$	$0,34 \times \frac{1}{100}$
x_{10}	0	0	0	0	0	0	0

expression dans laquelle il faut faire $r = 50$ et $y = 57,9$ (voir section III calcul des poutres B, page 241).

Donc :

$$F_l = \frac{\overline{2.000}^2 \times 50}{9,6 \times 200.000 \times 57,9} = 1 \text{ cm. } 8.$$
$$F_l = 0 \text{ m. } 0,018$$

et par suite :

$$F_p = F_l \times \frac{Mp}{Ml} = 0 \text{ m. } 018 \times \frac{151.490}{217.981}$$
$$F_p = 0 \text{ m. } 0125.$$

Section V — MÉTRÉ DU PONT DE 20 MÈTRES

Désignation	Quantités			Aciers						Récapitulation	
	surface ou section	longueur ou épaisseur	Volume de béton	désignation des barres	diamètre	nombre de pièces	longueur	poids partiel ou par mètre courant	poids total	béton	acier
	m. carrés	m. linéaires	m. cubes		m/m		mètres	kilog	kilog.	m³	kilog.
Hourdis sous chaussée (épaisseur 0,15)	20,30×2,85 =57,65	0,15	8,648	barres de résistance id. de répartition	12 8	81 207	7,20 3,15	0,880 0,392	513,2 255,6	8,648	768,8
Poutres A (5 semblables) (équarrissage 0,12×0,40)	0,12×0,40 =0,048	13×2,84 =36,92	1,772	barres inférieures — supérieures étriers	22 12 8	20 13 195	3,25 3,25 1,10	2,964 0,880 0,392	250,5 37,2 84,1	1,772	371,8
Poutres B (2 semblables) (équarrissage 0,35×1,53)	0,35×1,53 =0,535	2×21,50 =43	23,005	barres inférieures id. supérieures id. intermédiaires étriers	38 34 10 15×3	24 24 8 296	21,40 21,40 21,40 3,30	8,823 7,064 0,612 1,053	4.531,5 3 628,1 104,8 1.028,6	23,005	9,293
Porte-à-faux formant trottoir (épaisseur 0,20)	2×21,50 ×0,70=30,10	0,20	6,020	barres transversales barres longitudinales	8 10	160 2	1,40 21,40	0,392 0,612	87,8 26,2	6,020	114
Garde-corps (fer forgé)	»	2×21,50 =43	»	montants partie courante rivets et boulons 5 0/0	» » »	» 48 »	» 43 »	11,25 22,50 »	540 967,5 75	»	1.582,5
									Total	39,445	12.130,1

Feuilles de plomb : épaisseur 10 m/m ; 4 feuilles de 0,80 × 0,35 : poids total ..... 125 kg.

CHAPITRE XI

PONT DE 25 MÈTRES A DEUX VOIES

Dosage prévu :

> 400 kgs de ciment Portland.
> 0,400 de sable
> 0,800 de gravillon.

Section I. — HOURDIS SOUS CHAUSSÉE

(Portée libre : 1 m. 83 ; épaisseur : 0 m. 16).

Charge uniformément répartie par mètre carré :

Empierrement : $0,16 \times 2.100$ — 336 kg.
Sable : $0,05 \times 1.600$ = 80 »
Chape : $0,02 \times 2.200$ .. 44 »
Poids propre : $0,16 \times 2.500$ — 400 »
Épaisseur totale : 0,39

Poids total : 860 kg.

Moment dû à la charge uniformément répartie (parag. 26) :

$$M_1 = \frac{860 \times \overline{1,83}^{2}}{10} = 288 \text{ kgm.}$$

Chariot de 16 tonnes. — La roue de 4.000 k. dans sa position la plus défavorable, milieu de la portée, donne comme moment maximum (parag. 27) :

$$M_2 = 0,8 \times \frac{4\,000}{4 \times \left(\frac{1,83}{3} + 0,39\right)} \times \left(1,83 - \frac{0,39}{2}\right)$$

$$= 1.308 \text{ kgm.}$$

Moment fléchissant total :

$$M = M_1 + M_2 = 288 + 1.308 = 1.596 \text{ kgm.}$$

Hauteur théorique nécessaire pour obtenir à la fois comme travail du béton à la compression $r = 50$ k. et comme travail du métal à l'extension $R = 1.100$ k. (parag. **22**) :

$$h = \sqrt{\frac{1.596 \times 100}{810}} = 14,03 \text{ cm.}$$

On prendra comme épaisseur totale du hourdis :

$$z = 14,03 + 1,97 = 16 \text{ cm.}$$

La section de métal nécessaire à l'extension est (par. **22**) :

$$S = 0,802 \times 14,03 = 11,25 \text{ cm}^2.$$

On a prévu des ronds de 12 mm., section 1,13 cm² à l'écartement de :

$$\frac{1,13 \times 100}{11,25} = 10 \text{ cm. environ.}$$

Section des barres de répartition :

$$S_1 = \frac{S}{2} = \frac{11,25}{2} = 5,63 \text{ cm}^2.$$

On a prévu des ronds de 8 mm., section 0 cm² 50 à l'écartement de :

$$\frac{0,50 \times 100}{5,63} = 8 \text{ cm. 8.}$$

Section II. — HOURDIS SOUS TROTTOIR

(Portée libre : 1,83 ; épaisseur : 0,07).

Charge uniformément répartie par mètre carré :

Surcharge :	$=$	400 kg.
Chape : $0,02 \times 2.200$:	$=$	44 »
Poids propre : $0,07 \times 2.500$	$=$	175 »
Total :		619 kg.

Moment fléchissant maximum :

$$M = \frac{619 \times \overline{1,83}^2}{10} = 207 \ \text{kgm.}$$

Hauteur théorique nécessaire pour obtenir à la fois comme travail du béton à la compression $c = 50$ k. et comme travail du métal à l'extension $R = 1.100$ k. (parag. 22) :

$$h . \sqrt{\frac{207 \times 100}{810}} = 5 \ \text{cm. 05.}$$

On a prévu comme épaisseur totale :

$$= 5,05 + 1,95 = 7 \ \text{cm.}$$

Section de métal nécessaire à l'extension (parag. 22) :

$$S = 0,802 \times 5 = 4,01 \ \text{cm}^2.$$

On a prévu des ronds de 8 mm., section 0,50 cm², à l'écartement de :

$$\frac{0,50 \times 100}{4,01} = 12,4 \ \text{cm.}$$

Comme barres de répartition, on a prévu des ronds de de 6 mm. tous les 25 cm.

Section III. — POUTRES TRANSVERSALES A

(Portée libre : 6,50 ; équarrissage : 0,28 × 0,60).

Charge uniformément répartie par mètre courant :

Poids propre : $0.28 \times 0.60 \times 2.500 = 420$ kgs.
Moment fléchissant dû à cette charge (parag. 26) :

$$M_1 = \frac{420 \times 6.50^2}{10} = 1.774,5 \text{ kgm.}$$

Trottoirs. — De a à c (fig. 11), la charge par mètre carré des trottoirs a été trouvée égale à 619 kgs par mètre carré, ce qui donne sur la poutre transversale :

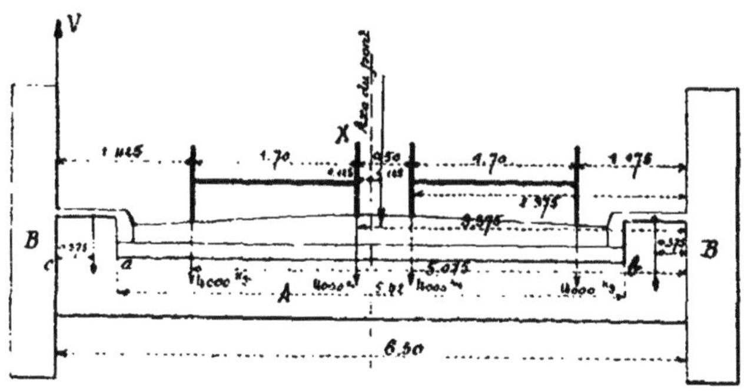

Fig. 11.

$$619 \times (1.83 + 0.28) \times 0.75 = 979,5 \text{ kgs}$$

Surélévation des poutres :

$$0,28 \times 0,34 \times (0,52 - 0,09) \times 2.500 = 162,5$$

Paroi formant bordure : $0.27 \times 0.04 \times 2.500 = 27$ »
Chape verticale : $0.30 \times 0.04 \times 2.200 = 6,6$ »

Total : 1.175,6 kgs

Moment fléchissant dû à cette charge agissant à 0 m. 375 de l'appui :

$$M_2 = (1.175,6 \times 0.375) \times 0.8 = 352,7 \text{ kgm.}$$

De a à b, la charge par mètre carré de la chaussée a été trouvée égale a 860 kgs, ce qui donne, par mètre courant de poutre transversale :

$$860 \times (1,83 + 0,28) = 1.814,6 \text{ kgs.}$$

Le moment de cette charge agissant sur une longueur de 5 m. 42 dans la partie centrale, comme l'indique la fig. 41 précédente, est :

$$M_3 = 0,8 \left[\frac{1.814,6 \times 5,42}{4} \times \left(6,50 - \frac{5,42}{2} \right) \right]$$
$$= 7.455 \text{ kgm.}$$

Chariot de 16 tonnes. — La position la plus défavorable des chariots est indiquée par la fig. 41, pour laquelle on a comme réaction sur l'appui de gauche :

$$V = \frac{4.000 (1.175 + 2.875 + 3.375 + 5.075)}{6.50}$$
$$= \frac{4.000 \times 1.250}{6,50} = 7.692,3 \text{ kgs}$$

et comme moment par rapport à la roue X :

$$M_4 = (V \times 3.125 - 4.000 \times 1,70) \times 0,8$$
$$= (7.692,3 \times 3,125 - 6.800) \times 0,8 = (24.038,7 - 6.800) \times 0,8$$
$$= 13.790,8 \text{ kgm.}$$

Moment fléchissant total :

$$M = M_1 + M_2 + M_3 + M_4 = 1.774,5 + 352,7 + 7.455 + 13.790,8$$
$$= 23.373 \text{ kgm.}$$

Largeur de hourdis intéressée à la compression de la poutre (parag. 25) :

$$b = 0,75 \times (1,83 + 0,28) = 158 \text{ cm.}$$

La hauteur théorique nécessaire pour obtenir un travail inférieur à r par centimètre carré est donnée approximativement et par excès par (parag. 17) :

$$h = \frac{M}{bur} + \varepsilon \times \frac{2 + \dfrac{R}{mr}}{2}$$

$$= \frac{23.373 \times 100}{158 \times 14 \times 50} + 16 \times \frac{2 + \dfrac{1.100}{12 \times 50}}{2}$$

$$= 18,5 + 30,7 = 49,2 \text{ cm.}$$

Or on a prévu :

$$h = 60 + 16 - 5 = 71 \text{ cm.}$$

Le travail maximum du béton est alors donné par (parag. 18) :

$$r = \frac{\dfrac{M}{h} + \dfrac{\varepsilon^2 R}{2m} - \dfrac{\varepsilon^3 R}{3mh}}{\varepsilon h + \dfrac{\varepsilon^3}{3h} - \varepsilon^2}$$

$$= \frac{\dfrac{23.373 \times 100}{158} + \dfrac{\overline{16}^2 \times 1.100}{2 \times 12} - \dfrac{\overline{16}^3 \times 1.100}{3 \times 12 \times 71}}{16 \times 71 + \dfrac{\overline{16}^3}{3 \times 71} - \overline{16}^2}$$

$$= \frac{14.795 + 11.733 - 1.763}{1.136 + 19,2 - 256} = \frac{24.763}{899,2} = 27 \text{ k. 5 environ.}$$

Nous devons vérifier maintenant si, pour cette valeur de r, la fibre neutre passe bien à l'extérieur du hourdis par la formule (parag. 20) :

$$y = \frac{mr}{R + mr} \times h$$

$$= \frac{12 \times 27,5}{1.100 + 12 \times 27,5} \times 71$$

$$= 16,4 \text{ environ.}$$

Or nous avons $\varepsilon = 16$.

Cette condition étant réalisée nous calculerons la section du métal nécessaire à l'extension par la formule (parag. 19) :

$$S = \frac{bur}{2R} \left(2 - \frac{\varepsilon}{h} \times \frac{mr + R}{mr} \right)$$

$$= \frac{158 \times 16 \times 27,5}{2 \times 1.100} \left(2 - \frac{16}{71} \times \frac{12 \times 27,5 + 1.100}{12 \times 27,5} \right)$$

$$= 31,6 \times 0,976 = 30,8 \text{ cm}^2.$$

On a prévu 6 ronds de 26 mm., section totale **31,8 cm²**.

A la compression on a prévu 3 ronds de **12 mm.** pour assurer la liaison des étriers verticaux.

Effort tranchant. — L'effort tranchant maximum est :

1° Pour la charge uniformément répartie :

$$T_1 = \frac{420 \times 6,5}{2} = 1.365 \text{ kgs};$$

2° Pour la charge au droit des trottoirs :

$$T_2 = 1.175,6;$$

3° Pour la charge de la chaussée :

$$T_3 = \frac{1.814,6 \times 5,42}{2} = 4.917,5 \text{ kgs};$$

4° Pour la charge roulante dans la position la plus défavorable des chariots de 16 tonnes, indiquée par la fig. 42 :

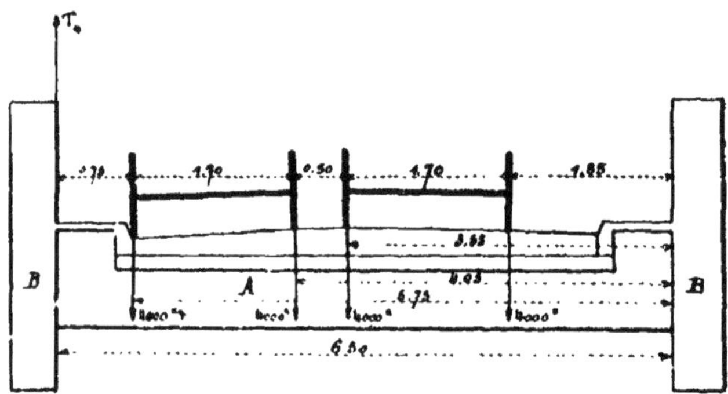

Fig. 42.

$$T_4 = \frac{4.000(1.85 + 5.65 + 4.05 + 5.75)}{6.50}$$

$$\frac{4.000 \times 15,20}{6,50} = 9.353,9.$$

Effort tranchant total :

$$T = T_1 + T_2 + T_3 + T_4 = 1.365 + 1.175,6 + 4.917,5 + 9.353,9$$
$$= 16.812 \text{ kgr.}$$

Le nombre d'intervalles des étriers à deux branches de 8 mm. de diamètre, dont la section totale est $3 \times 2 \times 50 = 300$ mm., est pour la 1/2 portée (parag. 29) :

$$N = \frac{5}{176} \times \frac{16\,812}{300} \times \frac{3,25 \times 100}{66}$$
$$= 7,8.$$

On prendra :

$$N = 8.$$

La construction graphique indiquée planche (7) permet de déterminer les écartements successifs des étriers dans le sens longitudinal.

Pour l'adhérence, le périmètre total des 6 ronds de 26 prévus à l'extension est : $6\pi \times 2,6 = 43$ cm²., et le travail moyen du béton (parag. 28) :

$$t = \frac{S \times R}{\frac{l}{2} \times 43} = \frac{30,80 \times 1.100}{325 \times 43}$$
$$2 k. 2 < 5 k.$$

Section IV. — POUTRES LONGITUDINALES B

(Portée libre, 25 mètres ; empattissage total : 0 m. 50 × 3 m.).

Charge uniformément répartie par mètre courant :

Semelle supérieure : $0,80 \times 0,50 \times 2.500 = $ 1.000

Semelle inférieure : $0,25 \times 0,50 \times 2.500 = $ 312,5

Montants verticaux :

$$11 \times \frac{0,28 \times 0,50 \times 1,95 \times 2.500}{25} = $$ 300,3

Cloison verticale : $0,15 \times 0,09 \times 0,08 \times 2.500 = $ 108

Hourdis des trottoirs : $0,79 \times 0,07 \times 2.500 =$ 138,3

Chape sur trottoir : $0,79 \times 0,02 \times 2.200 =$ 34,8

Paroi verticale formant bordure :

$$0,27 \times 0,04 \times 2.500 = \qquad 27$$

Chape verticale : $0,30 \times 0,01 \times 2.200 =$ 6,6

Hourdis de la chaussée

(empierrement et chape) : $\dfrac{5,42}{2} \times 860 =$ 2.330,6

Poids propre des poutres A :

$$11 \times \frac{0,28 \times 0,60 \times 3,25 \times 2.500}{25} = \qquad 600,6$$

Goussets des poutres A :

$$11 \times \frac{0,25 \times 0,42 \times 0,28 \times 2.500}{25} = \qquad 32,3$$

$$\text{Total :} \qquad 4.891$$

Moment fléchissant dû à cette charge :

$$M_1 = \frac{4.891 \times \overline{25}^2}{8} = 382.110 \text{ kgm.}$$

Surcharge des trottoirs. — La surcharge de 400 kgs par mètre carré sur les trottoirs donne par mètre courant de

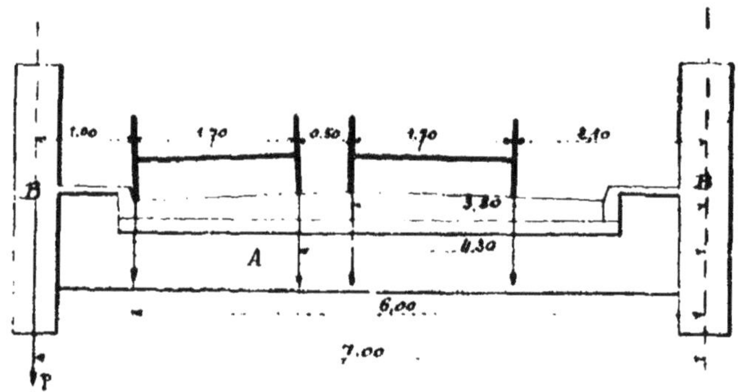

Fig. 43.

poutre un poids de $400 \times 0,75 = 300$ kgs et un moment fléchissant maximum de :

$$M_2 = \frac{300 \times \overline{25}^2}{8} = 23.437,5 \text{ kgm.}$$

Chariot de 16 tonnes. — Dans le sens transversal la position la plus défavorable des chariots de 16 tonnes est indiquée par la fig. 43 ; on a alors comme charge sur la poutre de rive la plus fatiguée :

1° Au droit des essieux .

$$P = \frac{4.000 \times (2,10 + 3,80 + 4,30 + 6,00)}{7} = 9.257,1 \text{ kgs}$$

2° Au droit des chevaux :

$$P_1 = \frac{700 (2,10 + 3,80 + 4,30 + 6,00)}{7} = 1.620 \text{ kgs.}$$

Dans le sens longitudinal, la position la plus défavorable est donnée par la fig. 44, dans laquelle le milieu C de la portée divise en deux parties égales la distance comprise entre l'une des roues et la résultante des poids du chariot. Dans cette position, on a comme réaction au droit de l'appui de gauche :

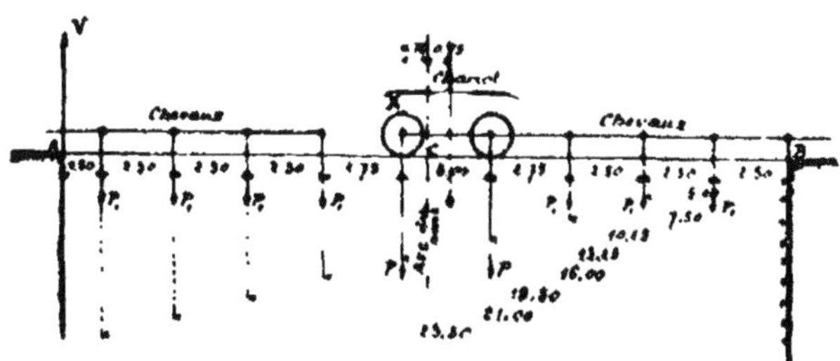

Fig. 44.

$$V = \frac{P (10,25 + 13,25) + P_1 (2,50 + 5,00 + 7,50 + 16 + 18,50 + 21 + 23,50)}{25}$$

$$= \frac{9.257,1 \times 23,50 + 1.602 \times 94}{25} = \frac{217.541,8 + 152.280}{25}$$

$$= 14.792,9$$

et comme moment fléchissant total par rapport à la roue X :

$$M_3 = V \times 11,75 - P_1 \times (2,75 + 5,25 + 7,75 + 10,25)$$
$$= 14.792,9 \times 11,75 - 1.620 \times 26 = 173.816,6 - 42.120$$
$$= 131.696,6 \text{ kgm.}$$

Moment fléchissant total :

$$M = M_1 + M_2 + M_3 = 382.110 + 23.437,5 + 131.696,6$$
$$= 537.244,1 \text{ kgm.}$$

Si nous remarquons que pour cette poutre on a $\varepsilon = 80$ et $b = 50$, la hauteur théorique nécessaire pour obtenir un travail de $r = 50$ kg par cent. carré est donnée approximativement et par excès par (parag. 17) :

$$h = \frac{M}{b\varepsilon r} + \varepsilon \times \frac{2 \times \dfrac{R}{mr}}{2}$$

$$= \frac{537.244,1 \times 100}{50 \times 80 \times 50} + 80 \times \frac{2 + \dfrac{1.100}{12 \times 50}}{2}$$

$$= 268.6 + 153,33 = 422 \text{ cm.}$$

Or nous avons pris seulement $h = 300 - 9 = 291$ cm.

A priori nous aurons donc à prévoir des armatures à la compression, et nous devrons calculer les sections de métal nécessaires par (parag. 21) :

à l'extension :

$$S = \frac{FD + BK}{CK + DH}.$$

à la compression :

$$S' = \frac{FC - BH}{CK + DH}.$$

formules dans lesquelles, en remarquant que $r = 50$ et $R = 1.100$, on a :

$$y = \frac{mr}{R + mr} \times h = \frac{12 \times 50}{1.100 + 12 \times 50} \times 291$$
$$= 0.353 \times 291 = 102.7.$$

et :

$$h - y = 291 - 102.7 = 188.3.$$

$$B = \frac{bz(2y - z)}{2} = \frac{50 \times 80\,(205,4 - 80)}{2}$$

$$= \frac{4.000 \times 125,4}{2} = 250.800,$$

$$C = m x = 12 \times 188,3 = 2.260,$$

$$D = (y - u) = 12 \times (102,7 - 9) = 1.124,4.$$

$$F = \frac{My}{r} - \frac{b}{3}\left[y^3 - (y - z)^3\right]$$

$$= \frac{537.244,4 \times 100 \times 102,7}{50} - \frac{50}{3}\left[\overline{102,7}^3 - \overline{22,7}^3\right]$$

$$= 110.349.938 - 17.858.492 = 92.491.446.$$

$$H = m x^2 = 12 \times \overline{188,3}^2 = 425.483,$$

$$K = m(y - u)^2 = 12 \times \overline{93,7}^2 = 105.356.$$

En remplaçant ces coefficients par leurs valeurs dans les expressions précédentes de S et S', on trouve (en divisant tous les membres par 1.000 pour simplifier les opérations) :

1° à l'extension :

$$S = \frac{92.491 \times 1,12 + 250,8 \times 105,3}{2,26 \times 105,3 + 1,12 \times 425,5}$$

$$\frac{103.590 + 26.409}{238 + 476,6} = \frac{129.999}{714,6}$$

$$= 181,92 \text{ cm}^2.$$

On a prévu 18 ronds de 36, section totale 183,20 cm²..

2° à la compression :

$$S' = \frac{92.491 \times 2,26 - 250,8 \times 425,5}{2,26 \times 105,3 + 1,12 \times 425,5}$$

$$= \frac{209.030 - 106.715}{714,6} = \frac{102.315}{714,6}$$

$$= 143,18 \text{ cm}^2.$$

On a prévu 18 ronds de 32 mm., section totale de 144,80 cm².

L'effort tranchant maximum est :

1° Pour la charge uniformément répartie :

$$T_1 = \frac{4.891 \times 25}{2} = 61.137,5.$$

3° Pour la surcharge des trottoirs :

$$T_2 = \frac{300 \times 25}{2} = 3.750.$$

3° Pour la surcharge roulante, la position la plus défavorable des chariots de 16 tonnes est indiquée par la fig. 45, qui donne :

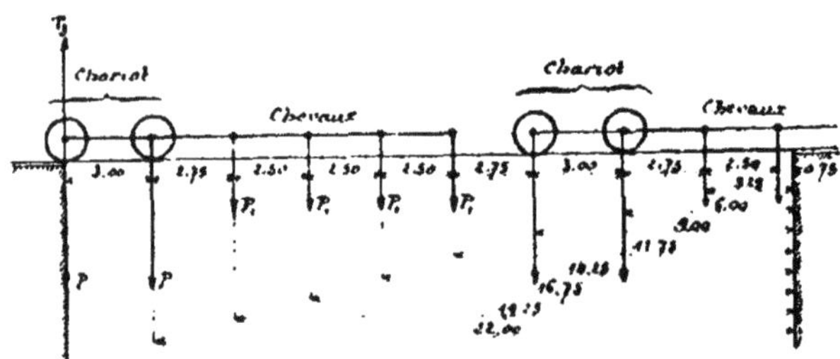

Fig. 45.

$$T_3 = \frac{P(6 + 9 + 22 + 25) + P_1(0.75 + 3.25 + 11.75 + 14.25 + 16.75 + 19.25)}{25}$$

$$= \frac{9.257,1 \times 62 + 1.620 \times 66}{25} = \frac{573.940 + 106.920}{25}$$

$$= 27.234,4.$$

Effort tranchant total :

$$T = T_1 + T_2 + T_3 = 61.137,5 + 3.750 + 27.234,4$$
$$= 92.122 \text{ kg.}$$

Ainsi qu'il a été dit, si nous supposons qu'au milieu de la portée l'effort tranchant est égal au quart de l'effort maximum sur les appuis, nous aurons comme effort tranchant au droit de chaque montant vertical (fig. 46) :

Aux appuis : $T =$ 92.122

Au premier montant : $T_1 = \dfrac{92.122}{16,67} \times 14.72 =$ 81.362

Au deuxième montant : $T_2 = \dfrac{92.122}{16,67} \times 12.61 =$ 69.700

Au troisième montant : $T_2 = \dfrac{92.122}{16,67} \times 10,50 =$ 58.037

Au quatrième montant : $T_3 = \dfrac{92.122}{16,67} \times 8,39 =$ 46.371

Au cinquième montant : $T_5 = \dfrac{92.122}{16,67} \times 6,28 =$ 34.712

Au sixième montant : $T_6 = \dfrac{T}{4} = \dfrac{92.122}{4} =$ 23.031

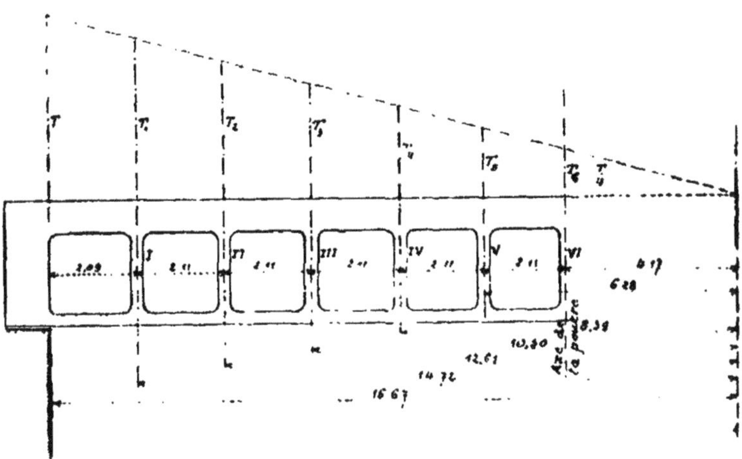

Fig. 46.

Connaissant la distance E des étriers verticaux qui sont placés dans chaque montant et le bras de levier z, on calculera leur section par la formule :

$$S = \frac{T \times E}{R \times z}.$$

On aura alors, pour $z = 2$ m. 82 :

Aux appuis : $\dfrac{92.122 \times 1,95}{1.100 \times 2,82} =$ 57,91 cm²

Au premier montant : $\dfrac{81.362 \times 2,11}{1.100 \times 2,82} =$ 55.34 cm²

Au deuxième montant : $\dfrac{69.700 \times 2,11}{1.100 \times 2,82} =$ 47,11 cm²

Au troisième montant : $\dfrac{58.037 \times 2,11}{1.100 \times 2,82} =$ 39,47 —

Au quatrième montant : $\dfrac{16.374 \times 2,11}{1.100 \times 2,82}$ $=$ $31,54$ cm²

Au cinquième montant : $\dfrac{34.712 \times 2,11}{1.100 \times 2,82}$ $=$ $23,61$ —

Au sixième montant : $\dfrac{23.034 \times 2,11}{1.100 \times 2,82}$ $=$ $15,66$ —

Il a été prévu sur les dessins :

aux appuis : 24 étriers à deux branches de 10×3 dont la section totale est $24 \times 2 \times 10 \times 3 = 5.760$ mm² $= 57,60$ cm² ; au premier montant : 18 étriers à deux branches de $15 \times 3,5$, section totale : $18 \times 2 \times 15 \times 3,5 = 5.670$ mm² $= 56,70$ cm². au deuxième montant : 18 étriers à deux branches de 10×3, section totale : $18 \times 2 \times 10 \times 3,5 = 5.040$ mm² $= 50,40$ cm², au troisième montant : 18 étriers à deux branches de 10×3, section totale : $18 \times 2 \times 10 \times 3 = 4.320$ mm² $= 43,2$ cm², au quatrième montant : 12 étriers à deux branches de 15×3, section totale : $12 \times 2 \times 15 \times 3 = 3.240$ mm² $= 32,40$ cm², au cinquième montant : 12 étriers à deux branches de $10 \times 2,5$, section totale : $12 \times 2 \times 10 \times 2,5 = 2.400$ mm² $= 24$ cm², au sixième montant : 12 étriers à deux branches de 10×2, section totale : $12 \times 2 \times 10 \times 2 = 1.920$ mm² $= 19,2$ cm².

Pour l'adhérence, le périmètre total des 18 ronds de 36 prévus à l'extension étant : $18 \pi \times 3,6 = 203,6$ cm², le travail moyen du béton sera donné par (parag. 28) :

$$r_2 = \dfrac{S \times R}{\dfrac{l}{2} \times 203,6}$$

$$= \dfrac{181.92 \times 1.100}{1.250 \times 203,6} \qquad 0 \text{ k. } 8 \text{ p. cm}^2 \text{ env.}$$

Section V. — APPUIS SUR LES MAÇONNERIES

La longueur d'appui des poutres principales B est de 0 m. 90 ; elles reposent sur les maçonneries des culées par l'intermédiaire d'un sommier en pierre dure mesurant $1,00 \times 0,80$ et 0,30 de hauteur.

L'effort tranchant maximum ayant été trouvé égal à 92.122 kg., l'effort supporté par le sommier est :

$$\frac{92.122}{90 \times 50} = 20,5 \text{ par cm}^2.$$

et l'effort supporté par les maçonneries, le poids du sommier étant $1,00 \times 0,80 \times 0,30 \times 2.400 = 576$, est de :

$$\frac{92.122 + 576}{100 \times 80} = 11 \text{ k. } 6 \text{ par cent. carré.}$$

Section VI. — CALCUL DES FLÈCHES

Poutres longitudinales

Suivant l'observation faite au parag. 39, on peut sans grave erreur négliger ici le béton tendu : on aura donc :

$$F_l = \frac{l^2 r}{9,6 \times 200.000 y},$$

expression dans laquelle il faut faire $r = 50$ et $y = 102,7$.

Cela donne :

$$F_l = \frac{2.500^2 \times 50}{9,6 \times 200.000 \times 102,7} = 1 \text{ cm. } 584$$

$$F_l = 0 \text{ m. } 01584$$

et par suite :

$$F_p = F_l \times \frac{M_p}{M_l} = 0,01584 \times \frac{382.140}{537.244}$$

$$F_p = 0 \text{ m. } 01126.$$

On pourra donc prévoir une contre-flèche de 11 mm., et la flèche apparente lors des épreuves sera voisine de $16 - 11 = 5$ mm.

Désignation	Quantités — surface des sections	Quantités — longueur ou épaisseur	Volume de béton	Aciers — Désignation des barres	Diamètre	Nombre de pièces	Longueur	Poids partiel ou par mètre courant	Poids total	Récapitulation — béton	Récapitulation — acier
		m linéaires	m cubes		m/m			kilog.	kilog.	m³	kilog.
[illegible]	[illegible]	0,16	21,940	barres de résistance	12	212	6,75	0,880	1 259,3		
				barres de répartition	8	281	5,10	0,392	601,2	21,940	1 860,3
[illegible]	[illegible]	0,07	3,260	barres de résistance	8	56	6,75	0,392	118,2		
				barres de répartition	6	200	9,90	0,220	29,6	3,260	187,8
[illegible]	[illegible]	[illegible]	0,[illegible]	barres verticales	4	200	0,90	0,100	18		
				barres horizontales	8	8	6,75	0,392	21,2	0,535	39,2
[illegible]	[illegible]	[illegible]	1,925	barres verticales	6	200	0,70	0,220	30,8		
				barres horizontales	6	16	6,75	0,220	23,8	1,925	54,6
[illegible]	[illegible]	11 à 50	12,012	barres [illegible]	26	66	7,00	1,140	1 912,7		
				barres supérieures	12	35	7,00	0,880	203,3		
				étriers	8	561	1,52	0,392	334,3	12,012	2 450,3
[illegible]	[illegible]	22 à [illegible]	1,197	barres inclinées	12	44	4,15	0,880	44,6		
				étriers	4	132	0,70	0,100	9,3	1,197	53,9
[illegible]	[illegible]	[illegible]	6,540	barres longitudinales	26	36	26,40	7,920	7 527,2		
				barres transversales	12	104	0,45	0,800	31,2	6,540	7 558,4
[illegible]	[illegible]	[illegible]	21,280	barres longitud. supér.	12	35	26,40	6,272	5 790,9		
				barres transversales	12	104	0,45	0,880	41,2		
				barres longitud. inférieures	12	8	26,40	0,880	185,9		
				étriers	4	672	1,40	0,220	206,6	21,280	6 125,6
[illegible]	[illegible]	[illegible]	3,120	barres verticales	50 à 3	66	5,85	0,935	325,7	3,120	325,7
[illegible]	[illegible]	[illegible]	6,006	barres verticales	45-3,5	72	5,85	1,228	517,2		
					50-4,5	72	5,85	1,092	460		
					40-3	72	5,85	0,936	394,2		
					45-3	48	5,85	1,053	295,7		
					50-2,5	48	5,85	0,780	219,0		
					40-2	24	5,85	0,624	87,6	6,006	1 973,7
									Total	78,446	21 138,7

Feuilles de plomb, épaisseur 10 m/m. 4 feuilles de 0,90 × 0,70. poids total 203 kg.

CHAPITRE XII

PONT DE 30 MÈTRES A UNE VOIE

Dosage prévu :

400 kg. de ciment Portland ;
0,400 de sable ;
0,800 de gravillon.

Section I. — HOURDIS SOUS CHAUSSÉE

(Portée libre : 1 m. 36 ; épaisseur : 0 m. 15)

Charge uniformément répartie par mètre carré :

Empierrement :	$0,16 \times 2.100 =$	336 kg.
Sable :	$0,05 \times 1.600 =$	80 »
Chape :	$0,02 \times 2.200 =$	44 »
Poids propre :	$0,15 \times 2.500 =$	375 »
Epaisseur totale :	0,38 m.	
Poids total :		835 kg.

Moment dû à la charge uniformément répartie (parag. 26) :

$$M_t = \frac{835 \times \overline{1,36}^2}{10} = 154,4 \text{ kgm.}$$

Chariots de 16 tonnes :

La roue de 4.000 kg. dans sa position défavorable, milieu de la portée, donne comme moment maximum (parag. **27**) :

$$M_2 = 0,8 \times \frac{4.000}{4\left(\frac{1,36}{3} + 0,38\right)} \times \left(1,36 - \frac{0,38}{2}\right)$$

$$= 1.123,2 \text{ kgm.}$$

Moment fléchissant total :

$$M = M_1 + M_2 = 154,4 + 1\ 123,2 = 1.277,6 \text{ kgm.}$$

Hauteur théorique nécessaire pour obtenir à la fois comme travail du béton à la compression $r = 50$ kg. et comme travail du métal à l'extension $R = 1.100$ (parag. **22**) :

$$h = \sqrt{\frac{1.277,6 \times 100}{810}} = 12,80.$$

On prendra comme épaisseur totale du hourdis :

$$\varepsilon = 12,8 + 2,2 = 15 \text{ cm.}$$

section de métal nécessaire à l'extension (parag. **22**) :

$$S = 0,802 \times 12,8 = 10 \text{ cm}^2\ 27.$$

On a prévu des ronds de 12 mm., section 1 cm² 13, à l'écartement de :

$$\frac{1,13 \times 100}{10,27} = 11 \text{ cm.}$$

Section des barres de répartition :

$$S_1 = \frac{S}{2} = \frac{10,27}{2} = 5,14 \text{ cm}^2.$$

On a prévu des ronds de 8 mm., section 0,50 cm², à l'écartement de :

$$\frac{0,50 \times 100}{5,14} = 9 \text{ cm. } 7.$$

Section II.   HOURDIS SOUS TROTTOIRS

(Portée libre : 0 m. 67 ; épaisseur : 0 m.05)

Charge totale uniformément répartie par mètre carré :

Surcharge :	400 kg.
Chape : $0,02 \times 2.200$	44
Poids propre : $0,05 \times 2.500$ --	125
Total :	569 kg.

Moment fléchissant maximum :

$$M = \frac{569 \times 0,67^2}{10} = 25.5 \text{ kgm.}$$

Hauteur théorique nécessaire pour obtenir $r = 50$ k. et
R = 1.100 k. par mètre carré (parag. **22**) :

$$h = \sqrt{\frac{25,5 \times 100}{810}} = 1,80.$$

on a prévu comme épaisseur totale $z = 5$ cm.

Section de métal nécessaire à l'extension (parag. **22** :

$$S = 0,802 \times 1,80 = 1,44 \text{ cm}^2.$$

On a prévu des ronds de 6 mm., section 0.28 cm., à l'écartement de :

$$\frac{0,28 \times 100}{1,44} = 19 \text{ cm. } 5.$$

Comme barres de répartition on a prévu des ronds de
6 mm. tous les 25 cm.

Section III. — POUTRES LONGITUDINALES A

(Portée libre, $\dfrac{30\ m. - 9 \times 0,18}{10} = 2\ m.838$; équarrissage, $0,12 \times 0,35$)

Charge totale uniformément répartie par mètre courant :

Hourdis sous chaussée : $(1.36 + 0,12) \times 835 =$ 1.235 k. 8
Poids propre : $0,12 \times 0,35 \times 2.500 =$ 105
                            Total :   1.340 k. 8

Moment fléchissant dû à la charge uniformément répartie (parag. 26) :

$$M_1 = \frac{1.340,8 \times \overline{2.838}^2}{10} = 1.079,9\ \text{kgm.}$$

Charge roulante :

Le chariot de 16 tonnes étant placé dans le sens transversal dans la position défavorable de la fig. 47, on a comme charge sur la poutre A au droit de chaque essieu :

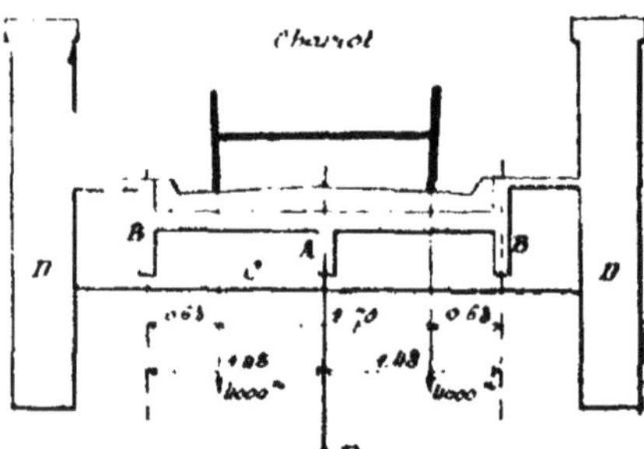

Fig. 47.

$$P = \frac{2 \times 4\,000 \times 0.63}{1.48} = 3.405,4\ \text{kgs.}$$

Cette charge, étant placée dans le sens longitudinal au milieu de la portée, donnera comme moment fléchissant maximum :

$$M_2 = 0,8 \times \frac{3.405,4 \times 2.838}{4} = 1.932,9\ \text{kgm.}$$

Moment fléchissant total :

$$M = M_1 + M_2 = 1.079,9 + 1.932,9 = 3.012,8 \text{ kgm.}$$

Largeur de hourdis intéressée à la compression de la poutre (parag. 25) :

$$b = \frac{1}{3} \times 2.838 = 0 \text{ m. } 946, \text{ soit en chiffres ronds 95 cm.}$$

La hauteur théorique nécessaire pour obtenir $r < 50$ est donnée approximativement et par excès par (parag. 17) :

$$h = \frac{M}{b z r} + z \times \frac{2 + \dfrac{R}{mr}}{2}$$

$$= \frac{3.012,8 \times 100}{95 \times 15 \times 50} \qquad 15 \times \frac{2 + \dfrac{1.100}{12 \times 50}}{2}$$

$$= 1.2 + 28,8 = 33 \text{ cm.}$$

On a prévu :

$$h = 35 + 15 — 5 = 45 \text{ cm.}$$

Le travail maximum du béton est alors donné par (parag. 18) :

$$r = \frac{\dfrac{M}{b} + \dfrac{e^2 R}{2m} - \dfrac{e^3 R}{3mh}}{zh + \dfrac{e^3}{3h} - e^2}$$

$$= \frac{\dfrac{3.012,8 \times 100}{95} + \dfrac{15^2 \times 1.100}{2 \times 12} - \dfrac{15^3 \times 1.100}{3 \times 12 \times 45}}{15 \times 45 + \dfrac{15^3}{3 \times 45} - 15^2}$$

$$= \frac{3.171 + 10.312 - 2.291}{675 + 25 - 225} = \frac{11.192}{475} = 23 \text{ k. } 6 \text{ environ.}$$

Nous devons vérifier maintenant si, pour cette valeur de r, la fibre neutre passe bien à l'extérieur du hourdis et cela par la formule (parag 20) :

$$y = \frac{mr}{R + mr} \times h = \frac{12 \times 23,6}{1.100 + 12 \times 23,6} \times 45 = 9,2 \text{ cm.}$$

Or nous avons $\varepsilon = 15$, ce qui prouve que la fibre neutre passe à l'intérieur du hourdis ; nous avons vu que dans ce cas on doit rechercher sa position par tâtonnements successifs. Prenons par exemple $y_1 = 9$ cm. et déterminons la valeur de r en remplaçant, dans sa valeur précédente, ε par $y_1 = 9$.

On a :

$$r = \frac{\dfrac{3.012,8 \times 100}{95} + \dfrac{9^2 \times 1.100}{2 \times 12} - \dfrac{9^3 \times 1.100}{3 \times 12 \times 45}}{9 \times 45 + \dfrac{9^3}{3 \times 45} - 9^2}$$

$$= \frac{3.171 + 3.712 - 405}{405 + 5 - 225} = 19 \text{ k. } 3.$$

La valeur exacte de y serait alors, pour $r = 19,3$:

$$y = \frac{mr}{R + mr} \times h = \frac{12 \times 19,3}{1.100 + 12 \times 19,3} \times 45 = 7,8 \text{ cm.}$$

Or nous avons pris $y = 9$.

Une deuxième approximation donnerait pour $y_2 = 7,5$:

$$r = \frac{\dfrac{3.012,8 \times 100}{95} + \dfrac{\overline{7,5}^2 \times 1.100}{2 \times 12} - \dfrac{\overline{7,5}^3 \times 1.100}{3 \times 12 \times 45}}{7,5 \times 45 + \dfrac{\overline{7,5}^3}{3 \times 45} - \overline{7,5}^2}$$

$$= \frac{3.171 + 2.578 - 286}{337,5 + 3,1 - 56,2} = 19,2.$$

et la valeur exacte de y est :

$$y = \frac{12 \times 19,2}{1.100 + 12 \times 19,2} \times 45 = 7,7.$$

Si nous prenons maintenant $y_3 = 7,7$:

$$r = \frac{3.171 + 2.717 - 310}{346,5 + 3,4 - 59,3} = 19,2.$$

La valeur exacte de y est donc 7,7.

On calculera la section de métal à l'extension par la formule (parag. 19) :

$$S = \frac{bar}{2R}\left(2 - \frac{t}{h} \times \frac{mr + R}{mr}\right)$$

dans laquelle on remplacera t par $y = 7,7$ et r par 19,2 :

$$S = \frac{95 \times 7,7 \times 19,2}{2 \times 1.100}\left(2 - \frac{7,7}{45} \times \frac{12 \times 19,2 + 1.100}{12 \times 19,2}\right)$$
$$= 6,38 \times 0,988 = 6,30 \text{ cm}^2.$$

On a prévu deux ronds de 20, section 6,28 cm².

A la compression on a prévu un rond de 12 pour assurer la liaison des étriers verticaux.

Effort tranchant. — L'effort tranchant maximum est :
1° Pour la charge uniformément répartie :

$$T_1 = \frac{1.340,8 \times 2,838}{2} = 1.902,6 \text{ kg}$$

2° Pour la charge roulante qui donnera son maximum d'effet lorsque le poids P se trouvera au droit de l'appui :

$$T_2 = P = 3.405,4 \text{ kgs.}$$

Effort tranchant total :

$$T = T_1 + T_2 = 1.902,6 + 3.405,4 = 5.308 \text{ kg.}$$

Le nombre d'intervalles entre les étriers à 2 branches de 8 mm. de diamètre, dont la section totale est $2 \times 50 = 100$ mm² sera pour la demi portée (parag. 29) :

$$N = \frac{5}{176} \times \frac{5.308}{100} \times \frac{2.838 \times 100}{44}$$
$$= 10 \text{ environ.}$$

La construction graphique donnée planche (8) permet de déterminer les écartements successifs des étriers dans le sens longitudinal.

Pour l'adhérence, le périmètre total de la barre de 20 étant $2\pi \times 2,0 = 12$ cm. 56, le travail moyen du béton sera donné par (parag. 28) :

$$r_2 = \frac{S \times R}{\frac{l}{2} \times 12,56}$$

$$= \frac{6,30 \times 1.100}{142 \times 12,56} = 3 \text{ k. } 9 \text{ p. cm}^2 < 5 \text{ kg.}$$

Section IV. — POUTRES LONGITUDINALES B

(Portée libre : 2 m. 838 ; équarrissage : 0,12 × 0,75)

Charge totale uniformément répartie par mètre courant :

Hourdis sous chaussée $\dfrac{1,36}{2} \times 835 =$ 567.8

Hourdis sous trottoir : $\left(\dfrac{0,67}{2} + 0.12\right) \times 569$ 258.9

Chape verticale : $(0,01 \times 0.30) \times 2.200 =$ 6,6

Surcharge sur bordure : $(0.14 - 0.01) \times 400 =$ 60,0

Poids propre : $0.12 \times 0.75 \times 2.500 =$ 225,0

Total : 1.118,3

Moment fléchissant dû à la charge uniformément répartie :

$$M_1 \quad \frac{1.118,3 \times \overline{2.838}^2}{10} = 900 \text{ kgm. } 7.$$

Charge roulante :

Dans le sens transversal, la position défavorable indiquée par la fig. 18 donne comme réaction sur la poutrelle B au droit de chaque essieu :

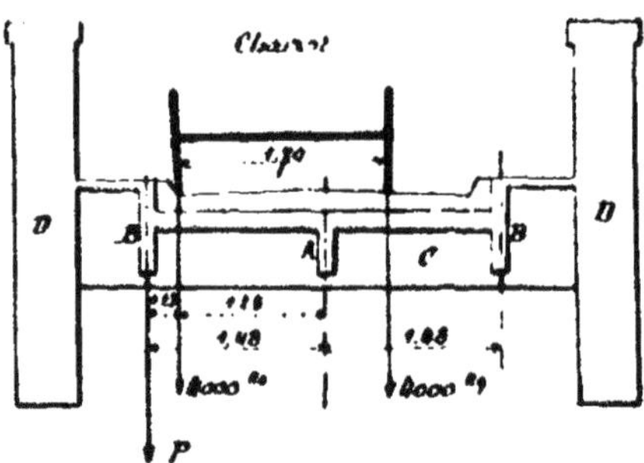

Fig. 18.

$$P = \frac{4.000 \times 1.25}{1.48} = 3.378,3.$$

Dans le sens longitudinal, le moment maximum se produira lorsque cette charge sera placée au milieu de la portée. On a alors :

$$M_2 = 0,8 \times \frac{3\,378,3 \times 2.838}{4} = 1.917,5 \text{ kgm.}$$

Moment fléchissant total :

$$M = M_1 + M_2 = 900,7 + 1.917,5 = 2.818,2 \text{ kgm.}$$

Largeur de hourdis intéressée à la compression de la poutre (parag. 25) :

$$b = 0,75\left(67 + \frac{12}{2}\right) + \frac{12}{2} = 60,7.$$

soit 61 cm. en chiffres ronds.

La hauteur théorique nécessaire pour obtenir $r < 50$ est donnée approximativement par excès par (parag. 17) :

$$h = \frac{M}{br} + z \times \frac{z + \frac{R}{mr}}{2}$$

$$\frac{2,818,2 \times 100}{61 \times 3 \times 50} + 5 \times 1,917$$

$$= 18,4 + 9,6 = 28.$$

On a prévu :

$$h = 75 + 5 - 5 = 75 \text{ cm.}$$

Le travail maximum du béton est alors donné par (parag. 18) :

$$r = \frac{\dfrac{M}{b} + \dfrac{zR}{2m} - \dfrac{z^2R}{3mh}}{zh + \dfrac{z^3}{3h} - z^2}.$$

$$= \frac{\dfrac{2,818,2 \times 100}{61} + \dfrac{5^2 \times 1.100}{2 \times 12} - \dfrac{5^3 \times 1.100}{3 \times 12 \times 75}}{5 \times 75 + \dfrac{5^3}{3 \times 75} - 5^2}$$

$$\frac{4.620 + 1.146 - 51}{375 + 0,5 - 25} = 16 \text{ kg. 3.}$$

Nous devons vérifier maintenant si, pour cette valeur de r.

la fibre neutre passe bien à l'extérieur du hourdis par la formule (parag. 20) :

$$y = \frac{mr}{R + mr} \times h = \frac{12 \times 16,3}{1.400 + 12 \times 16,3} \times 75 = 11,3 \text{ cm.}$$

Or nous avons $i = 5$. Cette condition étant réalisée, la section de métal nécessaire à l'extension se déterminera par (parag. 19) :

$$S = \frac{bir}{2R} \left(2 - \frac{i}{h} \times \frac{mr + R}{mr} \right),$$
$$= \frac{61 \times 5 \times 16,3}{2 \times 1.400} \left(2 - \frac{5}{75} \times \frac{12 \times 16,3 + 1.400}{12 \times 16,3} \right)$$
$$= 2,26 \times 1,56 = 3,53 \text{ cm}^2.$$

On a prévu un rond de **22**, section 3,80 cm².

A la compression, on a prévu un rond de **12** mm. pour assurer la liaison des étriers verticaux.

Effort tranchant. — L'effort tranchant maximum est :
1° Pour la charge uniformément répartie :

$$T_1 = \frac{1.118,3 \times 2,838}{2} = 1.586,9 \text{ kgs} ;$$

2° Pour la charge roulante qui donnera son maximum d'effet lorsque la charge P se trouvera au droit de l'appui :

$$T_2 = P = 3.378,3 \text{ kgs.}$$

Effort tranchant total :

$$T = T_1 + T_2 = 1.586,9 + 3.378,3 = 4.965,2 \text{ kgs.}$$

Le nombre d'intervalles entre les étriers à deux branches de 8 mm. de diamètre dont la section totale est $2 \times 50 = 100$ mm² sera pour la demi-portée (parag. 29) :

$$N = \frac{6}{176} \times \frac{4.965,2}{100} \times \frac{2.838 \times 100}{74}$$
$$= 5,4.$$

On prendra $N = 6$.

La construction graphique donnée planche (8) permet de déterminer les écartements successifs des étriers dans le sens longitudinal.

Pour l'adhérence, le périmètre de la barre de 22 prévue à l'extension étant $\pi \times 2.2 = 6.91$, le travail moyen du béton sera donné par (parag. 28) :

$$r_2 = \frac{S \times R}{\dfrac{l}{2} \times 6.91}$$

$$\frac{3.53 \times 1.100}{142 \times 6,91} = 4 \text{ k. environ.}$$

Section V. — POUTRES TRANSVERSALES C
(Pièces de pont)

(Portée libre : 4 m. ; équarrissage . 0.18 × 0.45)

Charge uniformement répartie par mètre courant :

Poids propre : $0.18 \times 0.45 \times 2.500 = 202,5$ kg.
Moment fléchissant dû au poids propre :

$$M_1 = \frac{202,5 \times 7}{10} = 405 \text{ kgm.}$$

D'autre part, les poutrelles A et B transmettent aux poutres C les charges suivantes dues au poids propre du hourdis sous chaussée, au poids propre du trottoir et à la surcharge du trottoir :
Poutrelles A : $(2,838 + 0,18) \times 1.310,8 = 4.046,5.$
Poutrelles B : $(2,838 + 0,18) \times 1.118,3 = 3.375.$
La charge des poutrelles A agissant au milieu de la portée et celle des poutres B à 0 m. 52 des appuis, on aura comme moment fléchissant dû à ces charges :

$$M_2 = 0,8 \left[\frac{4.046,5 \times 4}{4} + 3.375 \times 0,52 \right] = 4.611,2 \text{ kgm.}$$

Au droit des trottoirs, sur une longueur de 0 m. 46, on a

surélevé les poutres C de 0 m. 42 environ, ce qui donne en ces points un supplément de charge de :

$$0,18 \times 0,46 \times 0,42 \times 2.500 = 87 \text{ k.}$$

qui, concentrée à 0.23 de chaque appui, donne comme moment fléchissant :

$$M_3 = 0,8 \, (87. \times 0,23) = 16 \text{ kgm.}$$

Enfin un essieu du chariot de 16 tonnes peut occuper la position la plus défavorable donnée par la fig. 49 qui correspond à une réaction sur l'appui de gauche :

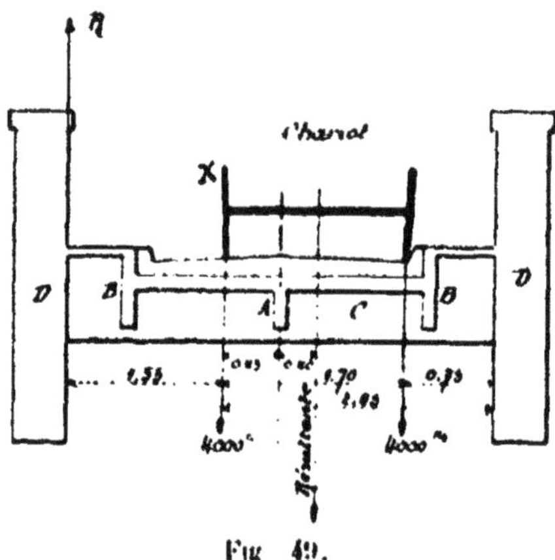

Fig. 49.

$$R = \frac{4.000 \, (0.75 + 2.45)}{4} = 3.200 \text{ kg.}$$

et comme moment fléchissant maximum, par rapport à la roue X, à :

$$M_4 \quad 0,8 \times 3.200 \times 1,55 = 3.968 \text{ kgm.}$$

Moment fléchissant total :

$$M = M_1 + M_2 + M_3 + M_4 = 405 + 4.641.2 + 16 + 3.968 = 9.030,2 \text{ kg.}$$

Largeur de hourdis intéressée à la compression de la poutre (parag. 25) :

$$h = \frac{400}{3} = 133 \text{ cm.}$$

la hauteur théorique pour obtenir $r < 50$ kgs est donnée approximativement et par excès (parag. 17) :

$$h = \frac{M}{b \varepsilon r} + \varepsilon \times \frac{2 + \dfrac{R}{mr}}{2}$$

$$= \frac{9.030,2 \times 100}{133 \times 15 \times 50} + 15 \times 1,917 = 9,0 + 28,8 = 37,8$$

On a prévu :

$$h = 45 + 15 - 5 = 55 \text{ cm.}$$

Le travail maximum du béton est alors donné par (parag. 18) :

$$r = \frac{\dfrac{M}{b} + \dfrac{\varepsilon R}{2m} - \dfrac{\varepsilon^2 R}{3mh}}{\varepsilon h + \dfrac{\varepsilon^3}{3h} - \varepsilon^2}$$

$$r = \frac{\dfrac{9.030,2 \times 100}{133} + \dfrac{\overline{15}^2 \times 1.100}{2 \times 12} - \dfrac{\overline{15}^3 \times 1.100}{3 \times 12 \times 55}}{15 \times 55 + \dfrac{\overline{15}^3}{3 \times 55} - \overline{15}^2}$$

$$= \frac{6.790 + 10.312 - 1.875}{825 + 20 - 225} = \frac{15.228}{620} = 24 \text{ k. } 6 \text{ p. cm}^2.$$

Nous devons vérifier maintenant si, pour cette valeur de r, la fibre neutre passe bien à l'extérieur du hourdis, par la formule (parag. 20) :

$$y = \frac{mr}{R + mr} \times h$$

$$= \frac{12 \times 24,6}{1.100 + 12 \times 24,6} \times 55 = 11,6.$$

Or nous avons $\varepsilon = 15$; la fibre neutre passe donc à l'intérieur du hourdis et nous avons vu que dans ce cas on doit rechercher sa position par tâtonnements successifs.

La pratique de ces calculs indique qu'il convient d'essayer

tout d'abord une valeur de y un peu plus faible que celle qui a été trouvée ci-dessus.

Prenons par exemple $y_1 = 11,5$ cm. et déterminons la valeur de r en remplaçant dans sa valeur précédente ε par $y_1 = 11,5$; on a :

$$r = \frac{\dfrac{9.030,2 \times 100}{133} + \dfrac{\overline{11,5}^2 \times 1.100}{2 \times 12} - \dfrac{\overline{11,5}^3 \times 1.100}{3 \times 12 \times 55}}{11,5 \times 55 + \dfrac{\overline{11,5}^3}{3 \times 55} - \overline{11,5}^2}$$

$$= \frac{6.790 + 6.061 - 844}{632,5 + 9,2 - 132,2} = \frac{12.007}{509,5} = 23,5 \text{ kg.}$$

La valeur correspondante de y serait alors :

$$y = \frac{mr}{R + mr} \times h = \frac{12 \times 23,5}{1.100 + 12 \times 23,5} \times 55 = 11,2.$$

Or nous avons pris $y = 11,2$; une deuxième approximation donnerait, pour $y_2 = 11,2$:

$$r = \frac{\dfrac{9.030,2 \times 100}{133} + \dfrac{\overline{11,2}^2 \times 1.100}{2 \times 12} - \dfrac{\overline{11,5}^3 \times 1.100}{3 \times 12 \times 55}}{11,2 \times 55 + \dfrac{\overline{11,2}^3}{2 \times 55} - \overline{11,5}^2}$$

$$= \frac{6.790 + 5.749 - 780}{616 + 8,4 - 125,4} = \frac{11.759}{499} = 23,5$$

et $y = 11,2$ qui est par suite la valeur exacte.

On déterminera la section de métal nécessaire à l'extension per (parag. 19) :

$$S = \frac{bvr}{2R}\left(2 - \frac{\varepsilon}{h} - \frac{mr + R}{mr}\right),$$

équation dans laquelle on remplacera ε par $y = 11,2$:

$$S = \frac{133 \times 11,2 \times 23,5}{2 \times 1.100}\left(2 - \frac{11,2}{55} - \frac{12 \times 23,5 + 1\,100}{12 \times 23,5}\right)$$

$$= 15,90 \times 1,00 = 15,90 \text{ cm}^2.$$

On a prévu quatre ronds de 23, section totale 16,62 cm².

A la compression, on a prévu deux ronds de 12 mm. pour assurer la liaison des étriers verticaux.

Effort tranchant. — L'effort tranchant maximum est :

1° Pour le poids propre :

$$T_1 = \frac{202,5 \times 4}{2} = 405 \text{ kg.}$$

2° Pour les charges transmises par les poutrelles A et B :

$$T_2 = \frac{4.046,5}{2} + 3.375 = 5.398 \text{ kg.}$$

3° Pour les parties des poutres surélevées au droit des trottoirs :

$$T_3 = 87 \text{ kg.}$$

4° Pour la surcharge roulante dans la position défavorable de la fig. 49 précédente :

$$T_4 = \frac{4.000 \times (1,55 + 3,25)}{4} = 4.800 \text{ kg.}$$

Effort tranchant total :

$$T = T_1 + T_2 + T_3 + T_4 = 405 + 5.398 + 87 + 4.800$$
$$= 10.690 \text{ kg.}$$

Le nombre d'intervalles des étriers à deux branches de 8 mm. de diamètre, dont la section totale est $2 \times 2 \times 50 = 200 \text{ mm}^2$, sera pour la 1/2 portée de la poutre (parag. 29) :

$$N = \frac{5}{176} \times \frac{10\,690}{200} \times \frac{4 \times 100}{50}$$
$$= 12,1.$$

On prendra $N = 13$.

La construction graphique donnée planche (8) permet de déterminer les écartements successifs des étriers dans le sens longitudinal.

Pour l'adhérence, le périmètre total des quatre barres de 23 prévues à l'extension étant $4 \times \pi \times 2,3 = 28,90$ cm., le travail moyen du béton sera donné par (parag. 28) :

$$r_2 = \frac{S \times R}{\frac{l}{2} \times 28,90}$$

$$= \frac{15,00 \times 4.100}{200 \times 28,90} = 3 \text{ k. environ} < 5 \text{ k.}$$

Section VI. — **POUTRES LONGITUDINALES D**

(Portée libre : 30 m. ; équarrissage total : 0,50 × 3,00).

Charge uniformément répartie par mètre courant :

Semelle supérieure : $0,50 \times 0,80 \times 2.500 =$ 1.000,0 kg.

$+ 2 \times 0,15 \times 0,05 \times 2.500 =$ 37,5

Semelle inférieure : $0,50 \times 0,25 \times 2.500 =$ 312,5

Hourdis sous trottoir :

$(0,21 + 0,46 + 0,12) \times 0,05 \times 2.500 =$ 98,8

Chape sur trottoir :

$(0,21 + 0,46 + 0,12) \times 0,02 \times 2.200 =$ 31,8

Chape verticale : $0,01 \times 0.30 \times 2.200 =$ 6,6

Hourdis sous chaussée $\left(1,36 + \dfrac{0,12}{2}\right) \times 835 =$ 1.185,7

Poids propre d'une 1/2 poutrelle A : $\dfrac{105}{2} =$ 52,5

Poids propre d'une poutrelle B : $\dfrac{225}{2} =$ 112,5

Poids propre des montants verticaux :

$$9 \times \frac{0,50 \times 0,25 \times 1,95 \times 2.500}{30} =$$ 182,6

Poids propre de la cloison verticale :

$$0,08 \times 0.45 \times 2.500 =$$ 90,0

Poids propre des pièces de pont : $9 \times \dfrac{202,5 \times 2}{30} =$ 121,5

Poids de la partie surélevée des pièces de pont :

$$\frac{87 \times 9}{30} =$$ 26,1

Poids des goussets des pièces de pont :

$$9 \times \frac{0,18 \times 0.56 \times 0.20 \times 2.500}{30} =$$ 15,1

Total . .   3.276,2 kg.

Soit en chiffres ronds 3.277 kg.

Moment fléchissant dû à la charge uniformément répartie :

$$M_1 = \frac{3.277 \times \overline{30}^2}{8} = 368.663 \text{ kgm.}$$

Surcharge des trottoirs :

La surcharge de 400 kg. par mètre carré sur les trottoirs donne un poids supplémentaire par mètre courant de poutre égal à :

$$400 \times 0,75 = 300 \text{ kg.}$$

et un moment fléchissant maximum de :

$$M_2 = \frac{300 \times \overline{30}^2}{8} = 33.750 \text{ kgm.}$$

Charge roulante :

Enfin les chariots de 16 tonnes occupant la position défavorable de la fig. 50 donnent comme charge transmise sur la poutre de rive la plus fatiguée :

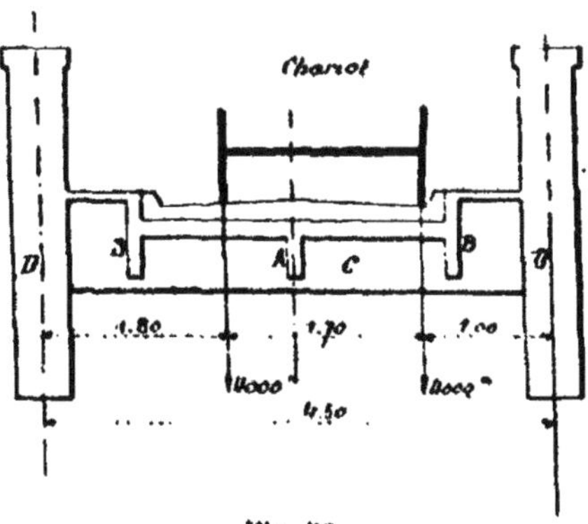

Fig. 50.

1° Au droit des essieux :

$$P = \frac{4.000 \times (1,80 + 3,50)}{4,50} = 4.711 \text{ kg.}$$

2° Au droit de chaque file de chevaux :

$$P_1 = \frac{700 \times (1,80 + 3,50)}{4,50} = 821 \text{ kg.}$$

Dans le sens longitudinal, les deux positions les plus défavorables que peut occuper la charge roulante sont les suivantes :

1° Le milieu C de la portée divise en deux parties égales la distance comprise entre la résultante 4P des deux chariots et la roue X (fig. 51). On a alors :

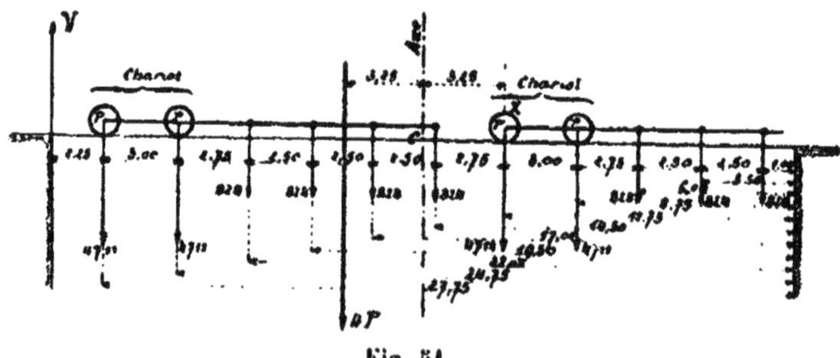

Fig. 51.

Réaction sur l'appui de gauche :

$$V = \frac{4.711(8,75+11,75+24,75+27,75)+824(1+3,50+6+14,50+17+19,50+22)}{30}$$

$$= \frac{4.711 \times 73 + 824 \times 83,50}{30} = 13.756,9 ;$$

Moment par rapport à la roue X :

$$M'_2 = 13.756,9 \times 18,25 - 4.711(16+13) - 824(10,25 + 7,75 + 5,25 + 2,75) = 251.063 - 158.043 = 93.020 \text{ kgm.}$$

2° Le milieu C de la portée divise en deux parties égales

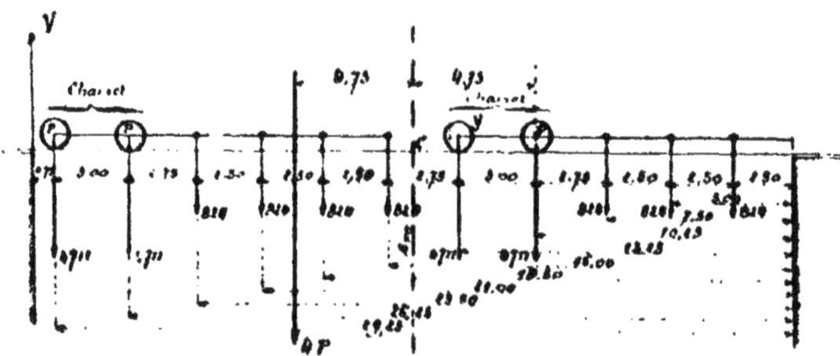

Fig. 52.

la distance comprise entre la résultante 4P et la roue Y (fig. 52). On a alors :

Réaction sur l'appui de gauche :

$$V = \frac{4.711(10,25 + 13,25 + 26,25 + 29,25) + 824(2,50 + 5 + 7,50 + 16 + 18,50 + 21 + 23,50)}{30}$$
$$= \frac{4.711 \times 79 + 824 \times 94}{30} = 14.987,5 \; ;$$

Moment par rapport à la roue Y :

$$M''_3 = 14.987,5 \times 16,75 - 4.711 (16 + 13) - 824 (10,25 + 7,75 + 5,25 + 2,75) = 251.040 - 158.043 = 92.997.$$

Le moment fléchissant sera donc :

$$M = M_1 + M_2 + M'_3 = 368.663 + 33.750 + 93.020$$
$$= 495.433 \text{ kgm.}$$

La poutre ne comportant pas de hourdis travaillant à la compression et la hauteur totale de la semelle supérieure étant de 80 cm., on aura dans les formules générales :

$$b = 50 ; \varepsilon = 80.$$

D'après cela, la hauteur théorique nécessaire pour obtenir sans le secours d'armatures comprimées un travail du béton inférieur à 50 kg. serait donnée approximativement par (parag. 17) :

$$h = \frac{M}{bsr} + \varepsilon \times \frac{2 + \dfrac{R}{mr}}{2}$$
$$= \frac{495.433 \times 100}{50 \times 80 \times 50} \qquad 80 \times 1.917$$
$$= 247,6 + 133,6 = 381,2 \text{ cm.}$$

Or on a prévu seulement :

$$h = 300 - 9 = 291 \text{ cm.}$$

A *priori* les poutres de rive comporteront donc des armatures comprimées ; nous avons vu que dans ce cas les sections de métal doivent être calculées par les formules suivantes (parag. 21) :

1° A l'extension :

$$S = \frac{FD + BK}{CK + DH},\qquad\qquad (9)$$

2° A la compression :

$$S' = \frac{FC - BH}{CK + DH},\qquad\qquad (10)$$

dans lesquelles, si $r = 50$ et $R = 1.100$, on a :

$$y = \frac{mr}{R + mr} \times h = 0{,}353\, h,$$

et :

$$x = \frac{mr}{R + mr} \times h \times 0{,}647\, h,$$

$$B = b\varepsilon\left(y - \frac{\varepsilon}{2}\right) = 50 \times 80\left(0{,}353 \times 291 - \frac{80}{2}\right)$$
$$= 4.000 \times 62{,}7 = 250.800.$$
$$C = mr = 12 \times (0{,}647 \times 291) = 2.260.$$
$$D = m(y - u) = 12 \times (0{,}353 \times 291 - 9) = 1.121{,}1.$$
$$F = \frac{My}{r} - \frac{b}{3}\left[y^{3} - (y - \varepsilon)^{3}\right]$$
$$= \frac{495.433 \times 100 \times 102{,}7}{50} - \frac{50}{3}\left[\overline{102{,}7}^{3} - \overline{22{,}7}^{3}\right]$$
$$= 101.761.938 - 17.858.492 = 83.903.446.$$
$$H = m.r^{2} = 12 \times \overline{188{,}3}^{2} = 125.483.$$
$$K = m(y - u)^{2} = 12 \times \overline{93{,}7}^{2} = 105.356.$$

En remplaçant dans (9) et (10) et en divisant tous les membres par 1.000, on obtient avec une approximation suffisante :
1° A l'extension :

$$S = \frac{83.903 \times 1{,}12 + 250{,}8 \times 105{,}3}{2{,}26 \times 105{,}3 + 1{,}12 \times 425{,}5}$$
$$= \frac{93.971 + 26.469}{238 + 476{,}6} = \frac{120.380}{714{,}6} = 168{,}40 \ \text{cm}^{2}.$$

On a prévu 18 ronds de 35, section totale 173,16 cm² ;
2° A la compression :

$$S' = \frac{83.903 \times 2{,}26 - 250{,}8 \times 425{,}5}{714{,}6}$$
$$= \frac{189.621 - 106.715}{714{,}6} = \frac{82.906}{714{,}6}$$
$$= 116 \ \text{cm}^{2}.$$

On a prévu 18 ronds de 29, section totale 118,9 cm².

Effort tranchant. — L'effort tranchant maximum est :

1° Pour la charge uniformément répartie :

$$T_1 = \frac{3.276,4 \times 30}{2} = 49.146 \text{ kg.}$$

2° Pour la surcharge des trottoirs :

$$T_2 = \frac{300 \times 30}{2} = 4.500 \text{ kg.}$$

3° Pour la charge roulante dans la position défavorable de la fig. 53.

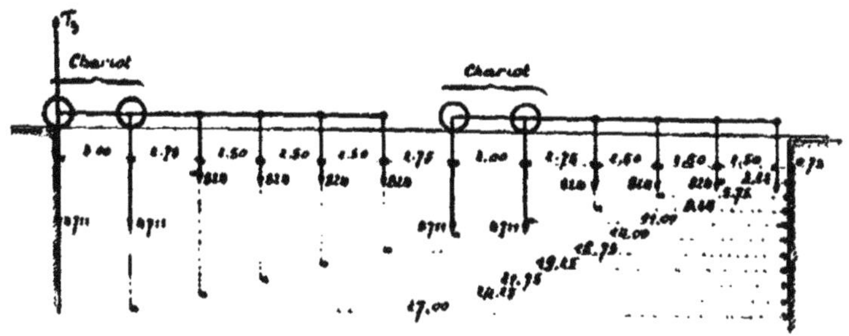

Fig. 53.

$$T_3 = \frac{824(0,75+3,25+5,75+8,25+16,75+19,25+21,75+24,25) + 4.711(11+14+27+30)}{30}$$

$$= \frac{824 \times 100 + 4.711 \times 82}{30} = \frac{468.702}{30} = 15.623 \text{ kg. 4.}$$

Effort tranchant total :

$$T = T_1 + T_2 + T_3 = 49.146 + 4.500 + 15.623,4 = 69.269,4 \text{ kg.}$$

D'après l'hypothèse admise au début, nous supposerons qu'au milieu de la portée l'effort tranchant peut être pris égal au quart du moment maximum sur les appuis, et nous déterminerons l'effort tranchant au droit de chaque montant vertical par (fig. 54) :

Appuis $T =$ 69.269,4 kg.

Premier montant : $T_1 = \dfrac{69.269,4 \times 17,072}{20} = 59.128$ kg.

Deuxième montant : $T_2 \quad = \dfrac{69.269,4 \times 14,054}{20} = $ 48.676 kg.

Troisième montant : $T_3 \quad = \dfrac{69.269,4 \times 11,036}{20} = $ 38.223 kg.

Quatrième montant : $T_4 \quad = \dfrac{69.269,4 \times 8,018}{20} = $ 27.770 kg.

Cinquième montant : $T_5 \quad = \dfrac{69.269,4}{4} = $ 17.317 kg.

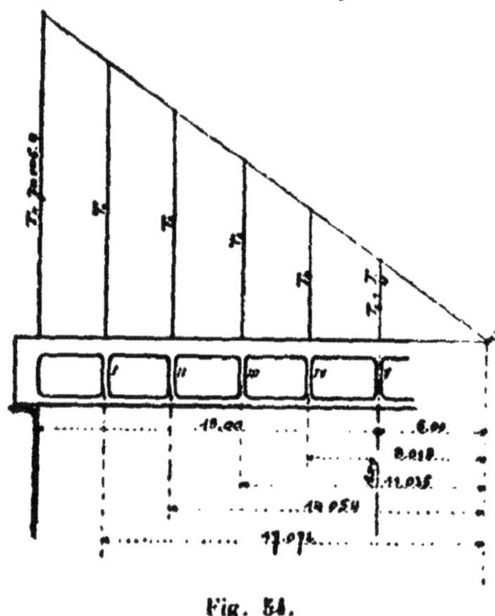

Fig. 54.

La distance entre les axes des armatures comprimées et tendues est $300 - 9 - 9 = 282$ cm., et la distance d'axe en axe des montants verticaux est 292 cm. 8 pour les deux premiers et 301,8 pour les deux autres.

Si l'on se donne à l'avance les intervalles E entre les attaches, on se servira de la formule :

$$ S = \frac{T \times E}{R \times h} $$

et on aura :

Aux appuis : $\dfrac{69.269,4 \times 202,8}{1.100 \times 282} = $ 65,38 cm².

Au premier montant : $\dfrac{59.128 \times 301,8}{1.100 \times 282} = $ 55,81 cm².

Au deuxième montant : $\dfrac{48.676 \times 301,8}{1\,100 \times 282} =$ 45,93 cm².

Au troisième montant : $\dfrac{38.223 \times 301,8}{1.100 \times 282} =$ 36,08 cm².

Au quatrième montant : $\dfrac{27\,770 \times 301,8}{1.100 \times 282} =$ 26,21 cm².

Au cinquième montant : $\dfrac{17.317 \times 301,8}{1\,100 \times 282} =$ 16,34 cm².

Les sections prévues et indiquées sur les plans donnent :
Aux appuis : 24 plats de 50×3 à 2 branches, soit :

$$24 \times 2 \times 1,50 \quad 72 \text{ cm}^2.$$

Au premier montant : 12 plats de 50×5 à 2 branches, soit :

$$12 \times 2 \times 2,5 = 60 \text{ cm}^2.$$

Au deuxième montant : 12 plats de $50 \times 4,5$ à 2 branches, soit :

$$12 \times 2 \times 2,25 = 54 \text{ cm}^2.$$

Au troisième montant : 12 plats de $50 \times 3,5$ à 2 branches, soit :

$$12 \times 2 \times 1,75 = 42 \text{ cm}^2.$$

Au quatrième montant : 12 plats de 40×3 à 2 branches, soit :

$$12 \times 2 \times 1,5 \quad = 28,8 \text{ cm}^2.$$

Au cinquième montant : 12 plats de 40×2 à 2 branches, soit :

$$12 \times 2 \times 0,8 = 19,2 \text{ cm}^2.$$

Pour l'adhérence, le périmètre total des 18 ronds de 35 mm. prévus à l'extension étant $18 \times \pi \times 3,5 \quad 198$ cm., le travail moyen du béton sera donné par (parag. 28) :

$$r_t = \dfrac{S \times R}{\dfrac{l}{2} \times 198}$$

$$= \dfrac{168,4 \times 1.100}{1\,500 \times 198} = 0 \text{ k. } 6 \text{ environ} < 1.$$

Section VII. — APPUIS SUR LES MAÇONNERIES

La longueur de l'appui des poutres de rive sur les culées a été prévue de 1 m. ; elles reposeront sur la maçonnerie par l'intermédiaire d'un sommier en pierre de taille de $1,08 \times 0,80$ sur 0,30 d'épaisseur.

L'effort tranchant maximum ayant été trouvé égal à 69.269,4, le travail imposé au sommier en pierre de taille sera :

$$\frac{69.269.4}{100 \times 80} = 14 \text{ k. env. par cm}^2$$

et celui imposé aux maçonneries, le poids du sommier étant $1,08 \times 0,80 \times 0,30 \times 2.400 = 622$:

$$\frac{69.269,4 + 622}{108 \times 80} = 8 \text{ k. 1 environ par cm}^2.$$

Section VIII. — CALCUL DES FLÈCHES

Poutres longitudinales D.

Suivant l'observation faite au § 39, on peut, sans grave erreur, négliger ici le béton tendu ; on aura donc :

$$F_t = \frac{l^2 r}{9,6 \times 200.000 y},$$

expression dans laquelle il faut faire $r = 50$ et $y = 102,7$.

Cela donne :

$$F_t = \frac{\overline{3.000}^2 \times 50}{9,6 \times 200.000 \times 102,7} = 2 \text{ cm. } 282$$
$$F_t = 0 \text{ m. } 02282.$$

Et par suite :

$$F_p = F_t \times \frac{M_p}{M_t} = 0 \text{ m. } 02282 \times \frac{368.663}{495.433}$$
$$F_p = 0 \text{ m. } 017.$$

On pourra donc prévoir une contreflèche de 17 mm. et la flèche apparente lors des épreuves sera voisine de $23 - 17 = 6$ mm.

Section IX. — MÉTRÉ DU PONT DE 30 MÈTRES

Désignation	Quantités — surface ou section (m. carrés)	Quantités — longueur ou épaisseur (m. linéaires)	Volume de béton (m. cubes)	Aciers — Désignation des barres	Diamètre (m/m)	Nombre de pièces	Longueur (mètres)	Poids partiel ou par mètre courant (kilog.)	Poids total (kilog.)	Récapitulation — béton (m. cubes)	Récapitulation — acier (kilog.)
Hourdis sous chaussée (épaisseur 0,15)	30,30 × 3,08 = 93,33	0,15	14,000	barres de résistance	12	976	3,00	0,880	728,7		
				barres de répartition	8	140	6,40	0,392	351,2		
				barres au droit des poutres A	6	190	0,25	0,220	9,2	14,000	1.089,1
Hourdis sous trottoir (épaisseur 0,05)	32 × 0,87 × 2 = 55,68	0,05	2,784	barres de résistance	6	320	0,85	0,220	59,8		
				barres de répartition	6	30	6,40	0,220	42,2	2,784	102,0
Poutrelles A (10 semblables) (équarrissage 0,12×0,35)	0,12 × 0,35 = 0,042	10 × 2,838 = 28,38	1,192	barres inférieures	20	20	3,00	2,148	116,9		
				barres supérieures	12	10	3,00	0,880	26,4		
				étriers	8	210	1,02	0,392	81,0	1,192	257,3
Poutrelles B (20 semblables) (équarrissage 0,12×0,75)	0,12 × 0,75 = 0,090	20 × 2,838 = 56,76	5,108	barres inférieures	22	20	3,00	2,964	177,8		
				barres supérieures	12	20	3,00	0,880	59,8		
				étriers	8	260	1,62	0,392	165,1	5,108	355,7
Poutres C (9 semblables) (équarrissage 0,18×0,45)	0,18 × 0,45 = 0,081	9 × 4 = 36	2,916	barres inférieures	22	36	1,60	3,240	536,5		
				barres supérieures	12	18	1,60	0,880	72,9		
				étriers	8	486	1,30	0,392	238,6	2,916	838,0
Partie surélevée sous trottoirs des poutres C (équarrissage 0,18×0,42)	0,18 × 0,42 = 0,0756	18 × 0,46 = 8,28	0,636	barres inclinées	12	36	1,40	0,880	41,4		
				étriers	4	111	1,00	0,100	11,1	0,636	54,8
Bordure formant parapet (épaisseur 0,08)	2 × 32 = 64	0,08	5,120	barres verticales	6	320	0,75	0,220	52,8		
				barres horizontales	12	10	6,40	0,880	56,3		
				barres horizontales	6	20	6,40	0,220	28,2	5,120	137,3
Poutres de rives comprenant :											
1re Semelle inférieure (équarrissage 0,50×0,25)	0,50 × 0,25 = 0,125	2 × 32 = 64	8,000	barres longitudinales	25	36	31,60	7,540	8.539		
				barres transversales	12	124	0,45	0,880	50,7	8,000	8.589,7
2e Semelle supérieure (équarrissage 0,50×0,80)	0,50 × 0,80 = 0,400	2 × 32 = 64	25,600	barres longitud. super.	20	36	31,60	5,151	5.859,8		
				barres transversales	12	128	0,45	0,880	50,7		
				barres longitud. infér.	12	8	31,60	0,880	222,5		
				étriers	6	720	1,60	0,220	253,4	25,600	6.386,4
3e Montant des appuis (équarrissage 0,50×1,00)	0,50 × 1,00 = 0,50	4 × 1,95 = 7,80	3,900	barres verticales	50 × 3	96	5,85	1,170	657,1	3,900	657,1
4e Montants intermédiaires (équarrissage 0,25×0,50)	0,25 × 0,50 = 0,125	18 × 1,95 = 35,10	4,387	barres verticales	50 × 5	48	5,85	1,950	547,6		
				barres verticales	50 × 4,5	48	5,85	1,755	492,6		
				barres verticales	50 × 3,5	48	5,85	1,365	383,3		
				barres verticales	40 × 3	48	5,85	0,936	262,8		
				barres verticales	40 × 2	24	5,85	0,624	87,6	4,387	1.773,9
								Total		73,633	20.278,3

Plomb : épaisseur 10 m/m ; 4 feuilles de 1,10×0,50 ; poids total 251 kg.

TABLE DES MATIÉRES

PREMIÈRE PARTIE
Méthodes générales de calcul

CHAPITRE PREMIER
AVANT-PROPOS ET INSTRUCTIONS MINISTÉRIELLES

CHAPITRE II

CONDITIONS D'APPLICATION DES INSTRUCTIONS DANS LE PRÉSENT OUVRAGE

CHAPITRE III

MÉTHODE DE CALCUL DES SOLIDES FLÉCHIS EN CIMENT ARMÉ

CHAPITRE IV

DÉFORMATION D'UNE POUTRE EN CIMENT ARMÉ

DEUXIÈME PARTIE
Calcul de types de ponts

CHAPITRE V

PONT DE 4 MÈTRES A UNE VOIE (planche 1)

CHAPITRE VIII

PONT DE 10 MÈTRES A UNE VOIE (planche 4)

CHAPITRE IX

PONT DE 15 MÈTRES A DEUX VOIES (planche 5)

CHAPITRE XII

PONT DE 30 MÈTRES A UNE VOIE (planche 8)